重心座標による幾何学

現代数学社

はしがき

この本は『理系への数学』2011年1月号～2012年1月号に掲載された一松信・畔柳和生両名による「重心座標による幾何学」を整理して単行本化したものです．両名の執筆分は一応個別にまとめましたが，重複を削り，似た内容を整理するとともに若干新しい内容の加筆もしました．

一松の担当部分では，まず最初に同誌2006年1月号に「数学夜話　第11話」として掲載した重心座標の記事を要約して第0話(序章)として加えました．この部分は後の記事と重複も多く，全体の展望といった趣旨なので，最初はざっと読みとばして構いません．第3話に「三角形の相似連鎖」をまとめ，書き下ろしの内容を若干加筆しました．そして連載第3回の記事(平面三角形幾何)の多くは第6話に要約しました．また全体として僅かで玉石混交ですが，演習問題を加えました．なお各話ごとに定義・定理・系・例などは全体を通し番号にしました．

重心座標は歴史的には単体(三角形，四面体など)の頂点に重みをつけたときの重心として点の位置を定める一種の同次座標でした．しかし現在ではベクトルを活用したほうが理解しやすいと思いますので，その形で記述しました．これは座標をとって計算する場合には「自然な座標系」です．

重心座標はその性格上アフィン幾何的な概念なので，例えば同一線上の線分の長さの比，共点性，共線性，面積比，一般の2次曲線といったアフィン幾何的な諸概念には有用です．ユークリッド幾何的な概念でも，距離，円(球)，直交性などは何とか扱えます．しかし角や回転などは苦手の印象です．もちろん重心座標は一つの道具ですから，要はうまく使いこなすことでしょう．しばしば天降り的に結果を示して証明した個所もあります．どうしてそのような関係式を見つけたのかという疑問には，さし当たり「タネはあるが経験に基づいて」というのでお許し下さい．

第1話で重心座標を一般的にn次元ユークリッド空間内で定義しましたが，一松の分担部分の大半は$n=2$(平面)の場合ですし(第7話は後半への入り口)，畔柳の分担部分はもっぱら $n = 3$ (四面体関連)です.

重心座標によって直線と円だけでなく，一部２次曲線も扱いました．これはほんの序の口で，深い研究も多数あります．文献も直接に関連するものだけで，重要なものを網羅してはおりません．また計算が主で，いわゆる「図形的な幾何学」の面白さは乏しいかもしれません．ただ使い道によっては有用な道具ですから，数学の好きな高校生・社会人や，そのような人々を指導して下さる先生方に提供したい気持ちでまとめました．

現代数学社の富田淳氏には出版に当たって終始お世話になりました．改めて感謝の詞を述べたいと思います．

2014年３月

一 松　信

はしがき

この本では，後半の[第８話から第13話まで]を私が主に四面体に関する話を担当しました．内容は四面体に関する基本的な事柄に絞り，四面体の「五心」などを，四面体の六辺の長さ及び四面の面積を用いて代数的に表す様に努めました．四面体における二面角の大きさの正弦・余弦の公式もそうです．これについては月刊誌の連載後，最近になって判明したことであり，今回の単行本化にあたり追加しました．そのせいもあり，かなり複雑な数式で表現された公式もあります．

その他には四面体における十平方の定理や直辺四面体に関する性質などが主な事柄です．

これらは自力で発見したものが多く，一般的な成書には見当たらないものであると私は思います．

通読にあたっての必要な知識としては，大学初年次の線型代数の基礎的な事項で十分であり，執筆においては，平明・丁寧な叙述を心がけ，数学書にある，いわゆる「行間を読む」という必要がないように努めました．数値計算も計算の途中を省略せずに書き記しました．（これは原稿の校正の便宜を図ってのことでもあります．）

最後になりましたが，この執筆をお薦め下さった一松信先生に感謝します．また出版にあたり現代数学社の富田淳氏には幾度もお世話になりました．ここに併せて感謝します．

2014年３月

畔柳　和生

目　次

第 1 部

第 0 話 ～ 第 7 話

一松　　信

第 0 話

重心座標の概要

0.1　重心座標の定義

定理 0.1　平面三角形の 3 頂点 A, B, C を表す位置ベクトル(起点 O は任意)を $\overrightarrow{OA}=A$, $\overrightarrow{OB}=B$, $\overrightarrow{OC}=C$ とおく．同じ平面上の任意の点の位置ベクトル $\overrightarrow{OP}=P$ は，実数 x, y, z によって

$$P=xA+yB+zC,\quad x+y+z=1 \tag{1}$$

と一意的に表される．この $(x,\ y,\ z)$ を点 P の**重心座標**という．

ベクトル A, B, C は一次従属ですが，x, y, z は付帯条件 $x+y+z=1$ の下で一意的に定まります(証明は 1.1 節参照)．

定理 0.2　点 P が $\triangle ABC$ の内部にあるとき，AP, BP, CP の延長が対辺と交わる点を D, E, F とすると，D の位置ベクトルは以下のように表され

$$\frac{yB+zC}{y+z},\quad BD:DC=z:y \tag{2}$$

である．同様に $CE:EA=x:z$, $AF:FB=y:x$ である．

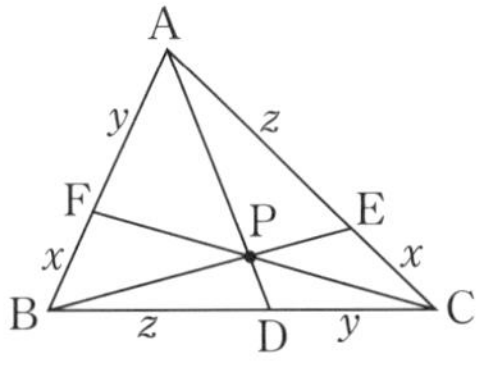

図 0.1　重心座標の比

比の順序を誤らないように御注意下さい．P が外部にあるときも，外分点に対して x, y, z に負の値を許し，線分比を有向線分とすれば(2)が成立します．

定理 0.3 $\triangle PBC : \triangle PCA : \triangle PAB$ (面積比)$= x : y : z$. 点 P が外部にあるときも面積に符号をつけて正しい.

定理 0.3 の性質から, 重心座標を**面積座標**とよぶことがあります.

重心座標はしばしばその比だけを問題にして $\alpha : \beta : \gamma$ $(\alpha+\beta+\gamma \neq 0)$ で表します. そのときの真の値は $\alpha+\beta+\gamma$ で割って和を 1 と標準化した量で, 区別するときには**正規化**された値とよびます.

例 0.4 三角形の「五心」に対して, 重心座標の比を表 0.1 に示しました. 以下 a, b, c はそれぞれ 3 辺 BC, CA, AB の長さを表します.

表 0.1 三角形の五心に対する重心座標の比

内心	$a : b : c$
傍心	$(-a) : b : c,\ a : (-b) : c,\ a : b : (-c)$
重心	$1 : 1 : 1$
垂心	$\tan A : \tan B : \tan C$ $= a^4-(b^2-c^2)^2 : b^4-(c^2-a^2)^2 : c^4-(a^2-b^2)^2$
外心	$\sin 2A : \sin 2B : \sin 2C$ $= a^2(-a^2+b^2+c^2) : b^2(a^2-b^2+c^2) : c^2(a^2+b^2-c^2)$

0.2 距離の公式

正規化された重心座標がそれぞれ (x_1, y_1, z_1), (x_2, y_2, z_2) である 2 点 P_1, P_2 間の距離 d は,

$$u = x_1 - x_2,\quad v = y_1 - y_2,\quad w = z_1 - z_2,$$
$$u+v+w = 0 \tag{3}$$

とおくとき, ベクトル $u\boldsymbol{a}+v\boldsymbol{b}+w\boldsymbol{c}$ の大きさです. この計算には起点 O を $\triangle ABC$ の外心にとると便利です.

定理 0.5
$$d^2=-a^2vw-b^2wu-c^2uv \qquad \cdots\cdots(4)$$

証明　$\triangle ABC$ の外接円の半径を R とし，$\boldsymbol{O}$ を外心にとると $|\boldsymbol{A}|=|\boldsymbol{B}|=|\boldsymbol{C}|=R$, 内積 $\boldsymbol{A}\cdot\boldsymbol{B}=R^2\cos 2C$ などである．ベクトル $u\boldsymbol{a}+v\boldsymbol{b}+w\boldsymbol{c}$ の大きさの 2 乗は

$$d^2=(u^2+v^2+w^2)R^2+2R^2(uv\cos 2C+vw\cos 2A+wu\cos 2B)$$

だが，$\cos 2C=1-2\sin^2 C$, $2R\sin C=c$ (正弦定理)から

$$d^2=R^2(u^2+v^2+w^2+2uv+2vw+2wu)-(a^2vw+b^2wu+c^2uv)$$

となる．第 1 項は $R^2(u+v+w)^2$ であり，$u+v+w=0$ から 0 となって，(4)を得る． □

距離は正なのに，(4)の右辺に負号がつくのに首をひねる方が多いと思います．しかし $u+v+w=0$ のために，(4)の右辺は負号をつけてつねに正 ($u=v=w=0$ 以外では)なのです．なぜなら $w=-(u+v)$ を代入すると，(4)の右辺は

$$(a^2v+b^2u)(u+v)-c^2uv=b^2u^2+a^2v^2+(a^2+b^2-c^2)uv \qquad \cdots\cdots(5)$$

です．これを u, v の 2 次式と考えて判別式を計算すると

$$\begin{aligned}(a^2+b^2-c^2)^2-4a^2b^2&=(a^2+2ab+b^2-c^2)(a^2-2ab+b^2-c^2)\\&=-(a+b+c)(a+b-c)(a-b+c)(-a+b+c)\\&=-16S^2<0\end{aligned}$$

(S は面積；ヘロンの公式)であり，a^2, $b^2>0$ なので $u=v=0$ 以外では (5)>0 です． □

少し難しいが，計算の好きな方は次の問題を自力で解いてみると興味があるかもしれません．(4)を使うよりも，その証明の計算を直接適用，あるいは初等幾何的な計算のほうが早い場合もあります．

演習問題 0.1　以下の諸式を証明せよ．ここに $\boldsymbol{I}$, $\boldsymbol{O}$, $\boldsymbol{H}$, $\boldsymbol{Q}$ は内心，外

心，垂心，$\boldsymbol{OH}$ の中点(九点円の中心)を表し，r は内接円の半径：$r=2S\div(a+b+c)$ である．

1° $\boldsymbol{OI}^2=R^2-2Rr$ （チャップルの定理）

2° $\boldsymbol{OH}^2=R^2(1-8\cos A\cos B\cos C)$

3° $\boldsymbol{IH}^2=2r^2+4R^2-\frac{1}{2}(a^2+b^2+c^2)$

4° $\boldsymbol{IQ}^2=\frac{1}{2}(\boldsymbol{IH}^2+\boldsymbol{IO}^2)-\frac{1}{4}\boldsymbol{OH}^2=\left(\frac{R}{2}-r\right)^2$

$R\geqq 2r$ なので 4° から $\boldsymbol{IQ}=(R/2)-r$，これは**フォイエルバッハの定理**(内接円は九点円に内接する)を意味します．

0.3 直線の方程式と相互関係

現在の高校の課程を逸脱しますが，重心座標が $(x_i,\ y_i,\ z_i)$ $(i=0,1,2)$ で表される 3 点 $\boldsymbol{P}_i$ を頂点とする三角形の**面積**は外積 $\frac{1}{2}(\overrightarrow{\boldsymbol{P}_1\boldsymbol{P}_0}\times\overrightarrow{\boldsymbol{P}_2\boldsymbol{P}_0})$ で表されます．ここで

$$u_i=x_i-x_0,\quad v_i=y_i-y_0,\quad w_i=z_i-z_0\quad (i=1,2)$$

とおいて計算しますと，(符号つきの)面積は行列式を使って

$$\frac{\triangle \boldsymbol{P}_0\boldsymbol{P}_1\boldsymbol{P}_2\text{ の面積}}{\triangle \boldsymbol{ABC}\text{ の面積}}=\begin{vmatrix} x_0 & y_0 & z_0 \\ x_1 & y_1 & z_1 \\ x_2 & y_2 & z_2 \end{vmatrix} \tag{6}$$

と表すことができます．

特に 3 点が同一直線上にあるのは，三角形が退化して面積が 0 になるときで，行列式(6)＝0 と表されます．したがって 2 点 $\boldsymbol{P}_1$，$\boldsymbol{P}_2$ を固定したとき，それらを結ぶ直線の方程式は(6)で $(x_0,\ y_0,\ z_0)$ を変数 $(x,\ y,\ z)$ とした行列式＝ 0 です．展開すれば **1 次同次式**

$$Lx+My+Nz=0 \tag{7}$$

です．(7)の形では重心座標の比で十分です．

このとき係数の比 $L:M:N$ は，3 頂点 $\boldsymbol{A}$, $\boldsymbol{B}$, $\boldsymbol{C}$ から直線(7)に引いた垂線の長さ(符号つき)の比を表します．係数をその長さに等しいように標準化することもあります(直線の標準座標).

以下重心座標に基づく「座標幾何」を考えます.

定理 0.6 2 直線 $L_1x+M_1y+N_1z=0$ と $L_2x+M_2y+N_2z=0$ が平行な条件は，次の行列式が 0 のことである.

$$\begin{vmatrix} 1 & 1 & 1 \\ L_1 & M_1 & N_1 \\ L_2 & M_2 & N_2 \end{vmatrix}=0 \tag{8}$$

略証 (線型代数の知識を仮定) 平行条件は 2 直線が有限な点，すなわち $x+y+z\neq 0$ で表される点で交わらず，無限遠点に相当する $x+y+z=0$ を満たす点で交わることである．3 個の 1 次方程式が $x=y=z=0$ 以外に解をもつ条件は，それらの係数の行列式が 0 に等しいことである. □

2 直線の直交条件は第 2 話(2.5 節)で扱います.

0.4 円の方程式と 2 次曲線

円は中心(重心座標 (l, m, n))から等距離 d の点の集合ですから，距離の公式によって**円の方程式**

$$-a^2(y-m)(z-n)-b^2(z-n)(x-l)-c^2(x-l)(y-m)=d^2 \tag{9}$$

を得ます．しかしこのままでは扱いにくいので，もう少し整理します.

$x+y+z=1$, $l+m+n=1$ を活用して

$$y-m=(1-m)y-m(1-y)=(n+l)y-m(z+x)$$

のように変形し，(9)の右辺に $1=(x+y+z)^2$ を掛けると，一見繁雑な式になります．しかしそれをまとめると最終的に

$$ux^2+vy^2+wz^2+2pyz+2qzx+2rxy=0 \tag{10}$$

ここに

$$\left.\begin{aligned} &u=-d^2+b^2n^2+c^2m^2-(-a^2+b^2+c^2)mn\ ;\\ &\quad v,\ w\ \text{も同様}\\ &2p=-2d^2+(-a^2+b^2+c^2)l^2-2a^2mn-(a^2+b^2-c^2)nl\\ &\quad -(a^2-b^2+c^2)lm\ ;\ q,\ r\ \text{も同様} \end{aligned}\right\} \tag{11}$$

と表すことができます．ここの r はまぎらわしいが p, q に続く記号で，内接円の半径とは無関係な量です．

定理 0.7　(10)のような2次同次式は，一般には2次曲線を表すが，それが特に**円**を表す必要十分条件は

$$\frac{v+w-2p}{a^2}=\frac{w+u-2q}{b^2}=\frac{u+v-2r}{c^2} \tag{12}$$

である．円の方程式は，(12)＝1と標準化すると

$$a^2yz+b^2zx+c^2xy=(x+y+z)(ux+vy+wz) \tag{10'}$$

と書くことができる．

略証　(12)が必要なことは，上記のように計算したとき(11)から

$$\begin{aligned}\frac{v+w-2p}{a^2}&=l^2+m^2+n^2+2mn+2nl+2lm\\ &=(l+m+n)^2=1\end{aligned}$$

(b, c も同様)となって証明できる．逆に(10')の形に標準化したとき，(11)と $l+m+n=1$ を連立させて，中心点 $(l,\ m,\ n)$ と半径 d を求めることが(実際の計算は大変だが)可能である．第2話で改めて論ずる．　□

定理 0.8　(10)上の1点 $(x_0,\ y_0,\ z_0)$ での接線の方程式は，(10)が一般の2次曲線のときも含め，行列によって

$$[x_0\ \ y_0\ \ z_0]\begin{bmatrix}u & r & q\\ r & v & p\\ q & p & w\end{bmatrix}\begin{bmatrix}x\\ y\\ z\end{bmatrix}=0\ \text{(1 次方程式)} \tag{13}$$

と表される．

これは (x_0, y_0, z_0) に近い点 (x_1, y_1, z_1) を結ぶ直線の方程式の極限として定跡どおりに証明できます.

0.5 代表的な円および 2 次曲線の例

少し説明が粗略でしたが, 以下典型的な円および 2 次曲線の具体的な方程式を求めます.

例 0.9 外接円 3 頂点 $(1, 0, 0)$, $(0, 1, 0)$, $(0, 0, 1)$ を通るので $u=v=w=0$ であり, (10')の形から

$$a^2yz+b^2zx+c^2xy=0 \tag{14}$$

と表されます. 頂点以外では x, y, z のどれかが負です.

例 0.10 九点円 各点の中点 $\left(0, \frac{1}{2}, \frac{1}{2}\right)$, $\left(\frac{1}{2}, 0, \frac{1}{2}\right)$, $\left(\frac{1}{2}, \frac{1}{2}, 0\right)$ を通ることと円の条件(12)から係数が定まり, 方程式は

$$(-a^2+b^2+c^2)x^2+(a^2-b^2+c^2)y^2+(a^2+b^2-c^2)z^2 \\ -2a^2yz-2b^2zx-2c^2xy=0 \tag{15}$$

と表されます.

例 0.11 内接円 上記の計算どおりでもその方程式

$$(s-a)^2x^2+(s-b)^2y^2+(s-c)^2z^2 \\ -2(s-b)(s-c)yz-2(s-c)(s-a)zx-2(s-a)(s-b)xy=0 \tag{16}$$

$$\text{ここに } s=(a+b+c)/2$$

を導くことができます. しかし次のようなずるい(?)証明ができます. まず

$$(s-b)^2+(s-c)^2+2(s-b)(s-c)=(s-b+s-c)^2=a^2$$

から(16)が円の条件(12)を満足することがわかります. さらに(16)は点

$D(0, (s-c)/a, (s-b)/a)$ を通り，そこでの接線が $x=0$ (辺 BC) で表されます．つまり(16)は内接円の辺 BC 上の接点 D を通って辺 BC に接し，他の辺でも同様なので，内接円に他なりません．同様に $\angle A$ の傍接円は，(16)で a を $-a$ に置き換えた(s 中の a も $-a$ に)方程式で表されます．

例 0.12 ガウスの楕円 三角形の各辺の中点を通り，そこで辺に接する楕円です(第 5 話参照)．2 次同次式(10)が各辺の中点を通り，そこでの接線がその辺という条件を書き下ろすと，その方程式は

$$x^2+y^2+z^2-2xy-2yz-2zx=0 \tag{17}$$

となります．(17)のままなら重心座標の比で構いませんが，$x+y+z=1$ と標準化すれば

$$x^2+y^2+z^2=\frac{1}{2} \quad \text{または} \quad xy+yz+zx=\frac{1}{4}$$

とも書けます．((17)と(16)の類似に注意.)

例 0.13 キーペルト双曲線 (第 6 話参照)は，3 頂点と重心，垂心を通る 2 次曲線なので，(10)の形から

$$(b^2-c^2)yz+(c^2-a^2)zx+(a^2-b^2)xy=0 \tag{18}$$

と表されます．漸近線の方向は(18)と無限遠直線に相当する $x+y+z=0$ を連立させて解いた比で表されます．

重心座標を活用すると，このようにある種の 2 次曲線が簡単な形で表現できます．

▶演習問題 0.2 $\triangle ABC$ の 3 個の傍心を通る円の方程式を求めよ．

0.6 むすび

以上の内容の多くは後の話で改めて詳しく論じます．若干の重複はお許し下さい．

雑誌の連載記事ではこの直後に「一つの応用，ある相似中心」という一節がありました．これについてはもっと進んだ発展があるので，まとめて第3話に記述します．

以上は序論です．第1話で改めて n 次元空間に一般化して，重心座標の定義からもう少し詳しく論じます．

第 1 話

重心座標の基本公式

1.1 重心座標の定義（再）

第 0 話で平面の場合を述べましたが，一般に n 次元の場合を論じます．

定義1.1 n 次元実ベクトル空間 $\mathbb{R}^n$ において点 $\boldsymbol{P}$ をベクトル $\mathbb{P}$ で表し，点と同一視する．一般の位置にある $(n+1)$ 個の点 $\mathbb{P}_0$，$\mathbb{P}_1$，…，$\mathbb{P}_n$（$\mathbb{P}_k - \mathbb{P}_0$，$k=1$，…，$n$ が一次独立）に対して，それらの**凸結合**

$$\mathbb{P} = \sum_{k=0}^{n} \alpha_k \mathbb{P}_k, \quad \sum_{k=0}^{n} \alpha_k = 1, \quad \alpha_k \geqq 0 \tag{1}$$

として表される点 $\mathbb{P}$ の全体を，頂点 $\{\mathbb{P}_0, \mathbb{P}_1, \cdots, \mathbb{P}_n\}$ から生成された**単体**(simplex)といい，(1)の$(\alpha_0, \alpha_1, \cdots, \alpha_n)$を $\mathbb{P}$ の**重心座標**(barycentric coordinates)という．

同じ空間内の任意の点 $\mathbb{P}$ は(1)において条件 $\alpha_k \geqq 0$ を除いた形で一意的に表される(下記)ので，同様に(α_k)をその重心座標とよぶ．重心座標は本来その成分の和が 1 という付帯条件がつくが，実用上ではその比だけで十分な場合が多いので，以下その比を「重心座標」と略称することが多い．成分の和が 1 という制限を明示するときには，**正規化された**(normalized)とよぶ．

定理1.2 $\mathbb{R}^n$ の任意の点 $\mathbb{P}$（ベクトルとみなす）は一意的に(1)（条件 $\alpha_k \geqq 0$ を除く）の形に表される．

系1.3 重心座標は位置ベクトルの起点に無関係である．

証明　$\mathbb{P}_k - \mathbb{P}_0$　$(k = 1,\ 2,\ \cdots,\ n)$が一次独立と仮定したから，$\mathbb{P} - \mathbb{P}_0$ はそれらの一次結合の形

$$\mathbb{P} - \mathbb{P}_0 = \sum_{k=1}^{n} \alpha_k (\mathbb{P}_k - \mathbb{P}_0) \tag{2}$$

に一意的に表される．式(2)は

$$\mathbb{P} = \sum_{k=1}^{n} \alpha_k \mathbb{P}_k + \left(1 - \sum_{k=1}^{n} \alpha_k\right) \mathbb{P}_0$$

と変形されるから，$\alpha_0 = 1 - \sum_{k=1}^{n} \alpha_k$ とおけば $\sum_{k=0}^{n} \alpha_k = 1$，$\mathbb{P} = \sum_{k=0}^{n} \alpha_k \mathbb{P}_k$の形になる．一意性はもし他の$(\beta_k)$により同様に表されたとすると，差をとって

$$\mathbf{0} = \sum_{k=0}^{n} (\alpha_k - \beta_k) \mathbb{P}_k, \quad \sum_{k=0}^{n} (\alpha_k - \beta_k) = 0 \tag{3}$$

だが($\mathbf{0}$ は0ベクトル)，(3)から

$$\mathbf{0} = \sum_{k=1}^{n} (\alpha_k - \beta_k)(\mathbb{P}_k - \mathbb{P}_0)$$

である．しかし $\mathbb{P}_k - \mathbb{P}_0$ $(k = 1,\ \cdots,\ n)$は一次独立だから，$\alpha_k - \beta_k = 0$ すなわち $\alpha_k = \beta_k$でなければならない．□

系は起点$\boldsymbol{O}$として $\overrightarrow{\boldsymbol{OP}}_k = \mathbb{P}_k$ としたのに対し，別の起点$\boldsymbol{Q}$をとって$\overrightarrow{\boldsymbol{QP}}_k = \mathbb{Q}_k$，$\overrightarrow{\boldsymbol{OQ}} = \mathbb{R}$とすると，$\mathbb{R} + \mathbb{Q}_k = \mathbb{P}_k$ で

$$\overrightarrow{\boldsymbol{OP}} = \sum_{k=0}^{n} \alpha_k \mathbb{P}_k = \sum_{k=0}^{n} \alpha_k (\mathbb{R} + \mathbb{Q}_k)$$

$$= \left(\sum_{k=0}^{n} \alpha_k\right) \mathbb{R} + \sum_{k=0}^{n} \alpha_k \mathbb{Q}_k = \mathbb{R} + \sum_{k=0}^{n} \alpha_k \mathbb{Q}_k;$$

$$\overrightarrow{\boldsymbol{QP}} = \mathbb{P} - \mathbb{R} = \sum_{k=0}^{n} \alpha_k \mathbb{Q}_k$$

となり，同じ値$(\alpha_0,\ \alpha_1,\ \cdots,\ \alpha_n)$で表される．□

したがって必要に応じて適当な起点$\boldsymbol{O}$をとると便利です．例えば距離の公式(次話参照)などでは$\boldsymbol{O}$を単体の外心に選ぶと有利です．$\boldsymbol{P}$を起点にとると

$$\sum_{k=0}^{n} \alpha_k \cdot \overrightarrow{\boldsymbol{PP_k}} = \sum_{k=0}^{n} \alpha_k (\mathbb{P}_k - \mathbb{P}) = \mathbf{0}, \quad \sum_{k=0}^{n} \alpha_k = 1 \tag{4}$$

という形で重心座標を定義することも可能です．

和が0でない $n+1$ 個の順序のついた組 $(\beta_0, \beta_1, \cdots, \beta_n)$ は，和 $\beta_0 + \beta_1 + \cdots + \beta_n$ で割ればその和が1となり，ある点の正規化された重心座標を表します．全体に0でない定数を乗じた $(\gamma\beta_0, \gamma\beta_1, \cdots, \gamma\beta_n)$ $(\gamma \neq 0)$ は同一の点を表すものと考えます(同次座標の意味)．和が0：$\beta_0 + \beta_1 + \cdots + \beta_n = 0$ である点(但しすべての $\beta_i = 0$ ではない)は「実在」の点ではありませんが，「無限遠集合」上の点と解釈して扱うことができます．

以下単体の辺の長さ $\boldsymbol{P_iP_j}$ を $l_{ij}(=l_{ji})$ と記します．

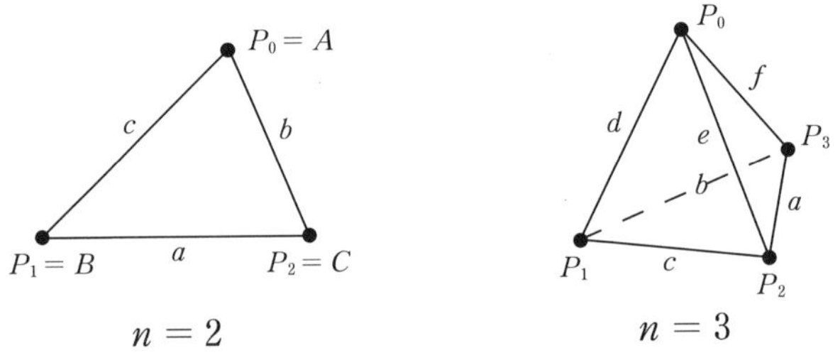

図1.1　n=2，3の場合の表現

$n=2$ の場合は $l_{12}=a$，$l_{20}=b$，$l_{01}=c$，$\boldsymbol{P_0}=\boldsymbol{A}$，$\boldsymbol{P_1}=\boldsymbol{B}$，$\boldsymbol{P_2}=\boldsymbol{C}$ と記します．$n=3$ の場合は，$l_{01}=d$，$l_{02}=e$，$l_{03}=f$，$l_{12}=c$，$l_{13}=b$，$l_{23}=a$ を標準の表現とします(図1.1)．

1.2　重心座標の求め方と例

ここで点 $\boldsymbol{P}$ は単体内にある場合を標準に考えますが，外部にあるときも適当な修正(長さや面積に負の値を許すなど)を施せば同様に論じられます．

単体の頂点 $\boldsymbol{P_k}$ に対する面(厳密には超平面) Π_k とは $\boldsymbol{P_k}$ 以外の n 個の頂点の生成する $(n-1)$ 次元単体です．点 $\boldsymbol{P}$ の重心座標が $(\alpha_0, \alpha_1, \cdots, \alpha_n)$ のとき，$\boldsymbol{P_kP}$ を延長して Π_k との交点を $\boldsymbol{Q_k}$ とすると，$(n-1)$ 次元での $\boldsymbol{Q_k}$ の重心座標

の比は第k成分を0として除いた$(\alpha_0,\ \alpha_1,\ \cdots,\ \alpha_{k-1},\ \alpha_{k+1},\ \cdots,\ \alpha_n)$と表されます．これを$(\alpha_0,\ \cdots,\ \hat{\alpha}_k,\ \cdots,\ \alpha_n)$と略記します(上の＾はその項を除く意味)．この操作を反復して線分$\boldsymbol{P_iP_j}$との交点$\boldsymbol{S}$まで還元すると，内分比

$$\boldsymbol{P_iS} : \boldsymbol{SP_j} = (1/\alpha_i) : (1/\alpha_j) = \alpha_j : \alpha_i \tag{5}$$

となります($\alpha_i : \alpha_j$でないことに注意)．平面の場合(図1.2)はこの操作で重心座標が容易に求められます(第0話参照)．n次元のときはnに関する数学的帰納法により順次計算できます．

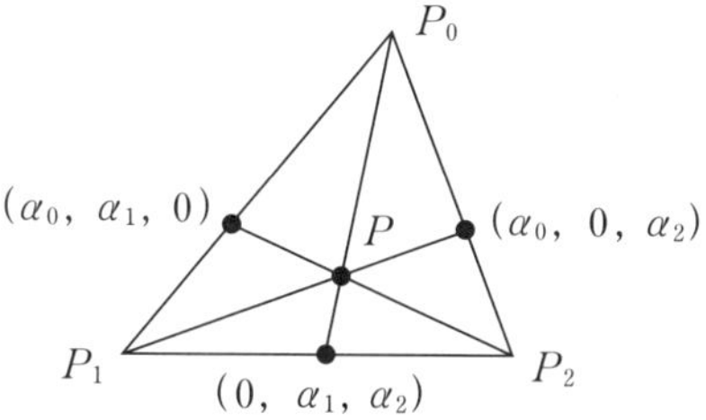

図1.2　平面の重心座標

例1.4　単体の重心の重心座標の比は$(1,\ 1,\ \cdots,\ 1)$．$n=2$のとき内心の重心座標の比は$(a,\ b,\ c)$と表されます．

しかし次のような直接計算法もあります．

定理1.5　点$\boldsymbol{P}$を頂点としてΠ_kを底面とする単体S_kの体積をV_kとすると，$(V_k)\ (k=0,\ 1,\ \cdots,\ n)$は点$\boldsymbol{P}$の重心座標の比に等しい．

証明　単体全体の体積をVとする．高さの比により，正規化された重心座標(α_k)に対し，$V_k : V = \alpha_k : 1$であり，(V_k)の比は(α_k)の比に等しい．□

このため重心座標を**面積座標**(areal coordinates)とよぶこともあります．点$\boldsymbol{P}$が単体の外部にあるときには，外部にある部分の体積を負と解釈するなどの修正を施せば，定理1.5が使えます．

ところで$n=2$の場合，以前には**三線座標**がよく使われました(図1.3)．

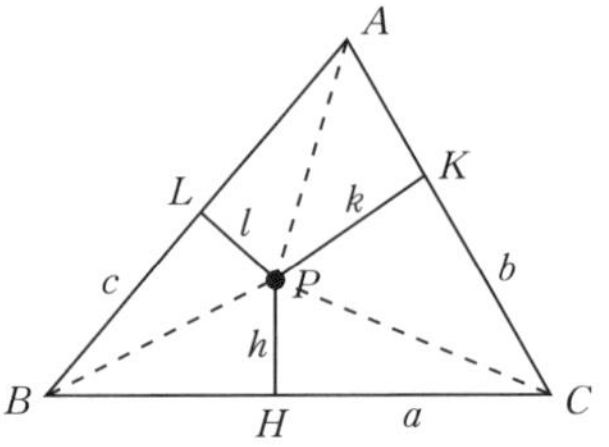

図1.3　三線座標

それは点Pから各辺までの高さ$PH = h$，$PK = k$，$PL = l$の組を座標とするものです．$\triangle PBC$の面積$= ha/2$などから$ha : kb : lc$が点Pの重心座標の比になります．したがって重心座標(α, β, γ)に対しては$(\alpha/a, \beta/b, \gamma/c)$が三線座標を表します．このように容易に換算できるので現在では三線座標は余り使われません．ただ正三角形の内部で$h + k + l$が一定であることを利用して，3成分系の比率を三線座標で図示するのは慣用の表現です．

例1.6　定理1.5を利用して単体の外心Oの重心座標を計算します．外接球の半径をRとします．

$n = 2$のときは，正弦定理・余弦定理により

$$\triangle OBC = (R^2 \sin 2A)/2 = R^2 \sin A \cdot \cos A$$
$$= (R/4abc)\,a^2(-a^2 + b^2 + c^2)$$

なので，外心の重心座標の比は

$$a^2(-a^2 + b^2 + c^2) : b^2(a^2 - b^2 + c^2) : c^2(a^2 + b^2 - c^2) \tag{6}$$

と表され，鋭角三角形でなくても正しい結果です．

n次元の場合はかなり難しいので飛ばしても構いません(巻末の文献[4]による)．外心Oをベクトルの起点とし，$\overrightarrow{OP}_k = \mathbb{P}_k$の成分を縦ベクトルの形で表すと，前述の単体$S_k$の体積$V_k$は$[\mathbb{P}_0, \cdots, \hat{\mathbb{P}}_k, \cdots, \mathbb{P}_n]$の座標成分を並べた$n$次正方行列を$A_k$とするとき

$$|A_k|\,(\text{行列式の絶対値})/n! \tag{7}$$

と表されます．A_kの転置行列$A_k{}^T$を左から掛けた積行列G_kの成分は内積$c_{ij} = \langle \mathbb{P}_i, \mathbb{P}_j \rangle$ $(i, j \neq k)$で表されます．この内積c_{ij} $(i, j = 0, 1, \cdots, n)$全体を成分とする行列G(グラム行列)は，$n+1$個のベクトル$\mathbb{P}_0, \mathbb{P}_1, \cdots, \mathbb{P}_n$

が一次従属なために行列式 $=0$ です．前記の G_k は G から添字番号が k に等しい行と列（0番から数えて k 番目）を除いた行列です．ところで内積は，余弦定理により

$$c_{ij}=\langle \mathbb{P}_i,\ \mathbb{P}_j\rangle=|\mathbb{P}_i|\cdot|\mathbb{P}_j|\cos\angle \boldsymbol{P_i O P_j}$$
$$=R^2(2R^2-{l_{ij}}^2)/2R^2=R^2-{l_{ij}}^2/2 \qquad (8)$$

と表されます． $l_{ii}=0,\ \ c_{ii}=R^2$ と解釈すれば，

$$\text{行列}\,B=[1-{l_{ij}}^2/2R^2]_{i,\ j=0,\ 1,\ \cdots,\ n}$$

とし，B から k 番目の行と列（$i=k,\ j=k$）を除いた小行列を B_k とおくとき（det は行列式）

$${V_k}^2=R^{2n}\cdot\det B_k/(n!)^2 \qquad (9)$$

と表されます．(9)の平方根の符号に注意が必要だが，$\boldsymbol{O}$ が単体内部にあれば $V_k>0$ で構いません．

(9)のままでは外接球の半径 R が未知ですが，

$$\det B=\det G/R^{2(n+1)}=0$$

なので，l_{ij} がすべて既知ならばこれから R^2 に関する方程式を導き R を求めることが可能です．具体的に $n=2$ のときはおなじみの式 $4RS=abc$（S は $\triangle\boldsymbol{ABC}$ の面積）になります． $n=3$ のときには計算が大変ですが，最終的に

$$6RV=〔ad,\ be,\ cf\ \text{を3辺とする三角形の面積}〕 \qquad (10)$$

という結果になります（第8話参照）． $n\geqq 4$ になると式が繁雑なのでコンピュータによる計算機代数の援用が必要かもしれません．

演習問題 1.1　$n=3$ のとき，公式(10)を証明せよ．

外心の重心座標（の比）そのものは，$n=3$ のとき次のような結果になります．

$$a^2d^2(b^2+c^2-a^2)+b^2e^2(c^2+a^2-b^2)$$
$$+c^2f^2(a^2+b^2-c^2)-2a^2b^2c^2,$$
$$a^2d^2(e^2+f^2-a^2)+b^2e^2(f^2+a^2-e^2)$$
$$+c^2f^2(a^2+e^2-f^2)-2a^2e^2f^2,$$
$$a^2d^2(b^2+f^2-d^2)+b^2e^2(f^2+d^2-b^2)$$
$$+c^2f^2(d^2+b^2-f^2)-2b^2d^2f^2,$$

$$a^2d^2(e^2+c^2-d^2)+b^2e^2(c^2+d^2-e^2)$$
$$+c^2f^2(d^2+e^2-c^2)-2c^2d^2e^2$$

この4式の和は$288V^2$に等しい(オイラーの体積公式；ヘロンの公式の3次元版)ことが知られています．詳しくは後半の畔柳の分担分を参照下さい．

1.3　1次方程式で表される図形

同じ空間に$(n+1)$個の点$\boldsymbol{A}_0$，$\boldsymbol{A}_1$，…，$\boldsymbol{A}_n$があり，$\boldsymbol{A}_k$の正規化された重心座標が$(\alpha_{k0}, \alpha_{k1}, \cdots, \alpha_{kn})$ならば，これらを並べた$(n+1)$次正方行列$(\alpha_{kj})=U$の行列式は，$(\boldsymbol{A}_k)$を頂点とする単体の体積を表します．厳密には比例定数が掛けられますが，もとの単体$(\boldsymbol{P}_0, \boldsymbol{P}_1, \cdots, \boldsymbol{P}_n)$の体積を単位とすると，行列式の絶対値$|\det U|$が体積そのものを表します．特にそれが0というのは単体$(\boldsymbol{A}_k)$が低次元の空間に退化する場合です．点$\boldsymbol{A}_1$，…，$\boldsymbol{A}_n$を固定し$\boldsymbol{A}_0$を動点，その重心座標を$x_j(=\alpha_{0j})$とすれば，**1次同次方程式**

$$a_0x_0+a_1x_1+\cdots+a_nx_n=0 \tag{11}$$

は**超平面**(余次元1の線型部分空間；$n=2$なら直線)を表します．$\boldsymbol{A}_1$，…，$\boldsymbol{A}_n$を通る(それから定まる)超平面の方程式は，(11)で$a_j=$(Uのα_{0j}成分の余因子)としたものになります．$(n+1)$個の点の共超平面性や$(n+1)$個の超平面の共点性は，それらの重心座標あるいは係数を並べた$(n+1)$次行列式$=0$という条件で表されます．(11)の係数の組$(a_0, a_1, \cdots, a_n)$を重心座標による点と考えて**超平面座標**(2次元なら**直線座標**)とよぶこともあります．

(11)と他の超平面$\sum_{i=0}^{n} b_ix_i=0$が**平行な条件**は，両超平面と無限遠集合$\sum_{i=0}^{n} x_i=0$との従属性から，次の結果が導かれます．

定理1.7　2つの超平面$\sum_{i=0}^{n} a_ix_i=0$，$\sum_{i=0}^{n} b_ix_i=0$が平行であるための必要十分条件は，係数の$(n+1)$次元ベクトル

$$(a_0, a_1, \cdots, a_n),\ (b_0, b_1, \cdots, b_n),\ (1, 1, \cdots, 1)$$

が一次従属なことである．特に$n=2$のときは行列式

$$\begin{vmatrix} a_0 & a_1 & a_2 \\ b_0 & b_1 & b_2 \\ 1 & 1 & 1 \end{vmatrix} = 0 \tag{12}$$

が平行2直線の条件である（定理0.6参照）．□

1次方程式で表される図形は線型集合であり，普通のベクトル空間の場合と同様に扱えます．

以下には $n=2$ の場合の面積の例を示します．

例1.8　$n=2$のとき三角形$\boldsymbol{ABC}$の3個の傍心の作る三角形の面積（$\triangle\boldsymbol{ABC}$との比）を計算します．3傍心$\boldsymbol{I}_A$，$\boldsymbol{I}_B$，$\boldsymbol{I}_C$の重心座標の比はそれぞれ$(-a, b, c)$，$(a, -b, c)$，$(a, b, -c)$と表されるので（図1.4），行列式を計算すると，正規化するための係数を乗じて次の値になります．

$$4abc/(-a+b+c)(a-b+c)(a+b-c) \tag{13}$$

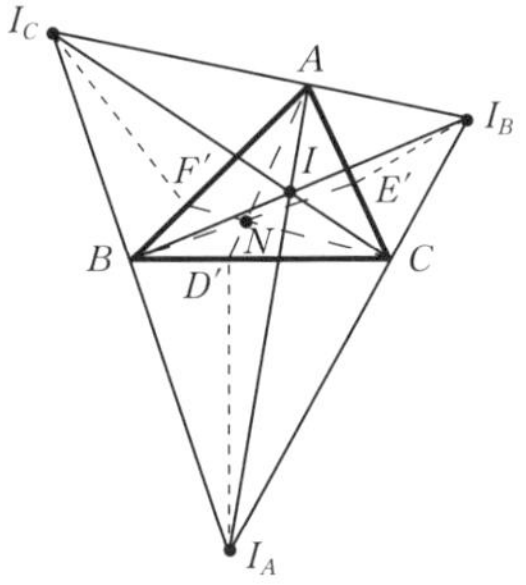

図1.4　内心と傍心　点線はナーゲル点を示す

例1.9　内接円が3辺に接する点$\boldsymbol{D}$，$\boldsymbol{E}$，$\boldsymbol{F}$の重心座標はそれぞれ$(0, a+b-c, a-b+c)$，$(a+b-c, 0, -a+b+c)$，$(a+b-c, -a+b+c, 0)$と表され，$\triangle\boldsymbol{DEF}$の面積はもとの三角形の

$$(-a+b+c)(a-b+c)(a+b-c)/4abc \tag{14}$$

倍です．(13)と(14)とが互いに逆数であるのに注意します．ここでチェバの定理の逆から3直線$\boldsymbol{AD}$，$\boldsymbol{BE}$，$\boldsymbol{CF}$は，重心座標の比が

$$(1/(-a+b+c),\ 1/(a-b+c),\ 1/(a+b-c))$$

で表される点で交わります．この点を**ジェルゴンヌ点**とよびます．さらに共

線条件として行列式 = 0を確かめると，3直線$\boldsymbol{I_A D}$，$\boldsymbol{I_B E}$，$\boldsymbol{I_C F}$は，重心座標の比が

$$(a/(-a+b+c),\ b/(a-b+c),\ c/(a+b-c)) \tag{15}$$

である点で交わります(詳細は第3話参照).

演習問題 1.2　3直線$\boldsymbol{I_A D}$，$\boldsymbol{I_B E}$，$\boldsymbol{I_C F}$が共点で，その交点が(15)で表されることを確かめよ.

1.4 点の変換

重心座標で$(\alpha_0,\ \alpha_1,\ \cdots,\ \alpha_n)$と表される点$\boldsymbol{P}$からいくつかの標準的な変換でそれと密接に関連する他の点が構成できます．その代表例を挙げます.

頂点$\boldsymbol{P_k}$から$\boldsymbol{P}$を結ぶ半直線を延長して対面Π_kとの交点を$\boldsymbol{Q_k}$とすると，$\boldsymbol{Q_k}$の重心座標の比は$(\alpha_0, \cdots,\ \alpha_{k-1},\ 0,\ \alpha_{k+1},\ \cdots,\ \alpha_n)$です．この線分$\boldsymbol{P_k P Q_k}$の族を平面のチェバの定理との類推で**チェバ族**あるいは**チェバ単体**とよびます.

定義1.10　逆に$(n+1)$個の点$\boldsymbol{S_0}$，…，$\boldsymbol{S_n}$をとって，$\boldsymbol{S_k P P_k}$がチェバ族になるとき，$\boldsymbol{S_0}$，…，$\boldsymbol{S_n}$のなす単体を$\boldsymbol{P}$に対する**反チェバ単体**とよぶ．$\boldsymbol{P_k}$は$\boldsymbol{S_0}$，…，$\hat{\boldsymbol{S}}_k$，…，$\boldsymbol{S_n}$のなす超平面上にある．実際$\boldsymbol{S_k}$の重心座標の比を

$$(\alpha_0,\ \cdots,\ \alpha_{k-1},\ -\alpha_k,\ \alpha_{k+1},\ \cdots,\ \alpha_n) \tag{16}$$

ととればそうなる.

一例は$n=2$で$\boldsymbol{P}$を内心としたとき，$\boldsymbol{S_0}$，$\boldsymbol{S_1}$，$\boldsymbol{S_2}$は3個の傍心になります(前記図1.4).

点$\boldsymbol{P}$と重心$\boldsymbol{G}$を結んだ延長上に$\boldsymbol{GT}=2\boldsymbol{PG}$である点$\boldsymbol{T}$($\boldsymbol{PG}$を3：2の比に外分する点)をとると$\boldsymbol{T}$の重心座標の比は$(\sigma-2\alpha_0,\ \cdots,\ \sigma-2\alpha_n)$ $(\sigma=\alpha_0+\alpha_1+\cdots+\alpha_n)$です．最初の成分は詳しく書けば$-\alpha_0+\alpha_1+\cdots+\alpha_n$で以下同様です．$\boldsymbol{T}$およびこの変換に特別な名がないので仮に**2：1の反転**とよびます．一例として$n=2$のとき外心に対して垂心になります．内心に対し

ては重心座標の比が

$$(-a+b+c,\ a-b+c,\ a+b-c)$$

となる点で，**ナーゲル点**とよばれています(図形的意味は後述)．

定義1.11 (等長共役点) $n=2$のとき上述のチェバ族($\boldsymbol{Q}_k$)を作った後，各辺上でその中点に対する$\boldsymbol{Q}_k$の対称点を$\boldsymbol{R}_k$とすると，チェバの定理の逆により3直線$\boldsymbol{P}_k\boldsymbol{R}_k$ ($k=0,1,2$)は同一点$\boldsymbol{P}'$で交わる．これを$\boldsymbol{P}$の**等長共役点**という．その重心座標の比は$\boldsymbol{P}$に対する値($\alpha_0,\ \alpha_1,\ \alpha_2$)の逆数($1/\alpha_0,\ 1/\alpha_1,\ 1/\alpha_2$)で表される．

$n \geqq 3$のときは次のように帰納的に定義します．$\boldsymbol{P}_k\boldsymbol{P}$の延長と対面$\Pi_k$との交点$\boldsymbol{Q}_k$に対して$\Pi_k$上の($n-1$)次元単体に対する$\boldsymbol{Q}_k$の等長共役点$\boldsymbol{R}_k$(帰納法の仮定によって存在)をとると，($n+1$)個の直線$\boldsymbol{P}_k\boldsymbol{R}_k$は，重心座標の比が($1/\alpha_0,\ 1/\alpha_1,\ \cdots,\ 1/\alpha_n$)で表される点$\boldsymbol{P}'$で交わります．この点$\boldsymbol{P}'$を$n$次元での**等長共役点**とします．

$n=2$のときナーゲル点とジェルゴンヌ点が等長共役点の一例です．ナーゲル点は3個の傍接円がそれぞれある辺(延長上でなく)に接するような点を，$\boldsymbol{D}'$，$\boldsymbol{E}'$，$\boldsymbol{F}'$とするとき，3直線$\boldsymbol{AD}'$，$\boldsymbol{BE}'$，$\boldsymbol{CF}'$の共通交点です．問題によっては，内心，外心，垂心などの等長共役点が活躍することもあります．

$n=2$の場合には次の**等角共役点**も重要です．点$\boldsymbol{P}$に対し，$\boldsymbol{AP}$，$\boldsymbol{BP}$，$\boldsymbol{CP}$をそれぞれ$\angle \boldsymbol{A}$，$\angle \boldsymbol{B}$，$\angle \boldsymbol{C}$の二等分線に対して折り返した3直線は同一点$\boldsymbol{Q}$で交わります．$\boldsymbol{Q}$を$\boldsymbol{P}$の**等角共役点**といいます．その重心座標の比は，$\boldsymbol{P}$の重心座標を($\alpha,\ \beta,\ \gamma$)とすると($a^2/\alpha,\ b^2/\beta,\ c^2/\gamma$)と表されます．外心と垂心が等角共役点の一例です．重心の等角共役点(重心座標の比($a^2,\ b^2,\ c^2$))も重要な点で，**疑似重心**とか**ルモワーヌ点**とよばれます．しかしこの点にはもっと直接的な重要性があります(後の話で解説)．ここで前記の諸性質の証明は省略します．例えば文献[2](第4章，定理4.3など)を参照下さい．

重心座標の基本公式はまだいろいろあります(特に$n=2$の場合)が，必要に応じて補充します．次話ではユークリッド的概念だが有用な距離の公式と，その応用として球(円)の性質を論じます．

第 2 話

距離の公式と応用

2.1 距離の公式

前話で重心座標の基本性質を論じました．引き続きここではまず正規化された重心座標が(α_k)と$(\beta_k)$$(k=0,\ 1,\ \cdots,\ n)$である2点$\boldsymbol{P}$，$\boldsymbol{Q}$間の距離$\delta=\delta(\boldsymbol{P},\ \boldsymbol{Q})$を重心座標で表す公式を論じ，その応用として円(球)を論じます．

定理1.1 2点$\boldsymbol{P}(\alpha_k)$，$\boldsymbol{Q}(\beta_k)$(かっこ内は正規化された重心座標)間の距離δは次のように表される．

$$\delta^2=-\sum_{i<j} l_{ij}^2(\alpha_i-\beta_i)(\alpha_j-\beta_j),\quad l_{ij}=\boldsymbol{P}_i\boldsymbol{P}_j \tag{1}$$

(和は$0\leqq i<j\leqq n$である$(i,\ j)$の組全体にわたる.)

証明 外心$\boldsymbol{O}$をベクトル$\mathbb{P}_i$の起点にとる．距離δはベクトル$\displaystyle\sum_{i=0}^{n}(\alpha_i-\beta_i)\mathbb{P}_i$の大きさだから

$$\delta^2=\sum_{i,j=0}^{n}(\alpha_i-\beta_i)(\alpha_j-\beta_j)\langle\mathbb{P}_i,\ \mathbb{P}_j\rangle \qquad (\langle\ ,\ \rangle は内積)$$

と表される．内積は前話例1.6の証明中で示したとおり

$$\langle\mathbb{P}_i,\ \mathbb{P}_i\rangle=R^2,\quad \langle\mathbb{P}_i,\ \mathbb{P}_j\rangle=R^2-l_{ij}{}^2/2$$

だから，$l_{ii}=0$と約束すれば上の式から

$$\delta^2=\sum_{i,j=0}^{n}(\alpha_i-\beta_i)(\alpha_j-\beta_j)\,[R^2-l_{ij}{}^2/2] \tag{2}$$

と表される．しかし$\displaystyle\sum_{i=0}^{n}(\alpha_i-\beta_i)=0$ $\left(\displaystyle\sum_{i=0}^{n}\alpha_i=\sum_{i=0}^{n}\beta_i=1\right)$から(2)の右辺第1項は0になる．第2項は$i\neq j$に対する和であり，対称性から$(i,\ j)$と$(j,\ i)$とをまとめれば(1)の形になる．□

注意　$\delta^2>0$のはずなのに，(1)の右辺に負号がついているのが不審かもしれません．しかし$\sum(\alpha_i-\beta_i)=0$であって$(\alpha_i-\beta_i)$中には正の項も負の項もあり，(1)の右辺の和に負号をつけて初めて全体が正になる次第です．$n=2$の場合は，第0話で確認しました．

系 2.2　正規化された重心座標が(α_k)である点$\boldsymbol{P}$と頂点$\boldsymbol{P}_0$との距離δ_0は次のようにも表される．

$$\delta_0^2=\sum_{j=1}^{n} l_{0j}{}^2\alpha_j{}^2+\sum_{1\leqq i<j}(l_{0j}{}^2+l_{0i}{}^2-l_{ij}{}^2)\alpha_i\alpha_j \tag{3}$$

略証　(1)において$\beta_0=1$，$\beta_j=0\ (j>0)$とし，$-(\alpha_0-1)=\sum_{k=1}^{n}\alpha_k$に注意して(1)中の$l_{0j}{}^2(1-\alpha_0)\alpha_j$の項を

$$\sum_{i=1}^{j-1} l_{0j}{}^2\alpha_i\alpha_j+l_{0j}{}^2\alpha_j{}^2+\sum_{k=j+1}^{n} l_{0j}{}^2\alpha_k\alpha_j$$

と変形し，末尾の項を$j\to i$，$k\to j$と書き替えてまとめる．□

例 2.3　平面三角形$\boldsymbol{ABC}$の内心$\boldsymbol{I}(a,\ b,\ c)$に対して，

$$\boldsymbol{AI}^2=\frac{1}{(a+b+c)^2}[b^2c^2+b^2c^2+(b^2+c^2-a^2)bc]$$

$$=\frac{bc}{(a+b+c)^2}[(b+c)^2-a^2]=bc\,\frac{-a+b+c}{a+b+c}.$$

ゆえに$\boldsymbol{AI}=\sqrt{bc\,\dfrac{-a+b+c}{a+b+c}}$ですが，これは周知の公式です．

例 2.4　3次元の四面体$\boldsymbol{P_0P_1P_2P_3}$の頂点$\boldsymbol{P_0}$から重心$G$(正規化された重心座標$(1/4,\ 1/4,\ 1/4,\ 1/4)$までの距離は

$$\boldsymbol{P_0G}^2=[3(d^2+e^2+f^2)-(a^2+b^2+c^2)]/16$$

と表されます(辺長を1.1節で述べた標準表示して)．

距離の公式は(1)が標準ですが，$l_{ji}=l_{ij}$，$l_{ii}=0$として$(i,\ j)$と$(j,\ i)$の

全部について加えれば

$$2\delta^2 = -\sum_{i=0}^{n}\sum_{j=0}^{n} l_{ij}{}^2(\alpha_i - \alpha_j)(\beta_i - \beta_j) \tag{1'}$$

という形にも表されます．以下にも見るとおり，理論上は(1′)の形のほうが使いやすいようです．

$n=2$ の場合，$\boldsymbol{P}_0$，$\boldsymbol{P}_1$，$\boldsymbol{P}_2$ を $\boldsymbol{A}$，$\boldsymbol{B}$，$\boldsymbol{C}$ と記し，$\boldsymbol{PA}=u$，$\boldsymbol{PB}=v$，$\boldsymbol{PC}=w$ とすると，a，b，c，u，v，w の6線分の長さの間に，和算家が**六斜術**とよんだ次の等式が成立します．

$$\begin{aligned}&(-a^2+b^2+c^2)(v^2w^2+a^2u^2)+(a^2-b^2+c^2)(w^2u^2+b^2v^2)\\&+(a^2+b^2-c^2)(u^2v^2+c^2w^2)-a^2b^2c^2-a^2u^4-b^2v^4-c^2w^4\\&=0\end{aligned} \tag{4}$$

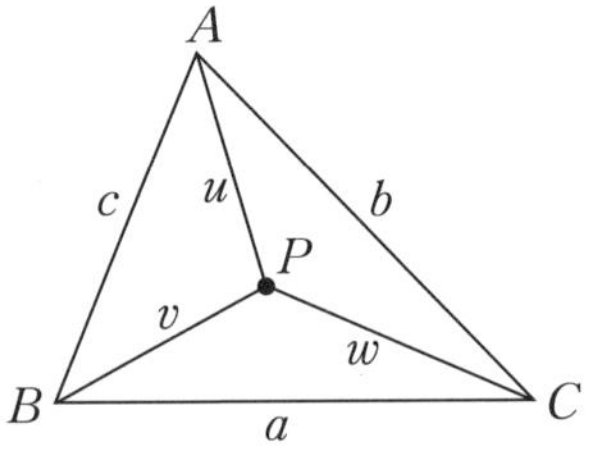

図2.1　六斜術

この表現は他にも(これと同値な式が)あります．(4)の左辺は一般的には因数分解できません．(4)は(3)によって u^2，v^2，w^2 を重心座標で表して計算すれば証明できます(実際には直接に証明したほうが早い)．また点 $\boldsymbol{P}$ が $\triangle\boldsymbol{ABC}$ の内部にある必要十分条件は次の連立不等式で与えられます．

$$\begin{cases}(a^2-b^2+c^2)(u^2-w^2)+(a^2+b^2-c^2)(u^2-v^2)<a^2(-a^2+b^2+c^2)\\(a^2+b^2-c^2)(v^2-u^2)+(-a^2+b^2+c^2)(v^2-w^2)<b^2(a^2-b^2+c^2)\\(-a^2+b^2+c^2)(w^2-v^2)+(a^2-b^2+c^2)(w^2-u^2)<c^2(a^2+b^2-c^2)\end{cases}$$

鈍角三角形では右辺が負になる項もありますが，そのときは左辺も負です．

演習問題2.1　六斜術の公式(4)を証明せよ(系7.2参照)．

2.2 球の方程式

距離の公式の応用として，一定点からの距離が一定である点の集合として球(円)の方程式を導きます．なお以下で**球(円)**という語を，特に断らない限り球面(円周)の意味に使います．球は特別な2次曲面であり，2次同次式$=0$の形で表されますが，その同次式に特別な制約がつきます．便宜上2次同次式の係数を$c_{ij}=c_{ji}$(対称)として，2次同次式方程式を次の形に表します．

$$\sum_{i=0}^{n}\sum_{j=0}^{n} c_{ij}x_i x_j = 0 \tag{5}$$

定理2.5 (5)が球を表すための必要十分条件は

$$(c_{ii}+c_{jj}-c_{ij}-c_{ji})/l_{ij}{}^2,\quad i,\ j=0,\ 1,\ \cdots,\ n\ ;\ i\neq j \tag{6}$$

が$(i,\ j)$全体について一定なことである．

証明(必要条件)　球の中心$\boldsymbol{O}$および球面上の動点$\boldsymbol{P}$の正規化された重心座標をそれぞれ$(\xi_0,\ \xi_1,\ \cdots,\ \xi_n)$，$(x_0,\ x_1,\ \cdots,\ x_n)$とすると，半径を$\rho$としたとき，公式(1′)により

$$2\rho^2=-\sum_{i=0}^{n}\sum_{j=0}^{n} l_{ij}{}^2(x_i-\xi_i)(x_j-\xi_j) \tag{7}$$

である．(7)の右辺を展開整理すると

$$\sum_{i=0}^{n}\sum_{j=0}^{n} l_{ij}{}^2 x_i x_j-\sum_{i=0}^{n}\sum_{j=0}^{n} l_{ij}{}^2(x_i\xi_j+x_j\xi_i)+K=0 \tag{8}$$

$$\text{ここに } K=2\rho^2+\sum_{i=0}^{n}\sum_{j=0}^{n} l_{ij}{}^2\xi_i\xi_j=\text{定数}$$

となる．(8)の左辺第2項(x_iとξ_jの積の項)は

$$-2\sum_{i=0}^{n}\sum_{j=0}^{n} l_{ij}{}^2 x_i\xi_j$$

とまとめられるが，これに$x_0+x_1+\cdots+x_n=1$を掛け，さらに定数項にその2乗を掛けると(8)全体が次のようになる．

$$\sum_{i=0}^{n}\sum_{j=0}^{n} x_i x_j \left({l_{ij}}^2 - \sum_{k=0}^{n} {l_{ik}}^2 \xi_k - \sum_{k=0}^{n} {l_{jk}}^2 \xi_k + K \right) = 0$$

ここで $x_i x_j$ の係数を $c_{ij} = c_{ji}$ とおくと

$$\begin{aligned} c_{ii} + c_{jj} - c_{ij} - c_{ji} &= (-2\eta_i + K) + (-2\eta_j + K) - 2({l_{ij}}^2 - \eta_i - \eta_j + K) \\ &= -2{l_{ij}}^2, \quad \text{ここに } \eta_i = \sum_{k=0}^{n} {l_{ik}}^2 \xi_k \end{aligned}$$

であって，(6)は $(i,\ j)$ によらず一定値(このときは -2)となる．□

ここでは必要条件を証明しただけです．**十分条件**，すなわち(6)＝一定，を満足する2次同次方程式が球を表すことを改めて証明しなければいけません．それは長くなるので節を改めて論じます．先に派生的な注意と例を述べます．

系2.6　球の方程式は $c_{ii} = u_i$ として

$$\left(\sum_{i=0}^{n} u_i x_i \right) \cdot \left(\sum_{j=0}^{n} x_j \right) = -\sum_{i=0}^{n}\sum_{j=0}^{n} {l_{ij}}^2 x_i x_j \tag{9}$$

と書いてもよい．正規化された重心座標に限定すれば，左辺の項 $\sum_{j=0}^{n} x_j \ (=1)$ を省略してもよい．

略証　係数全体に定数を乗じて(6)の一定値を -2 としてよい．そのとき $i \neq j$ である係数は $c_{ij} = c_{ji} = (c_{ii} + c_{jj} + 2{l_{ij}}^2)/2$ であり，方程式は

$$0 = \sum_{i\ j} l_{ij} x_i x_j = \sum_{i} c_{ii} {x_i}^2 + \frac{1}{2}\sum_{i \neq j} c_{ij} x_i x_j + \frac{1}{2}\sum_{i \neq j} c_{ij} x_j x_i + \sum_{i \neq j} {l_{ij}}^2 x_i x_j$$

と変形できる．第2項と第3項は $\left(\sum_{i \neq j} c_{ij} x_i x_j \right)$ とまとめられ，第1項と合わせて $\left(\sum_{i} c_{ii} x_i \right) \left(\sum_{j} x_j \right)$ の形になる．□

注意　球の方程式は(9)の形を標準形とするのが便利です．このとき係数 $(u_0,\ u_1,\ \cdots,\ u_n)$ は**一意的**に定まります．

系2.7　2つの球が**同心**な条件は，(9)の形にしたとき左辺の係数 $(u_0,\ u_1,\ \cdots,\ u_n)$ と $(u_0',\ u_1',\ \cdots,\ u_n')$ の**差が一定**

$$u_i - u_{i'} = C \quad (i = 0,\ 1,\ \cdots,\ n)$$

という条件である．但し(9)は点球あるいは虚の球(半径の2乗が負)になる場合をも含む．□

ここで係数$(u_0,\ u_1,\ \cdots,\ u_n)$だけを定数倍した球は別物です．

例2.8　$n = 2$のとき$(x_0,\ x_1,\ x_2) = (x,\ y,\ z)$と記すと

$$(1/4)[(-a^2 + b^2 + c^2)x + (a^2 - b^2 + c^2)y + (a^2 + b^2 - c^2)z](x + y + z)$$
$$= a^2yz + b^2zx + c^2xy \tag{10}$$

は各辺の中点$(0,\ 1/2,\ 1/2)$, $(1/2,\ 0,\ 1/2)$, $(1/2,\ 1/2,\ 0)$を通るので，**九点円**を表します．しかし(10)の左辺の最初の係数1/4を1/2にした方程式は，鋭角三角形では虚の円になり，鈍角三角形では後述の「自己共役円」を表します(直角三角形では点円)．

2.3　球の方程式の十分条件の証明

その証明．定理2.5で(6)＝一定ならば球を表すことを証明する．まず中心の座標(ξ_k)を求める．そのためには2次曲面の中心が無限遠集合$x_0 + x_1 + \cdots + x_n = 0$の極点であることを活用する．2次曲面$\sum_{i,j=0}^{n} c_{ij}x_ix_j = 0$について点$(\xi_0,\ \xi_1,\ \cdots,\ \xi_n)$に対する極面の方程式は$\sum_{i=0}^{n}\left(\sum_{j=0}^{n} c_{ij}\xi_j\right)x_i = 0$と表されるので，正規化された中心の重心座標$(\xi_0,\ \xi_1,\cdots,\ \xi_n)$は連立1次方程式

$$\sum_{j=0}^{n} c_{ij}\xi_j = K\ (\text{共通}),\quad \sum_{j=0}^{n} \xi_j = 1 \tag{11}$$

から定まる．(11)に解があるかの吟味は後述する．但し目下の所(11)を解く必要はない．

(5)を満足する点の正規化された重心座標$(x_0,\ x_1,\ \cdots,\ x_n)$と，上記の中心点$(\xi_j)$との距離$\delta$は

$$2\delta^2 = -\sum_{i=0}^{n}\sum_{j=0}^{n} l_{ij}{}^2(x_i - \xi_i)(x_j - \xi_j)$$

$$=-\sum_{i=0}^{n}\sum_{j=0}^{n}l_{ij}{}^{2}x_i x_j+\sum_{i=0}^{n}\sum_{j=0}^{n}l_{ij}{}^{2}(x_i\xi_j+x_j\xi_i)-\sum_{i=0}^{n}\sum_{j=0}^{n}l_{ij}{}^{2}\xi_i\xi_j \tag{12}$$

と表される．(12)の右辺第3項は定数Lである．ここで右辺第2項は$l_{ij}=l_{ji}$によってまとめられ，(6)の定数を-2とすると

$$2\sum_{i=0}^{n}\sum_{j=0}^{n}l_{ij}{}^{2}x_i\xi_j=\sum_{i=0}^{n}\sum_{j=0}^{n}(c_{ij}+c_{ji}-c_{ii}-c_{jj})x_i\xi_j$$
$$=2\sum_{i=0}^{n}\sum_{j=0}^{n}c_{ij}x_i\xi_j-\left(\sum_{i=0}^{n}c_{ii}x_i\right)\left(\sum_{j=0}^{n}\xi_j\right)-\left(\sum_{i=0}^{n}x_i\right)\left(\sum_{j=0}^{n}c_{jj}\xi_j\right)$$

と変形される．このとき所与の方程式は(9)の形にまとめられるので，(12)の右辺第1項は(9)の左辺に等しい．正規化条件 $\sum x_i=1$，$\sum \xi_j=1$ により，(12)は(11)を使って

$$2\delta^2=\sum_{i=0}^{n}c_{ii}x_i+2\sum_{i=0}^{n}\left(\sum_{j=0}^{n}c_{ij}\xi_j\right)x_i-\sum_{i=0}^{n}c_{ii}x_i-\sum_{j=0}^{n}c_{jj}\xi_j+L$$
$$=2K\sum_{i=0}^{n}x_i-C+L\quad\left(C=\sum_{j=0}^{n}c_{ij}\xi_j\text{ は定数}\right)$$
$$=2K-C+L=\text{定数} \tag{13}$$

となる．これは球を表す．(13)から半径 δ もわかる．□

連立1次方程式(11)に解があるか？は吟味を要しますが，行列式$\det(c_{ij})\neq 0$なら解(ξ_j)の存在は明らかです．その解が $\sum \xi_j=0$を満たすのはもとの2次曲面が「放物面」を表すときで，条件(6)とは整合しません．$\det(c_{ij})=0$は2次曲面が超平面に退化するで場合あり，「一般的」な場合からは除外してよいと思います．特に$n=2$のときには$\det(c_{ij})=0$ならば2次曲線は2本の直線に分解され，円の条件(6)とは矛盾を生じます．

球の中心の位置は方程式(11)を解いて計算できます．球の半径は式(13)での値δです．しかしこれは球を同心球として縮めて点球としたときの差という形で，(9)の両辺の差の式に正規化された中心点の座標(ξ_j)を代入した値

$$2\rho^2=\sum_{i\cdot j=0}^{n}l_{ij}{}^{2}\xi_i\xi_j-\sum_{i=0}^{n}u_i\xi_i$$

という形で計算できます．特に $n=2$ の場合には，(9)を

$$(ux+vy+wz)(x+y+z)=a^2yz+b^2zx+c^2xy \tag{9'}$$

という形で表すと，中心の重心座標の比 $(\xi,\ \eta,\ \zeta)$ は次のように表されます．

$$\begin{cases} \xi=(a^2+b^2-c^2)(v-u)+(a^2-b^2+c^2)(w-u) \\ \qquad +a^2(-a^2+b^2+c^2) \\ \eta=(-a^2+b^2+c^2)(w-v)+(a^2+b^2-c^2)(u-v) \\ \qquad +b^2(a^2-b^2+c^2) \\ \zeta=(a^2-b^2+c^2)(u-w)+(-a^2+b^2+c^2)(v-w) \\ \qquad +c^2(a^2+b^2-c^2) \end{cases}$$

和 $\xi+\eta+\zeta=-a^4-b^4-c^4+2a^2b^2+2b^2c^2+2c^2a^2=16S^2$

$$\delta^2=[(a^2\eta\zeta+b^2\zeta\xi+c^2\xi\eta)-16S^2(u\xi+v\eta+w\zeta)]/(16S^2)^2$$

（S は $\triangle \boldsymbol{ABC}$ の面積，δ は半径）．

(9)の形の 2 つの球の方程式があるとき，両者の差 $\sum_{i=0}^{n}(u_i-u_i{'})x_i=0$ として表される超平面は，両球が交わればその共通部分を含む超平面です．交わらないときは平面の場合の根軸を一般化した「根面」を表します．$n=2$ のときは文献[9]を参照下さい．

2.4　球の方程式の例

例 2.9　基本単体 $\boldsymbol{P}_0\boldsymbol{P}_1\cdots\boldsymbol{P}_n$ の**外接球**は，重心座標が 1 つだけ 1 で他が 0 である各頂点を通るので，(9)の右辺の $u_i=0$，すなわち $\sum_{i=0}^{n}\sum_{j=0}^{n}l_{ij}{}^2x_ix_j=0$ と表されます．一般に $n+1$ 個の点を通る球は，指定された点の重心座標を(9)に代入して係数 u_0，u_1，…，u_n を定めることによってその方程式を得ます．例 2.8 の九点円がその一例です．$n=2$ のとき 3 個の傍心を通る円は，傍心の重心座標の比 $(-a,\ b,\ c)$，$(a,\ -b,\ c)$，$(a,\ b,\ -c)$ から計算して

$$(bcx+cay+abz)(x+y+z)=-a^2yz-b^2zx-c^2xy$$

あるいは $bcx^2+cay^2+abz^2+(a+b+c)(ayz+bzx+cxy)=0$

と表されます．

例 2.10　内接球は複雑です．$n=2$ の場合の内接円には巧妙な計算法がありますが，それは内接楕円の一般公式からそれに円の条件を加味して求める方法なので，第5話で内接楕円を論ずる所で改めて解説します．

但し内接円が3辺と接する点の正規化された重心座標が $s=(a+b+c)/2$ としてそれぞれ

$$(0, (s-c)/a, (s-b)/a), ((s-c)/b, 0, (s-a)/b),$$
$$((s-b)/c, (s-a)/c, 0)$$

と表されることから，この3点を通る円として係数を計算すれば，次の方程式を得ることができます(第0話参照)．

$$\begin{aligned}&[(s-a)x]^2+[(s-b)y]^2+[(s-c)z]^2\\&-2(s-a)(s-b)xy-2(s-b)(s-c)yz\\&-2(s-c)(s-a)zx=0\end{aligned} \tag{14}$$

内接円(14)と前述の九点円(10)との接点(フォイエルバッハ点)の重心座標の比は $((b-c)^2(s-a), (c-a)^2(s-b), (a-b)^2(s-c))$ と表されます．

傍接円の方程式も(14)の係数を a，b，c で表して，(a, b, c) を $(-a, b, c)$, $(a, -b, c)$, $(a, b, -c)$ と置き換えて得ることができます．その2個ずつの根軸3本は同一の点(**根心**)で交わり，その点の重心座標の比は次のように表されます．

$$(b+c):(c+a):(a+b) \tag{15}$$

この点は内心と重心を結ぶ直線上にあります．詳しくは文献[9]参照．

演習問題 2.2　(15)で表される点の三角形内での幾何学的意味を考察せよ．

例 2.11　外接球は $x_i x_j$ $(i \neq j)$ の形の項だけの和で表されますが，逆に $\sum_{i=0}^{n} u_i {x_i}^2=0$ (2乗の項のみ)の形で表される球があるでしょうか？

$n=2$ のときは $(x_0, x_1, x_2)=(x, y, z)$ と表して

$$ux^2+vy^2+wz^2=0,$$
$$(v+w):(w+u):(u+v)=a^2:b^2:c^2$$

から

$$u=(-a^2+b^2+c^2)/2,\quad v=(a^2-b^2+c^2)/2,$$
$$w=(a^2+b^2-c^2)/2$$

とすればそうなります((10)で係数を1/2にしたもの). その形式的な中心は垂心です. 但し鋭角三角形で u, v, $w>0$ だと, 方程式を満たす実の $(x, y$ $z)$ は存在しません. 直角三角形で $a^2+b^2=c^2$ ならば, 点円 (0, 0, 1)(垂心＝直角の頂点 $\boldsymbol{C}$)に退化します. 鈍角三角形では鈍角の頂点をとりかこみ各頂点の極線が対辺になる「自己共役円」を表します.

この円の中心は垂心で, 半径は形式的に $\sqrt{[8R^2-(a^2+b^2+c^2)]/2}$ と表されます. 鋭角三角形では根号内が負です.

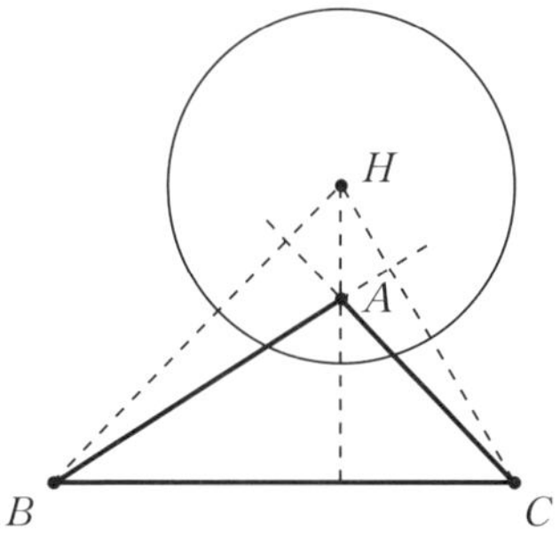

図 2.2　自己共役円

例 2.12　例 2.11と同じ課題で $n=3$ のときには, 係数を標準化すると

$$l_{ij}{}^2=u_i+u_j\ ;\quad i,\ j=0,\ 1,\ 2,\ 3 \tag{16}$$

となりますから, 相対する辺の長さの2乗の和が等しいという条件

$$l_{01}{}^2+l_{23}{}^2=l_{02}{}^2+l_{13}{}^2=l_{03}{}^2+l_{12}{}^2=l^2\ (\text{とおく}) \tag{17}$$

が必要になります. (17)が成立するとき相対する3組の辺が互いに直交するので**直辺四面体**とよばれます. 第7話で論じますがこれは本来の垂心 $\boldsymbol{H}$ が存在する(各頂点から対面に引いた4本の垂線が同一点 $\boldsymbol{H}$ で交わる)といった性質の必要十分条件なので, 「垂心四面体」とよぶ人もあります.

(17)が成立するとき前に述べた標準的表示により

$$u_0=(2l^2-a^2-b^2-c^2)/2=(d^2+e^2+f^2-l^2)/2,$$
$$u_1=(b^2+c^2+d^2-l^2)/2,\quad u_2=(c^2+a^2+e^2-l^2)/2,$$
$$u_3=(a^2+b^2+f^2-l^2)/2 \tag{18}$$

と表され，中心$(1/u_0,\ 1/u_1,\ 1/u_2,\ 1/u_3)$は垂心$\boldsymbol{H}$になります．(18)で$u_0$に対する$d$，$e$，$f$は，対応する頂点$(\boldsymbol{P}_0)$から出る3本の辺長といった意味をもちます(他も同様)．

直辺四面体にはさらに多くの性質がありますが，一例を挙げます(証明略)．kを正の定数として

$$
\begin{aligned}
&k[(d^2+e^2+f^2-l^2)x_0+(b^2+c^2+d^2-l^2)x_1\\
&+(c^2+a^2+e^2-l^2)x_2+(a^2+b^2+f^2-l^2)x_3]\\
&\times(x_0+x_1+x_2+x_3)\\
&=a^2x_2x_3+b^2x_1x_3+c^2x_1x_2+d^2x_0x_1+e^2x_0x_2+f^2x_0x_3
\end{aligned}
$$

とおきます．$k=1/2$は(18)で与えられる自己共役球です．$k=1/3$は各面の重心，各頂点から対面への垂線の足，および各頂点と垂心の間の線分を2：1に内分した合計12点を通る球で**第2**(面心)**十二点球**とよばれます．$k=1/4$は重心を中心とし，各辺の中点と，各辺についてそれを含み対辺と直交する平面が対辺と交わる点合計12点を通る球で，**第1**(辺心)**十二点球**とよばれます．これらは平面三角形の九点円の3次元版で例2.11とよく似ていますが，3次元では直辺四面体に限定されます．ここで外接球は$k=0$のときと解釈できます(第7話参照)．

$n \geqq 4$では一層多くの条件が必要ですが，逆にその特殊な単体については多様の興味ある性質が期待できます．

2.5 2直線の直交条件

第0話で省略した2直線が垂直に交わる(直交)条件を考察します．

平面$(n=2)$上の2直線

$$\alpha x+\beta y+\gamma z=0,\quad \alpha' x+\beta' y+\gamma' z=0 \tag{19}$$

が直交する条件は三平方の定理を使って導くことができます．(19)の両直線の交点を$\boldsymbol{O}(x_0,\ y_0,\ z_0)$(正規化した値)とします．但し当面その値を計算する必要はありません．

おのおのの直線上に点$\boldsymbol{P}$，$\boldsymbol{P}'$をとり，正規化された重心座標をそれぞれ

$$(x_0+u,\ y_0+v,\ z_0+w),\ (x_0+u',\ y_0+v',\ z_0+w')$$

とすると前者は

$$\alpha u+\beta v+\gamma w=0,\quad u+v+w=0$$

から，kを定数として

$$u=k(\beta-\gamma),\quad v=k(\gamma-\alpha),\quad w=k(\alpha-\beta)$$

と表されます．定数kは1として構いません．後者も同様に$u=\beta'-\gamma'$，$v=\gamma'-\alpha'$，$w=\alpha'-\beta'$としてよいことになります．距離の公式から

$$\begin{aligned}\boldsymbol{OP}^2&=-a^2vw-b^2wu-c^2uv,\\ \boldsymbol{OP}'^2&=-a^2v'w'-b^2w'u'-c^2u'v',\\ \boldsymbol{PP}'^2&=-a^2(v-v')(w-w')-b^2(w-w')(u-u')\\ &\quad -c^2(u-u')(v-v')\end{aligned}$$

です．直交条件は三平方の定理によって

$$\boldsymbol{PP}'^2=\boldsymbol{OP}^2+\boldsymbol{OP}'^2$$

ですから，代入して整理すると

$$a^2(vw'+v'w)+b^2(wu'+w'u)+c^2(uv'+u'v)=0 \tag{20}$$

となります．(20)の左辺は**恒久式**(permanent)とよばれる式

$$\mathcal{P}\begin{bmatrix}a^2 & b^2 & c^2\\ u & v & w\\ u' & v' & w'\end{bmatrix}\ (=(20)\text{の左辺}) \tag{21}$$

にまとめられます．(21)の左辺は行列式の古典的な定義(いわゆるサリュスの展開)において，$n!$個の積の項にまったく**符号をつけず**にそのまま加えた量を意味します．

定理2.13 2直線(19)が垂直に交わる条件は，恒久式

$$\mathcal{P}\begin{bmatrix}a^2 & b^2 & c^2\\ \beta-\gamma & \gamma-\alpha & \alpha-\beta\\ \beta'-\gamma' & \gamma'-\alpha' & \alpha'-\beta'\end{bmatrix}=0 \tag{20'}$$

で与えられる．

注意　無限遠直線 $x+y+z=0$ 以外の普通の直線は，$\alpha=\beta=\gamma$ ではないので，(20′)での係数の差がすべて0ということはありません．他方公式(20′)から形式的には無限遠直線はすべての直線と直交することになりますが，それは矛盾ではありません．但し直交条件を扱う場合には無限遠直線を除外する必要があります．

恒久式は行列式とは違って消去法による計算ができません．その値の計算には実質的に $n!$ 個の積の項の和を計算するという非効率的(指数関数的な手間)な方法(と本質的に同じもの)しか知られていないので，計算量の立場から興味をひいています．小さい(2，3次の)恒久式は，この例のように，ときおり具体的な問題にも現れます．

直交条件の式から少し計算すると，次の結果を得ます．

系 2.14　重心座標が(ξ, η, ζ)で表される点 $\boldsymbol{P}$ から辺 $\boldsymbol{BC}$ に引いた垂線の足 $\boldsymbol{H_A}$ の重心座標の比は

$$(0,\ (a^2+b^2-c^2)\xi+2a^2\eta,\ (a^2-b^2+c^2)\xi+2a^2\zeta) \tag{22}$$

と表される．他の辺への垂線の足 $\boldsymbol{H_B}$，$\boldsymbol{H_C}$ も同様である．

演習問題 2.3　公式(22)を証明せよ．またそれが $(0,\ a\eta+b\xi\cos C,\ a\zeta+c\xi\cos B)$ とも表されることを示せ．

$\boldsymbol{P}$ が内心，外心，垂心のときには，$\boldsymbol{P}$ からの垂線の足 $\boldsymbol{H_A}$，$\boldsymbol{H_B}$，$\boldsymbol{H_C}$ はチェバ系になります．すなわち $\boldsymbol{AH_A}$，$\boldsymbol{BH_B}$，$\boldsymbol{CH_C}$ は同一点で交わります．しかしこのような性質をもつ点は特別な点です．その軌跡は(22)から計算してある3次同次式 $=0$ の形で表される曲線になります．それには特に名がなく，詳しく研究されてもいないようです．特に $\triangle \boldsymbol{ABC}$ が二等辺三角形のときは，対称軸とそれについて対称な双曲線に分解され，正三角形のときには3本の対称軸に分解されます．

第 3 話

三角形の相似連鎖

3.1　内心に関する結果

前にも触れましたが，次の結果の一部はずっと以前の数学オリンピックに出題されています．

定理 3.1　$\triangle ABC$ の 3 個の傍心を D, E, F とし，内接円が BC, CA, AB と接する点を U, V, W とする．

(i) $\triangle UVW$ と $\triangle DEF$ は相似である．

(ii) ある相似中心点 K が存在し，K を中心とする相似拡大により，$\triangle UVW$ は $\triangle DEF$ に移る．

(iii) K は $\triangle ABC$ の内心 I と外心 O を結ぶ直線上にある．

(iv) $\triangle UVW$，$\triangle ABC$，$\triangle DEF$ の面積は等比数列をなす．

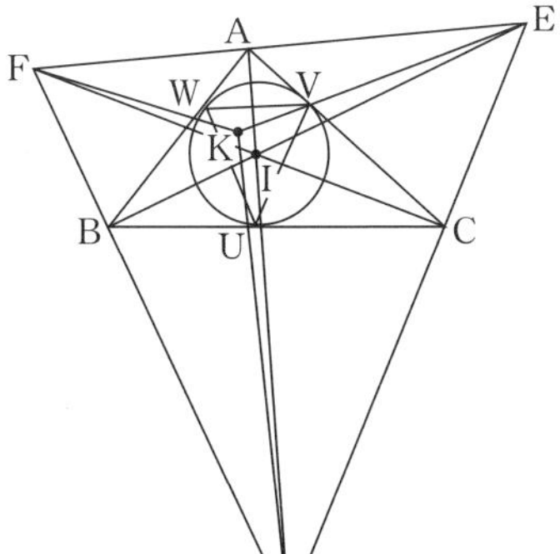

図 3.1　傍心三角形と内接円

証明　初等幾何学的に $\angle \boldsymbol{CUV} = 90^\circ - (\angle \boldsymbol{C})/2 = \angle \boldsymbol{UCD}$ で，$\boldsymbol{UV} /\!/ \boldsymbol{DE}$．同様に $\boldsymbol{VW} /\!/ \boldsymbol{EF}$, $\boldsymbol{WU} /\!/ \boldsymbol{FD}$ が証明できるので，両三角形は相似で $\boldsymbol{K}$ の存在がわかる．しかも内心 $\boldsymbol{I}$ は△$\boldsymbol{DEF}$ の垂心であるとともに△$\boldsymbol{UVW}$ の外心である．$\boldsymbol{K}$ を中心とする相似拡大によって $\boldsymbol{I}$ は△$\boldsymbol{DEF}$ の外心 $\boldsymbol{Q}$ に移る．△$\boldsymbol{ABC}$ の外接円は△$\boldsymbol{DEF}$ の九点円で，その中心 $\boldsymbol{O}$ は△$\boldsymbol{DEF}$ の外心 $\boldsymbol{Q}$ と垂心 $\boldsymbol{I}$ の中点である．したがって $\boldsymbol{K}$, $\boldsymbol{I}$, $\boldsymbol{O}$, $\boldsymbol{Q}$ は同一直線上にある((iv)は後述)．□

以上は数学オリンピック向きの「エレガントな解答」ですが，以下に重心座標による別証明をします．

別証（i）と（ii）　D, U の重心座標の比はそれぞれ $(-a, b, c)$, $(0, s-c, s-b)$ である $(s=(a+b+c)/2)$．天降り的だが重心座標の比が

$$\left(\frac{a}{s-a}, \frac{b}{s-b}, \frac{c}{s-c}\right) \tag{1}$$

である点を $\boldsymbol{K}$ とすると，$\boldsymbol{K}$, $\boldsymbol{U}$, $\boldsymbol{D}$ が同一直線上にあることが，次の行列式の計算で確かめられる．

$$\begin{vmatrix} \frac{a}{s-a} & \frac{b}{s-b} & \frac{c}{s-c} \\ 0 & s-c & s-b \\ -a & b & c \end{vmatrix} = \frac{a}{s-a}[c(s-c)-b(s-b)]-ab+ac.$$

ここで右辺の第1項の角括弧内は

$$s(c-b)+(b^2-c^2)=(b-c)(b+c-s)=(b-c)(s-a)$$

と変形され，行列式は $a(b-c)-a(b-c)=0$ である．□

（iii）内心とが外心の重心座標(表0.1)に注意して

$$\frac{a}{s-a}=\frac{a}{2s}\left(2+\frac{R}{4r}\right)-\frac{a^2(-a^2+b^2+c^2)}{4s(s-a)(s-b)(s-c)} \tag{2}$$

を証明する(下記)．b, c についても同様なので，$\boldsymbol{K}$ は $\boldsymbol{OI}$ の延長線上にある．ここに R, r は外接円，内接円の半径を表す．

式(2)の証明：まず

$$4(s-b)(s-c)=(a-b+c)(a+b-c)$$
$$=a^2-b^2-c^2+2bc$$

に注意する．左辺—右辺第1項は，$abc=4RS$ により

$$\left(\frac{a}{s-a}-\frac{a}{s}\right)-\frac{aR}{8S}=\frac{a^2}{s(s-a)}-\frac{a^2bc}{2S^2}$$
$$=\frac{a^2[(s-b)(s-c)-bc/2]}{s(s-a)(s-b)(s-c)}=\frac{-a^2(-a^2+b^2+c^2)}{4s(s-a)(s-b)(s-c)}$$

となって，右辺第2項と合う．□

(iv)の証明　傍心のなす三角形の面積は，正規化された頂点の重心座標の行列式から

$$\frac{S\cdot 4abc}{(-a+b+c)(a-b+c)(a+b-c)} \tag{3}$$

である．他方内接円の接点のなす三角形の面積は，同様に

$$\frac{S(-a+b+c)(a-b+c)(a+b-c)}{4abc} \tag{4}$$

となる．すなわち(3)，(4)は**等比数列**をなす(なお例1.8，1.9参照)．□

内心に対して傍心の3点が(第2話で述べた)「反チェバ系」をなすことに注意しておきます．

重心座標による別証はいささか天下り的です．座標(1)や，等式(2)をどのようにして見つけたのかは(タネはありますが)「経験に基づく」だけで済ませます．

3.2　垂足三角形の場合

前節に似た結果として，$\triangle ABC$ を鋭角三角形と限定すると次の結果が成立します(これも数学オリンピックに出題されています)．これらは後述のとおりもっと一般な結果の特別な場合です．

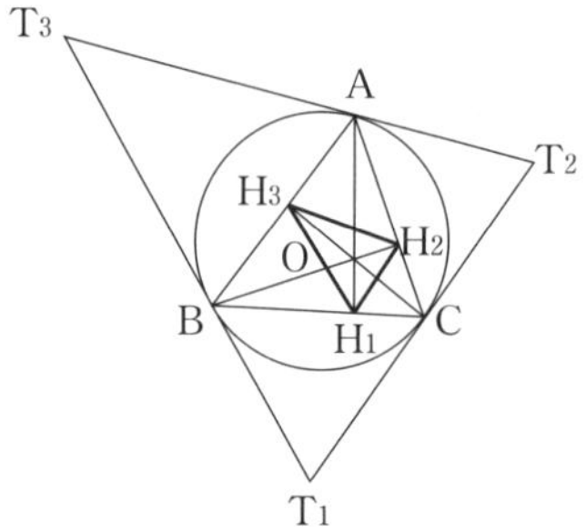

図 3.2　垂足三角形と接線三角形

定理 3.2　鋭角三角形 $\boldsymbol{ABC}$ に対し，各頂点でその外接円に対する接線を引き，それらのなす三角形を $\boldsymbol{T_1T_2T_3}$ とする．また垂足三角形を $\boldsymbol{H_1H_2H_3}$ とする(図 3.2)．

（i）$\triangle \boldsymbol{H_1H_2H_3}$ と $\triangle \boldsymbol{T_1T_2T_3}$ は相似である(対応辺は平行)．

（ii）両三角形の面積の相乗平均は，もとの三角形の面積 S に等しい．

直接の証明　（i）接弦定理により $\angle \boldsymbol{T_2AC} = \angle \boldsymbol{B}$ である．他方 $\boldsymbol{AH_1}$, $\boldsymbol{BH_2}$, $\boldsymbol{CH_3}$ は垂心 $\boldsymbol{H}$ で交わり，$\boldsymbol{AH_2HH_3}$ は円に内接し，

$$\angle \boldsymbol{AH_2H_3} = \angle \boldsymbol{AHH_3} = 90° - \angle \boldsymbol{BAH} = \angle \boldsymbol{B} = \angle \boldsymbol{T_2AC}$$

である．これから $\boldsymbol{H_2H_3}$ は直線 $\boldsymbol{T_2AT_3}$ と平行である．他の辺も同様であり $\triangle \boldsymbol{H_1H_2H_3}$ と $\triangle \boldsymbol{T_1T_2T_3}$ は対応する内角が等しく，互いに相似である(その内角はそれぞれ $2\boldsymbol{A}$, $2\boldsymbol{B}$, $2\boldsymbol{C}$ の補角)．□

（ii）上記から，$\triangle \boldsymbol{AH_2H_3}$ は $\triangle \boldsymbol{ABC}$ と裏返しに相似で，相似比は $\boldsymbol{AC} : \boldsymbol{AH_3} = \cos A$，したがってその面積は $S\cos^2 A$ である．$\triangle \boldsymbol{BH_3H_1}$, $\triangle \boldsymbol{CH_1H_2}$ も同様で，面積を｜　｜で表すと

$$|\triangle \boldsymbol{H_1H_2H_3}| = S(1-\cos^2 A-\cos^2 B-\cos^2 C) = (2\cos A\cos B\cos C)S \quad (4)$$

となる．他方外心を $\boldsymbol{O}$ とすると，四辺形 $\boldsymbol{OBT_1C}$ は 2 個の合同な直角三角形からなり，面積が $R^2\tan A$ なので

$$|\triangle \boldsymbol{T}_1\boldsymbol{T}_2\boldsymbol{T}_3| = R^2(\tan A + \tan B + \tan C) = R^2 \tan A \tan B \tan C$$
$$= \frac{2R\sin A \cdot 2R\sin B \cdot \sin C}{4\cos A\cos B\cos C} \tag{5}$$

となる．(5)の右辺の分子は $a \cdot b\sin C = 2S$ に等しく

$$|\triangle \boldsymbol{T}_1\boldsymbol{T}_2\boldsymbol{T}_3| = S/(2\cos A\cos B\cos C) \tag{6}$$

を得る．(4)と併せて $|\triangle \boldsymbol{H}_1\boldsymbol{H}_2\boldsymbol{H}_3| \cdot |\triangle \boldsymbol{T}_1\boldsymbol{T}_2\boldsymbol{T}_3| = S^2$ である．□

この場合の面積の公比((6)に相等)は余弦定理から

$$4a^2b^2c^2/(-a^2+b^2+c^2)(a^2-b^2+c^2)(a^2+b^2-c^2) \ (\geqq 4) \tag{7}$$

とも表されます．これは前節の場合の(3)に当たる $4abc/(-a+b+c) \times(a-b+c)(a+b-c)$ より大きく，さらに後者の 2 乗の 1/4 よりも大きくなります(正三角形のときのみ等号)．この不等式

$$\begin{aligned}&[(-a+b+c)(a-b+c)(a+b-c)]^2\\ &\geqq(-a^2+b^2+c^2)(a^2-b^2+c^2)(a^2+b^2-c^2)\end{aligned} \tag{8}$$

は $(1-\cos A)(1-\cos B)(1-\cos C) \geqq \cos A\cos B\cos C$ と同値であり，いろいろな証明が可能です(文献[10]参照)．

演習問題 3.1　定理 3.2 を重心座標を使って証明せよ．

注意　このとき $\boldsymbol{T}_1\boldsymbol{T}_2\boldsymbol{T}_3$ のなす反チェバ系の交点は**ルモワーヌ点**(重心座標の比 $(a^2,\ b^2,\ c^2)$)です．定理 3.1 と 3.2 は類似しており，重心座標で「1 次系」と「2 次系」とでもいいたい関係です(前者の $a,\ b,\ c$ を後者で $a^2,\ b^2,\ c^2$ とする)．その対応の実例を本話の末の付表に示しました．さらに別種の両者の関係を次節で述べます．また定理 3.2 の若干の発展を 3.6 節(クロウソンの定理)で扱います．

また定理 3.2 (i) の両三角形の相似中心 K' は，垂心の等長共役点の等角共役点です．

3.3 両者を併せると

前2節の操作を改めてまとめると次のとおりです.

操作 $\mathcal{I}$ ：内接円が3辺と接する3点をとる.

操作 $\mathcal{E}$ ：3個の傍心のなす三角形を作る.

操作 $\mathcal{P}$ ：鋭角三角形に対し垂足三角形を作る.

操作 $\mathcal{T}$ ：鋭角三角形に対し，3頂点で外接円に接線を引き，その3直線の作る三角形をとる.

鋭角三角形でなくても操作 $\mathcal{P}$, $\mathcal{T}$ は可能で，ある程度拡張解釈もできますが，その修正が繁雑なので限定します．内接円の接点三角形と傍心のなす三角形は鋭角三角形です.

ここで $\mathcal{I}$ と $\mathcal{T}$，$\mathcal{E}$ と $\mathcal{P}$ は**互いに逆操作**であることに注意します．前者は共通な円を，外側の三角形の内接円かつ内側の三角形の外接円と考えれば理解できます．後者はもとの $\triangle \boldsymbol{ABC}$ がその3個の傍心のなす三角形の垂足三角形であること，逆に鋭角三角形の垂足三角形 $\boldsymbol{H_1H_2H_3}$ について(図3.2)，$\angle \boldsymbol{AH_1H_2} = \angle \boldsymbol{AH_1H_3}$ で，$\boldsymbol{AH_1}$ は $\angle \boldsymbol{H_2H_1H_3}$ の二等分線であり，$\boldsymbol{A, B, C}$ が $\triangle \boldsymbol{H_1H_2H_3}$ の傍心(垂心 $\boldsymbol{H}$ が内心)になることから確かめられます．これから次の結果を得ます.

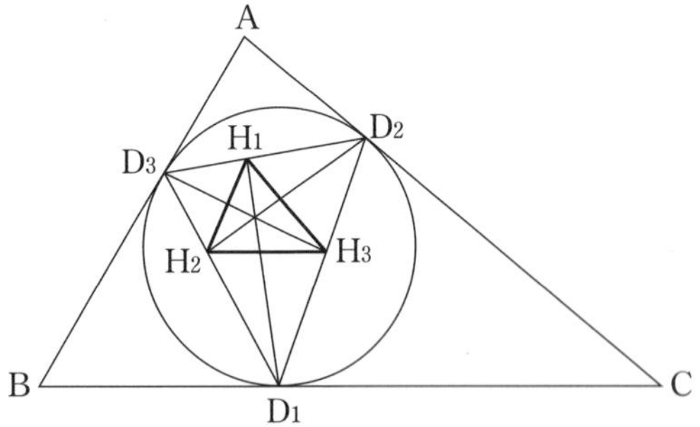

図3.3 $\mathcal{I}, \mathcal{P}$ の一段階

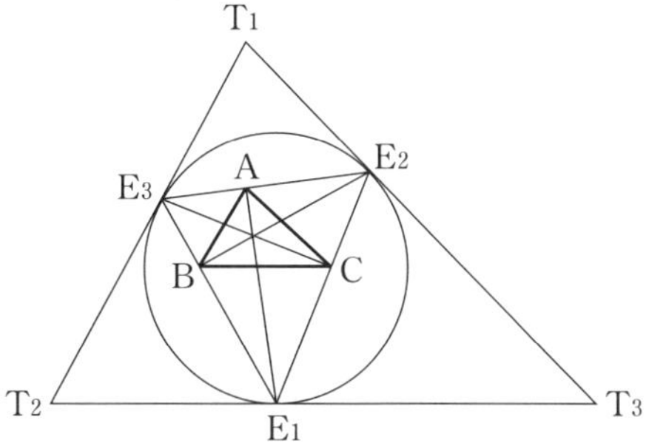

図 3.4　$\mathcal{E}, \mathcal{T}$ の一段階

定理 3.3　与えられた三角形 $\boldsymbol{ABC}$ に対し（ともに左側から操作）

内側に $\mathcal{I}\ \mathcal{P}\ \mathcal{I}\ \mathcal{P}$ ……

外側に $\mathcal{E}\ \mathcal{T}\ \mathcal{E}\ \mathcal{T}$ ……　(9)

を反復すれば，縮小と拡大の無限列ができ，次々に生じる三角形の面積は**等比数列**をなす．その**公比**はもとの三角形の外接円と内接円の半径を R, r とするとき $2R/r$（あるいはその逆数）である．

面積が等比数列になることは定理 3.1, 3.2 からわかりますが，念のために $\mathcal{I}$ の次の $\mathcal{P}$ と，$\mathcal{E}$ の次の $\mathcal{T}$ の比を計算してみます．但し後者は前者の逆数なので前者だけを見ます．$\mathcal{P}$ を施したときの面積比は，内角の cos の積の 2 倍ですが，$\mathcal{I}$ を施した三角形の内角は，もとの三角形の内角の半分の余角だから，その積から面積比は正しく

$$2\sin\frac{A}{2}\sin\frac{B}{2}\sin\frac{C}{2}=\frac{(-a+b+c)(a-b+c)(a+b-c)}{4abc}=\frac{r}{2R} \qquad (10)$$

となります．等式 (10) はヘロンの公式などから計算できるが，直接に図形的な証明もできます．

図 3.3, 3.4 に定理 3.3 の各一段階を図示しました．但し両者は実質的に同じ図で，点の名が違うだけです．

また操作 $\mathcal{I}$, $\mathcal{P}$ と $\mathcal{E}$, $\mathcal{T}$ とを同時にもとの三角形に施した図を図3.5に示します．図3.5はナオコ(株)の小森恒雄氏にお願いして，作図ソフトによって描いて頂いたものです．同氏の御協力に感謝の詞を述べます．

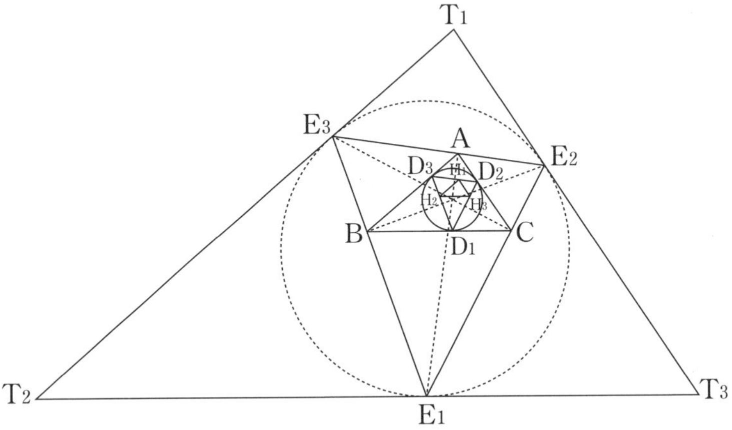

図3.5　相似三角形の連鎖

以上の内容は重心座標を使えば一般化できますので，次節でそれを述べます．この2例を詳しく述べたのは，操作 $\mathcal{I}$, $\mathcal{E}$ と $\mathcal{T}$, $\mathcal{P}$ の逆関係に興味があったからでした．

3.4 相似中心の一般形

第1話でも少し触れましたが，前3節で例示したように三角形の内外にできる一対の相似三角形についての性質は，以下のような一般的な結果の特別な場合です．

定理3.4　$\triangle ABC$の内部に一点Pをとる．Pの重心に対する2：1反転点をP'，P'の等長共役点をQとする．Qを各頂点と結ぶ半直線AQ，BQ，CQの延長が対辺と交わる点をそれぞれ $\boldsymbol{D}_1$, $\boldsymbol{D}_2$, $\boldsymbol{D}_3$とする($\boldsymbol{Q}$のチェバ系). また$\boldsymbol{P}$に対する反チェバ系の三角形の頂点を$\boldsymbol{E}_1$, $\boldsymbol{E}_2$, $\boldsymbol{E}_3$とする. このとき3本の直線$\boldsymbol{D}_i\boldsymbol{E}_i$ $(i=1, 2, 3)$は同一点$\boldsymbol{K}$で交わる. $\triangle \boldsymbol{D}_1\boldsymbol{D}_2\boldsymbol{D}_3$と$\triangle \boldsymbol{E}_1\boldsymbol{E}_2\boldsymbol{E}_3$とは相似で$\boldsymbol{K}$はその相似中心である. さらに$\triangle \boldsymbol{D}_1\boldsymbol{D}_2\boldsymbol{D}_3$, $\triangle \boldsymbol{ABC}$, $\triangle \boldsymbol{E}_1\boldsymbol{E}_2\boldsymbol{E}_3$の面積は等比数列をなす(図3.6).

第1話で述べた多数の用語を説明なしに使用しましたが, 下記の証明中にいくつかを説明します. $\boldsymbol{P}\to\boldsymbol{Q}$の構成が人為的ですが, これは内接楕円を使うと自然な対応と解釈できます(第5話に解説, 定理5.15参照).

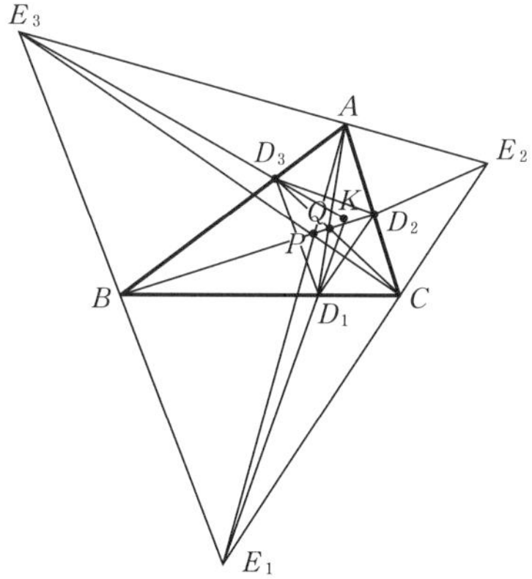

図3.6　相似中心

証明　$\boldsymbol{P}$の重心座標を(α, β, γ)とすると, $\boldsymbol{P}'$, $\boldsymbol{Q}$の重心座標はそれぞれ$(-\alpha+\beta+\gamma,\ \alpha-\beta+\gamma,\ \alpha+\beta-\gamma)$, その逆数の$\left(\dfrac{1}{-\alpha+\beta+\gamma}, \dfrac{1}{\alpha-\beta+\gamma}, \dfrac{1}{\alpha+\beta-\gamma}\right)$と表される. $\boldsymbol{D}_1$は$\boldsymbol{Q}$の第1座標を0とした形に表される($\boldsymbol{D}_2$, $\boldsymbol{D}_3$も同様). また$\boldsymbol{E}_1$, $\boldsymbol{E}_2$, $\boldsymbol{E}_3$の重心座標はそれぞれ$(-\alpha, \beta, \gamma)$, $(\alpha, -\beta, \gamma)$, $(\alpha, \beta, -\gamma)$である.

直線$\boldsymbol{E}_2\boldsymbol{E}_3$の方程式は$\gamma y+\beta z=0$, 直線$\boldsymbol{D}_2\boldsymbol{D}_3$の方程式は$-(-\alpha+\beta+\gamma)x+(\alpha-\beta+\gamma)y+(\alpha+\beta-\gamma)z=0$であり, 平行条件の行列式は(便宜上転置した形で)

$$\begin{vmatrix} 1 & 0 & \alpha-\beta-\gamma \\ 1 & \gamma & \alpha-\beta+\gamma \\ 1 & \beta & \alpha+\beta-\gamma \end{vmatrix} = 0 \tag{11}$$

である．(11)を示すには展開してもよいが，第2列の2倍を第3列から引けば，第3列の成分がすべて同一の$\alpha-\beta-\gamma$になり，第1列と比例するから行列式$=0$である．これから$\boldsymbol{D}_2\boldsymbol{D}_3 /\!/ \boldsymbol{E}_2\boldsymbol{E}_3$．他の2線も同様で，$\triangle\boldsymbol{D}_1\boldsymbol{D}_2\boldsymbol{D}_3$と$\triangle\boldsymbol{E}_1\boldsymbol{E}_2\boldsymbol{E}_3$は相似であり，$\boldsymbol{D}_i\boldsymbol{E}_i$ $(i=1, 2, 3)$は共通の相似中心$\boldsymbol{K}$で交わる．$\boldsymbol{K}$の重心座標は

$$(\alpha/(-\alpha+\beta+\gamma),\ \beta/(\alpha-\beta+\gamma),\ \gamma/(\alpha+\beta-\gamma)) \tag{12}$$

と表される．$\boldsymbol{K}$を(12)とおいたとき，$\boldsymbol{K}\boldsymbol{D}_i\boldsymbol{E}_i$ $(i=1, 2, 3)$が共線なことは直接に行列式によっても確かめられる．例えば，$i=1$について計算するとその行列式は

$$\begin{vmatrix} -\alpha & 0 & \alpha/(-\alpha+\beta+\gamma) \\ \beta & 1/(\alpha-\beta+\gamma) & \beta/(\alpha-\beta+\gamma) \\ \gamma & 1/(\alpha+\beta-\gamma) & \gamma/(\alpha+\beta-\gamma) \end{vmatrix} = \begin{vmatrix} -(-\alpha+\beta+\gamma) & 0 & 1 \\ \alpha-\beta+\gamma & 1/\beta & 1 \\ \alpha+\beta-\gamma & 1/\gamma & 1 \end{vmatrix}$$
$$\times\ \alpha\beta\gamma/(-\alpha+\beta+\gamma)(\alpha-\beta+\gamma)(\alpha+\beta-\gamma)$$

だが，後の行列式の第2列に$\beta\gamma$を掛けると行列式(11)に帰着し，値は0に等しい．$i=2, 3$についても同様である．

面積については各頂点の重心座標を正規化してそれらの行列式を作ると，$\triangle\boldsymbol{D}_1\boldsymbol{D}_2\boldsymbol{D}_3$，$\triangle\boldsymbol{E}_1\boldsymbol{E}_2\boldsymbol{E}_3$の面積と$\triangle\boldsymbol{ABC}$の面積との比はそれぞれ次のようになり，互いに逆数である．

$$\frac{(-\alpha+\beta+\gamma)(\alpha-\beta+\gamma)(\alpha+\beta-\gamma)}{4\alpha\beta\gamma},\quad \frac{4\alpha\beta\gamma}{(-\alpha+\beta+\gamma)(\alpha-\beta+\gamma)(\alpha+\beta-\gamma)}. \tag{13}$$

□

演習問題 3.2　(13)の公比(下の式)は4以上であることを証明せよ．

3.5 実例

例3.5 最も簡単な(自明に近い)例は，$\boldsymbol{P}$が重心$\boldsymbol{G}(1, 1, 1)$のときです．このとき$\boldsymbol{Q}=\boldsymbol{P}$，$\boldsymbol{D}_i$は各辺の中点，$\boldsymbol{Q}_i$は各頂点を通って対辺に平行に引いた3直線のなす三角形の頂点です．相似中心$\boldsymbol{K}$も$\boldsymbol{G}$と一致します．面積の公比(13)は一般に$\geqq 4$ですが，このとき最小値4になります．

しかしこれは余りに簡単すぎます．もう少し面白いのは，$\boldsymbol{P}$を内心にとったときと，鋭角三角形で$\boldsymbol{Q}$を垂心にとった場合です．

例3.6 点$\boldsymbol{P}$が内心(a, b, c)のときは，$\boldsymbol{D}_i$が内接円と各辺との接点，$\boldsymbol{E}_i$は3個の傍心になります．相似中心$\boldsymbol{K}\,(a/(-a+b+c),\ b/(a-b+c),\ c/(a+b-c))$には特に名がないが，その等角共役点$(a(-a+b+c),\ b(a-b+c),\ c(a+b-c))$は，内心，ルモワーヌ点，前話で述べた傍接円の根心点と同一直線上にあります．これは3.1節に述べました．3.3節の相似三角形の縮小列はこの場合の相似中心$\boldsymbol{K}$に収束します．

例3.7 点$\boldsymbol{P}$がルモワーヌ点(a^2, b^2, c^2)のときには，$\boldsymbol{D}_i$は各頂点から対辺に引いた垂線の足(交点)$\boldsymbol{H}_i$，$\boldsymbol{E}_i$は各頂点において外接円に引いた接線の作る三角形の頂点$\boldsymbol{T}_i$になります．相似中心$\boldsymbol{K}:(a^2/(-a^2+b^2+c^2),\ b^2/(a^2-b^2+c^2),\ c^2/(a^2+b^2-c^2))$は，垂心の等長共役点の等角共役点という幾何学的な意味をもちます．これは3.2節で述べました．

定理3.4のように一般化しても，面白い例は上記でほぼ尽きるようです．もちろん他の例として，$\boldsymbol{P}$を内心の等長共役点$(1/a,\ 1/b,\ 1/c)$にとった場合など，多少興味ある結果があります．

以上若干の重複があり，また記号が不統一な個所がありましたが，意味は理解して頂けたと思います．

3.6 クロウソンの定理

クロウソン(P. Clawsen)は米国の幾何学者で，下記の定理は最初American Mathematics Monthlyに読者への設問として1925年に発表されたものです．翌年解答が現れ，クロウソン自身の巧妙な証明もあります．しかしここでは重心座標を活用して証明します．

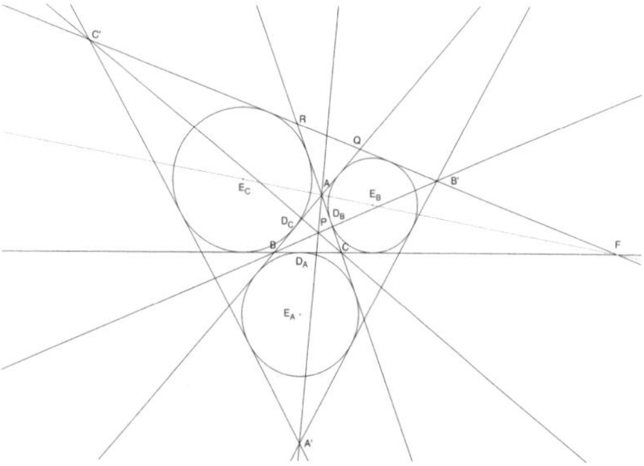

図3.7　クロウソンの定理

定理3.8　$\triangle ABC$の3個の傍接円E_1，E_2，E_3の外側に2個ずつの共通接線を引き，それらの交点をA'，B'，C'とする．3直線AA'，BB'，CC'は共通交点Kで交わる．さらに$\triangle A'B'C'$は垂足三角形$H_1H_2H_3$および外接円の頂点における接線の作る三角形$T_1T_2T_3$と相似であり，そのおのおのと相似中心をもつ．

但し，**クロウソン点**という用語は上述の記号の共通交点K以外に，後半の相似三角形どうしの相似中心の意味にも使われることがあり，若干あいまいです．ここで図3.7はナコオ(株)の小森恒雄氏にコンピュータによる作図ソフトを利用して描いて頂いたものです．御協力を感謝します．

証明　(i) 最後の命題は3.2節で(初等幾何学的に)証明した．そこで示したとおり，角の関係で$\triangle A'B'C'$，$\triangle H_1H_2H_3$，$\triangle T_1T_2T_3$はそれぞれ対応する辺が平行になる．したがってそれらは互いに相似で，2個ずつ相似中心をもつ．$\triangle A'B'C'$と$\triangle H_1H_2H_3$，$\triangle T_1T_2T_3$との相似中心の重心座標はそれぞれ

$$(a/(-a^2+b^2+c^2),\ b/(a^2-b^2+c^2),\ c/(a^2+b^2-c^2))$$

$$(a^2(-a+b+c),\ b^2(a-b+c),\ c^2(a+b-c)) \qquad (14)$$

と計算できる．後者はジェルゴンヌ点の等角共役点である．

（ii）前半を重心座標を使って示す．前述の点Q，Rの重心座標はそれぞれ

$$(b+c,\ -b,\ 0),\ (b+c,\ 0,\ -c)$$

と表すことができ，外側の共通外接線はこの2点を通ることから

$$bcx+(b+c)(cy+bz)=0 \qquad (15)$$

と表される．点Fは辺BCを$c:b$の比に外分する点になり，重心座標は$(0,\ -b,\ c)$と表される．

同様に他の共通外接線の方程式を，(15)を巡回的に変換した方程式として求めて2個ずつの共通解を求めると，点A'の重心座標は次のように表される．

$$(-a^2(a+b+c),\ b(c+a)(a+b-c),\ c(a+b)(a-b+c)) \qquad (16)$$

これからAA'の方程式を求めると，共通交点の重心座標が

$$K:\left(\frac{a(b+c)}{-a+b+c},\ \frac{b(c+a)}{a-b+c},\ \frac{c(a+b)}{a+b-c}\right) \qquad (17)$$

と表される．A，A'，K（式(17)）が共線であることは，直接に行列式の計算でもわかる．便宜上転置行列の形にすると

$$\begin{vmatrix} 1 & -a^2(a+b+c) & a(b+c)/(-a+b+c) \\ 0 & b(c+a)(a+b-c) & b(c+a)/(a-b+c) \\ 0 & c(a+b)(a-b+c) & c(a+b)/(a+b-c) \end{vmatrix}$$

$$=bc(c+a)(a+b)-bc(a+b)(c+a)=0$$

となる．□

共通交点K（式(17)）はナーゲル点の等角共役点

$$(a^2/(-a+b+c),\ b^2/(a-b+c),\ c^2/(a+b-c))$$

と内心$(a,\ b,\ c)$を結ぶ直線上にあります．例3.6で述べた内接円の接点と傍心との相似中心も同じ直線上にあります．

クロウソンの定理をめぐって他にもいろいろと余り知られていない諸性質がありますが，ここでは上述の結果を重心座標で示すのに留めます．

以上でこの話の主題は終わりますが，最後に付録として若干の公式の証明を付記します．

3.7　二三の公式の証明

上述で使った容易に証明できるが有用な公式に，少し変わった証明を紹介します．この節は付録です．

$$\cos^2 A+\cos^2 B+\cos^2 C+2\cos A\cos B\cos C=1 \tag{18}$$

証明　次の行列とベクトルを考える：

$$U=\begin{bmatrix}-1 & \cos C & \cos B\\ \cos C & -1 & \cos A\\ \cos B & \cos A & -1\end{bmatrix},\quad \mathbb{V}=\begin{bmatrix}\sin A\\ \sin B\\ \sin C\end{bmatrix}\neq \mathbf{0}$$

積$U\mathbb{V}$を計算すると第1行は

$$-\sin A+\sin B\cos C+\sin C\cos B=-\sin A+\sin(B+C)$$
$$=-\sin A+\sin A=0\quad(A+B+C=180^\circ\text{ と仮定})$$

であり，第2行，第3行も同様，すなわち$U\mathbb{V}=\mathbf{0}$である．$\mathbf{0}$でないベクトル$\mathbb{V}$に掛けて$\mathbf{0}$になるからUの行列式は0，すなわち

$$-1+\cos^2 A+\cos^2 B+\cos^2 C+2\cos A\cos B\cos C=0$$

でなければならない．これは所要の式(18)である．□

$$\tan A+\tan B+\tan C=\tan A\tan B\tan C \tag{19}$$

証明　tanの加法定理から

$$\tan A+\tan B=\tan(A+B)\cdot(1-\tan A\cdot\tan B)$$

である．また$\tan C=-\tan(A+B)$だから$(A+B+C=180^\circ$ と仮定$)$

$$\tan A+\tan B+\tan C=-\tan A\cdot\tan B\cdot\tan(A+B)=\tan A\cdot\tan B\cdot\tan C$$

となる．□

内心までの距離と R,r の比

証明　内心を $\boldsymbol{I}$ とすると $\angle \boldsymbol{BIC}=90^\circ+\angle A/2$ である．$\triangle \boldsymbol{BIC}$ に正弦定理を適用して

$$\boldsymbol{BI}=\frac{\boldsymbol{BC}\cdot\sin(C/2)}{\sin(90^\circ+A/2)},\quad r=\boldsymbol{BI}\cdot\sin\frac{B}{2}=\frac{a\sin(B/2)\sin(C/2)}{\cos(A/2)}$$

ここで $a=2R\sin A=4R\sin(A/2)\cos(A/2)$ に注意すると

$$\frac{r}{4R}=\sin\frac{A}{2}\sin\frac{B}{2}\sin\frac{C}{2} \tag{20}$$

である．この左辺は $4RS=abc$, $r(a+b+c)=2S$ とヘロンの公式により，次のように変形できる．

$$(20)=(-a+b+c)(a-b+c)(a+b-c)/8abc\leqq 1/8 \tag{21}$$

(20) の右辺に半角公式と余弦定理を適用しても (21) を得る．これからも $R\geqq 2r$ が導かれる．□

最後に 3.2 節末で述べた対応の表を示します．

付表　「1 次系」と「2 次系」の対比

1 次系の点	2 次系の点
内心　(a,b,c)	ルモワーヌ点　(a^2,b^2,c^2)
ジェルゴンヌ点	垂心
ナーゲル点	垂心の等長共役点
内接円の接点	頂点からの垂線の足
3 個の傍心	頂点での外接円の接線が作る三角形の頂点
「類外心」(注)	外心
相似比：$2R/r$	$1/(2\cos A\cos B\cos C)$

(注) 重心座標の比が $(a(-a+b+c),\ b(a-b+c),\ c(a+b-c))$ である点；仮にこうよぶ．3.1 節の相似中心 K の等角共役点に相当する．

第 4 話

三角形の外接楕円

4.1 重心座標による2次曲線

本話でももっぱら平面($n=2$)の場合を扱い，基準になる三角形 $\boldsymbol{ABC}$ の3辺の長さを a，b，c；変数を(x, y, z)などと表します．

重心座標で2次同次方程式(習慣上次のように記す)

$$ux^2+vy^2+wz^2-2pyz-2qzx-2rxy=0 \tag{1}$$

は一般に**2次曲線**を表します．但し2本の直線に退化したり，虚の図形になったりすることもあります．

(1)が無限遠直線 $x+y+z=0$ と実の2交点をもつときが双曲線，接するのが放物線，実の交点をもたないのが楕円(円も含む)です． $z=-(x+y)$ を(1)に代入して判別式を計算すれば，直ちに次の結果を得ます．

定理4.1 (1)の判別式

$$\begin{aligned}\triangle &= p^2+q^2+r^2-2(pq+qr+rp)\\ &\quad -2(pu+qv+rw)-(uv+vw+wu)\end{aligned} \tag{2}$$

が正，0，負に応じて(1)は双曲線，放物線，楕円を表す．□

方程式(1)は行列を使えば

$$[x\ \ y\ \ z]\begin{bmatrix} u & -r & -q \\ -r & v & -p \\ -q & -p & w \end{bmatrix}\begin{bmatrix} x \\ y \\ z \end{bmatrix}=0 \tag{1'}$$

と表されます．(1′)の左側の横ベクトルを定数ベクトル$[\xi, \eta, \zeta]$として得られる1次式の表す直線は，点 $\boldsymbol{P}(\xi, \eta, \zeta)$ を**極点**(pole)とするとき，それに対応する**極線**(polar)を表します．$\boldsymbol{P}$が(1′)の上にあればそこでの**接線**です．また(1′)の中央の行列の行列式＝0は，(1′)が2本の直線に退化するための必要かつ十分条件を表します．

(1)の**中心**の座標は無限遠直線$x+y+z=0$を極線とするような点(ξ, η, ζ)として，連立1次方程式

$$\begin{cases} u\xi - r\eta - q\zeta = 1 \\ -r\xi + v\eta - p\zeta = 1 \\ -q\xi - p\eta + w\zeta = 1 \end{cases} \tag{3}$$

を解いて計算できます．(1)が2直線に退化しなければ，(3)の係数行列式$\neq 0$であり，比$\xi : \eta : \zeta$は次のとおりです．

$$\begin{aligned} &[(v+r)(w+q)-(p-q)(p-r)] \\ &:[(w+p)(u+r)-(q-r)(q-p)] \\ &:[(u+q)(v+p)-(r-p)(r-q)]. \end{aligned} \tag{4}$$

(1)が円を表す条件は第2話で述べたとおり(1)に対して

$$(v+w+2p):(w+u+2q):(u+v+2r) = a^2 : b^2 : c^2$$

と表されます．このとき比を1とすると，(2)の値は$[a^4+b^4+c^4-2(a^2b^2+b^2c^2+c^2a^2)]/4=-4S^2<0$と確かに負になります．

演習問題4.1　(3)の解として(4)を確かめよ．

4.2　外接楕円の方程式と例

2次曲線(1)が3頂点を通れば，$u=v=w=0$であり，

$$pyz+qzx+rxy=0 \tag{5}$$

となります．(5)は**外接2次曲線**の一般式です．それが**楕円**を表す条件は(2)から次式の成立です．

$$p^2+q^2+r^2-2(pq+qr+rp)<0 \tag{2′}$$

中心の重心座標の比(ξ, η, ζ)は(4)から

$$p(-p+q+r):q(p-q+r):r(p+q-r) \tag{4′}$$

と表されます．

(5)に対して重心座標が$(p,\ q,\ r)$である点を，仮にその**核心**(kernel)とよびます．これはまったく形式的な定義ですが，後述(定理4.2)のような幾何学的な意味があります．

中心の重心座標$(\xi,\ \eta,\ \zeta)$が与えられたとき，核心は

$$\xi = p(-p+q+r),\ \eta = q(p-q+r),\ \zeta = r(p+q-r) \tag{6}$$

をp，q，rについて解いて得られます．(6)から

$$\xi - \eta = -(p-q)(p+q-r) = -(p-q)\zeta/r$$

であり，同様にしてp，q，rに関する次の連立1次方程式

$$\begin{cases} \zeta p - \zeta q + (\xi - \eta)r = 0 \\ (\eta - \zeta)p + \xi q - \xi r = 0 \\ -\eta p + (\zeta - \xi)q + \eta r = 0 \end{cases} \tag{7}$$

を得ます．(7)の3式は独立でない(全体の和は$0=0$)が，相互の比だけが問題なので，後2式からrを消去して

$$p[\eta(\eta-\zeta) - \xi\eta] + q[\xi\eta + \xi(\zeta-\xi)] = 0$$

となり，同様にして次の結果を得ます．

$$p : q : r = \xi(-\xi+\eta+\zeta) : \eta(\xi-\eta+\zeta) : \zeta(\xi+\eta-\zeta) \tag{8}$$

(6)と(8)を対比すると，外接楕円の核心と中心とは互いに相反的(共役)な式という関係にあります．

外接楕円(5)に対する三角形の頂点での接線の方程式はそれぞれ

$$ry + qz = 0,\ pz + rx = 0,\ qx + py = 0$$

であり，これらの2本ずつの交点は$\boldsymbol{A}'(-p,\ q,\ r)$，$\boldsymbol{B}'(p,\ -q,\ r)$，$\boldsymbol{C}'(p,\ q,\ -r)$で与えられます．すなわち，$\boldsymbol{A}'\boldsymbol{B}'\boldsymbol{C}'$は核心の反チェバ系をなします．これから次の結果がわかります．

定理4.2 外接楕円(2次曲線)の核心$\boldsymbol{P}$は，3頂点における接線のなす三角形$\boldsymbol{A}'$，$\boldsymbol{B}'$，$\boldsymbol{C}'$が$\boldsymbol{P}$に対する反チェバ系をなす点，すなわち3直線$\boldsymbol{AA}'$，$\boldsymbol{BB}'$，$\boldsymbol{CC}'$の共通交点である(図4.1)．□

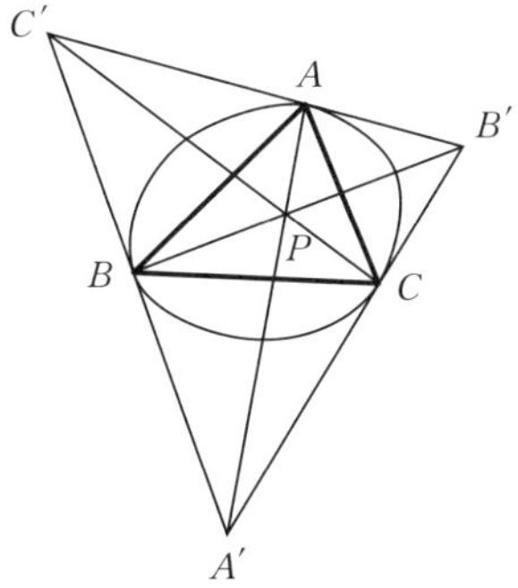

図 4.1　外接楕円の核心

例 4.3　核心が重心 $\boldsymbol{G}$ である外接楕円は

$$xy + yz + zx = 0 \tag{9}$$

と表されます．中心も重心 $\boldsymbol{G}$ です（図 4.2）．これを**スタイナーの楕円**（外接楕円）とよびます．後述のようにこれは外接楕円中囲む面積が最小のものです．

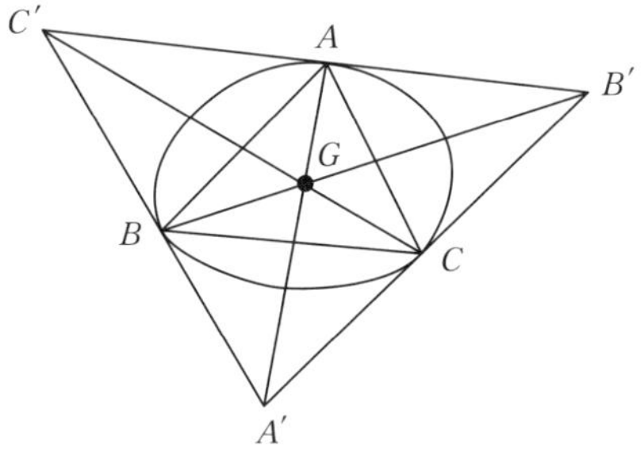

図 4.2　スタイナーの楕円

例 4.4　**外接円**は円の条件から

$$a^2yz + b^2zx + c^2xy = 0 \tag{10}$$

と表されます．中心は外心，核心はルモワーヌ点（重心の等角共役点）です．同様に核心が内心である外接楕円は

$$ayz + bzx + cxy = 0$$

と表されます．反チェバ系の 3 頂点は傍心であり，中心の重心座標は $(a(-a+b+c),\ b(a-b+c),\ c(a+b-c))$ と表されます．これは前話の最後

に挙げた「類外心」そのものです．

ところで条件(2′)は核心が「ガウスの楕円」(各辺の中点でそれぞれの辺に接する楕円；次話で解説)の内部にあることです．核心が$\triangle \boldsymbol{ABC}$の中点を結ぶ三角形内にあるときに限ってもとの楕円は反チェバ系$\triangle \boldsymbol{A'B'C'}$に内接します．核心がこの外側にあると，もとの楕円は$\triangle \boldsymbol{A'B'C'}$の傍接楕円になります．核心がガウスの楕円の周上($(2)' = 0$)にあれば放物線になり，その外側にあれば双曲線になります．さらに核心が三角形の内部にあるときは双曲線の一方の枝の上に3頂点が載り，核心が三角形の外部にくれば2個の頂点と他の1頂点とがそれぞれ双曲線の双方の枝上にあるという配置になります．後者では核心が無限遠点($p+q+r=0$)になる場合もあり得ます．

後述のように3頂点を通る放物線などにも興味ある性質がありますが，しばらく外接楕円に限定します．

4.3 外接楕円の面積

楕円の面積は　$\pi \times$ 長半径 $\times$ 短半径　と表されます．これは中心を$\boldsymbol{O}$，長軸と短軸の一端点を$\boldsymbol{K}$，$\boldsymbol{L}$とするとき

$$2\pi \times \triangle \boldsymbol{OKL}\text{の面積}$$

とも表されます．この形にしますと，$\boldsymbol{OK}$，$\boldsymbol{OL}$は必ずしも長軸，短軸でなく，一対の共役直径としても同じ式が成立します．

外接楕円についてその一方の直径を，中心と頂点$\boldsymbol{A}$を結ぶ$\boldsymbol{OA}$にとると，その共役直径は$\boldsymbol{A}$での接線$ry+qz=0$に平行な$\boldsymbol{O}$を通る直線になります．その方程式$\lambda x+\mu y+\nu z=0$は中心$(\xi,\ \eta,\ \zeta)$(式(6))を通ることと平行条件とから

$$\left.\begin{aligned}&\lambda(r-q)+\mu q-\nu r=0\\&\lambda p(-p+q+r)+\mu q(p-q+r)\\&\quad+\nu r(p+q-r)=0\end{aligned}\right\}\qquad(11)$$

を満足します．(11)の第1式から$(\mu-\lambda)q=(\nu-\lambda)r$なので，媒介変数$s$により$\mu=rs+\lambda$，$\nu=qs+\lambda$と表すことができます．これを第2式に代

入して整理すると

$$\lambda\sigma = -sqr \cdot 2p \quad すなわち \quad \lambda = -2spqr/\sigma$$

ここに $$\sigma = -p^2 - q^2 - r^2 + 2pq + 2qr + 2rp > 0 \tag{12}$$

となります．この σ は以後正規化用定数としてよく現れます．所要の直線の方程式は共通因子 s/σ を除いて

$$-2pqrx + r(\sigma - 2pq)y + q(\sigma - 2pr)z = 0 \tag{13}$$

と表されます．これを楕円の方程式(5)と連立させて解けば交点が求まりますが，いきなり代入するのは無謀です．中心の座標 (ξ, η, ζ) を(4′)とすると，その正規化された重心座標が $(\xi/\sigma, \eta/\sigma, \zeta/\sigma)$ なので，新変数 (X, Y, Z) を

$$X = x - \xi/\sigma,\ Y = y - \eta/\sigma,\ Z = z - \zeta/\sigma \tag{14}$$

とおくと，正規化条件は $X + Y + Z = 0$ です．さて方程式(13)は $2pqr(x + y + z) = \sigma(ry + qz)$ と変形され，正規化条件 $x + y + z = 1$ の下では，$r\eta + q\zeta = qr(p - q + r + p + q - r) = 2pqr$ に注意すると

$$\begin{aligned} 2pqr &= \sigma[(r\eta + q\zeta)/\sigma + rY + qZ] \\ &= 2pqr + \sigma(rY + qZ), \end{aligned}$$

すなわち $$rY + qZ = 0 \tag{13′}$$

と簡易化されます．改めて媒介変数 t を導入し，(13′)を

$$X = (r - q)t,\ Y = qt,\ Z = -rt \tag{13″}$$

と表現し，(5)との交点の値を X，Y，Z とします．所要の三角形の面積と，もとの三角形との面積比は

$$\begin{vmatrix} 1 & 0 & 0 \\ \xi/\sigma & \eta/\sigma & \zeta/\sigma \\ X & Y & Z \end{vmatrix} = \frac{1}{\sigma}(\eta Z - \zeta Y) = \frac{p}{\sigma}(qZ - rY) = \frac{2pq}{\sigma}Z \tag{15}$$

です．この左辺の行列式の第3行は正しくは $X + \xi/\sigma$，$Y + \eta/\sigma$，$Z + \zeta/\sigma$ ですが，第2行を引いて簡約しました．右辺は η，ζ の値を代入して(13′)を使いました．他方(14)を x，y，z について解いて(5)に代入し展開整理すると

$$\begin{aligned} 0 = &(p\eta\zeta + q\xi\zeta + r\xi\eta)/\sigma^2 + [X(r\eta + q\zeta) \\ &+ Y(p\zeta + r\xi) + Z(q\xi + p\eta)]/\sigma \\ &+ (pYZ + qZX + rXY) \end{aligned}$$

となります．この右辺の第1項は ξ，η，ζ を p，q，r で表して(式(4′))整理

すると $pqr\sigma/\sigma^2 = pqr/\sigma$ とまとめられます．第2項の係数は

$$r\eta + q\zeta = rq(p-q+r) + qr(p+q-r) = 2pqr,\text{ 他も同様}$$

であり全体として $(2pqr/\sigma)(X+Y+Z)=0$ となります．第3項のうち後2項は $X(qZ+rY)=0$ であり，式全体は

$$pqr/\sigma + pYZ = 0,\text{ つまり } YZ = -qr/\sigma$$

となります．これと $qZ=-rY$ を連立させると，解

$$Y = -q/\sqrt{\sigma},\ Z = r/\sqrt{\sigma} \quad (\sigma > 0) \tag{16}$$

を得て，行列式(15)の値は $2pqr/\sigma\sqrt{\sigma}$ です．(16)ではこの反数も解(左右対称だから当然)だが，(15)の値が正になるように符号をきめました．まとめて次のとおりです．

定理4.5 核心の重心座標が (p, q, r) である外接楕円の囲む面積は $4pqr\pi S/\sigma^{3/2}$ と表される．S はもとの三角形の面積．σ は(12)で定義される正の量である．□

ところで核心がガウスの楕円内にあれば p, q, r は正です．その正の平方根をとり，改めて

$$\alpha = \sqrt{p},\ \beta = \sqrt{q},\ \gamma = \sqrt{r} \tag{17}$$

とおくと，(12)で表される σ は，$\sqrt{\sigma}$ が α, β, γ を3辺の長さとする三角形(が存在して，そ)の面積の4倍という明確な意味をもちます．

定義4.6 (17)を定数倍してそれらを辺長とする三角形の面積をもとの三角形の面積 S と等しくしたとき，その三角形を核心 (p, q, r) の**表現三角形**とよぶ．

系4.7 外接楕円の面積は，その核心の表現三角形に対する外接円の面積に等しい．

略証 表現三角形の外接円の半径を $\widetilde{R}$ とすると

$$\sqrt{\sigma} = 4S,\ pqr = (\alpha\beta\gamma)^2 = (4\widetilde{R}S)^2$$

であり，定理4.5の値は $4pqr\pi S/\sigma^{3/2} = \pi\widetilde{R}^2$ である．□

例えば外接円については $\alpha = a$，$\beta = b$，$\gamma = c$，$\widetilde{R} = R$(もとの三角形の外接円の半径)で，面積は当然 πR^2 です．

4.4 一つの極値問題

外接楕円の囲む面積の最大はいくらでも大きい楕円ができるので無意味ですが，最小は重要です．

定理4.8 $\triangle ABC$ に外接する楕円のうち，その囲む面積が最小なのはスタイナーの楕円である．

これは定理4.5から，変数 p，q，$r > 0$ について，

$$pqr = 一定 \quad の下で$$
$$-p^2 - q^2 - r^2 + 2pq + 2qr + 2rp \quad を最大$$

にする条件つき極値問題です．$pqr = 1$とすれば $p = q = r = 1$のときの値3が有力候補です．またラグランジュ乗数法によっても，この値が極値の候補です．しかし単なる局所的な極大というだけでなく，真の最大であることを示すには，系4.7を活用する「初等的」な方法のほうがかえって早いようです．

補助定理4.9 一定の円に内接する三角形のうち面積が最大なものは正三角形である．逆に面積が一定の三角形のうち，外接円の半径が最小のものは正三角形である．

略証 一辺を固定すれば，円に内接する三角形の面積の最大は二等辺三角形のときである．したがって正三角形以外の内接三角形は最大たりえない．他方一頂点を固定し退化した三角形も許せば，内接三角形の面積は有界閉集合上の連続関数として表されるからどこかで最大値をとる．それは正三角形に限

る．半径 R の円に内接する正三角形の面積は $3\sqrt{3}\,R^2/4$ であり，他の三角形の面積はこれより小さい．□

演習問題 4.2　任意の三角形について不等式 $4S \geqq 3\sqrt{3}\,R^2$（等号は正三角形に限る）を直接に証明せよ．

定理 4.8 の証明　前節末のように(17)の定数倍を3辺とする表現三角形を作る．その面積は S であり，外接円の半径を $\widetilde{R}$ とする．外接楕円の面積が $\pi\widetilde{R}^2$ なので，S を一定として $\widetilde{R}$ を最小にするのは補助定理 4.9 により正三角形の場合である．それは $p=q=r$ のときで，スタイナーの楕円に相当する．□

もとの三角形との面積比が $4\pi/3\sqrt{3}=2.418399\cdots$ であり，三角形の形によらず一定であることに注意します．

このように目的関数の特殊性に注目し，微分法を使わずに極値問題を簡単に解くのが「エレガント」かどうかは問題ですが，心得ていてよい手法です．大域的な最大最小を示すには微分法にこだわりすぎないほうがよいと思います．

4.5　三角形に外接する放物線

3頂点 $\boldsymbol{A}$，$\boldsymbol{B}$，$\boldsymbol{C}$ を通る外接放物線は多数あります．しかし $\boldsymbol{B}$，$\boldsymbol{A}$，$\boldsymbol{C}$ の順に頂点を通り，$\boldsymbol{A}$ での接線が辺 $\boldsymbol{BC}$ に平行な放物線は一つに定まります（図 4.3）．その方程式を求めましょう．

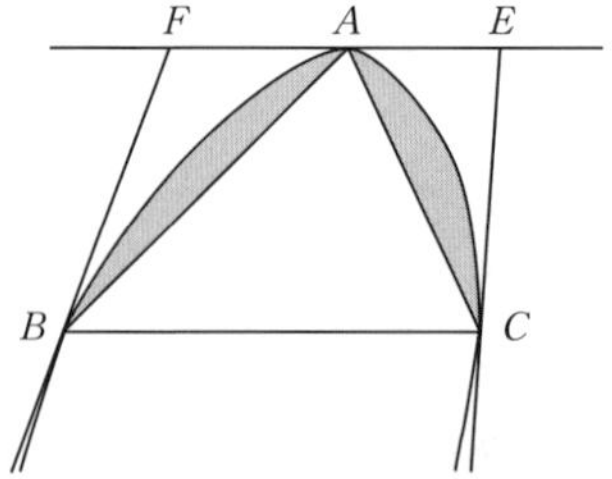

図 4.3　A での接線が BC に平行な放物線

外接条件から(1)で $u = v = w = 0$，放物線であることから

$$(2)の\triangle = p^2 + q^2 + r^2 - 2(pq + qr + rp) = 0 \qquad (2'')$$

です．頂点$\boldsymbol{A}$での接線が$\boldsymbol{BC}$に平行な直線 $y + z = 0$であることから$q = r$であり，方程式は$kyz + x(y + z) = 0$（kは定数）と表されます．(2″)から$0 = k^2 + 2 - 2(2k + 1) = k^2 - 4k$なので $k = 0$か 4ですが， $k = 0$は平行2直線に退化します．放物線を表すのは$k = 4$のときで，その方程式は

$$4yz + x(y + z) = 0 \qquad (18)$$

です．頂点$\boldsymbol{B}$，$\boldsymbol{C}$ での接線はそれぞれ $x + 4z = 0$，$x + 4y = 0$と表されます．これらが$\boldsymbol{A}$での接線と交わる点$\boldsymbol{F}$，$\boldsymbol{E}$の重心座標はそれぞれ(1，1/4，−1/4)，(1，−1/4，1/4)です． $\boldsymbol{AF} = \boldsymbol{AE} = a/4$であり， $\triangle\boldsymbol{ABF}$，$\triangle\boldsymbol{ACE}$の面積はともに$S/4$です．

次の結果はアルキメデスの頃から知られており，現行の高校数学IIの微分積分学の総決算ともいう内容です．

補助定理4.10 放物線 l の弦$\boldsymbol{AB}$の両端で l に接線を引き，その交点を$\boldsymbol{C}$とする(図4.4)．放物線と弦$\boldsymbol{AB}$とで囲まれる部分の面積は$\triangle\boldsymbol{ABC}$ の面積の2/3である．

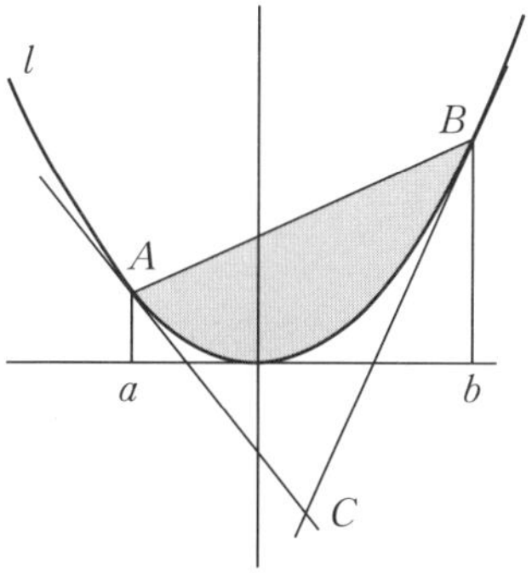

図4.4　放物線と接線

略証 放物線を$y = x^2$，$\boldsymbol{A}$，$\boldsymbol{B}$を(a, a^2)，(b, b^2)とする．接線 $y = 2ax - a^2$，$y = 2bx - b^2$の交点$\boldsymbol{C}$の座標は$((a + b)/2, ab)$と表され，$\triangle\boldsymbol{ABC}$の面積$= (b - a)^3/4$ である．他方 l と$\boldsymbol{AB}$とで囲まれる部分の面積は

$$\int_a^b \left(\frac{a^2(b-x)}{b-a} + \frac{b^2(x-a)}{b-a} - x^2 \right) dx$$

$$= -ab(b-a) + \frac{a+b}{2}(b^2-a^2) - \frac{1}{3}(b^3-a^3) = \frac{1}{6}(b-a)^3$$

であり，三角形の面積の 2/3である．□

これを前述の△$\boldsymbol{ABF}$，△$\boldsymbol{ACE}$に適用すれば次のとおりです．

定理4.11 放物線(18)と辺$\boldsymbol{AB}$，$\boldsymbol{AC}$の間の部分の面積はともに$S/6$であり，放物線(18)と辺$\boldsymbol{BC}$とで囲まれる部分全体の面積は$4S/3$である．さらにそれは$\boldsymbol{B}$，$\boldsymbol{C}$においてそれぞれ辺$\boldsymbol{AB}$，$\boldsymbol{AC}$に接する放物線pと$\boldsymbol{BC}$が囲む部分の面積$2S/3$のちょうど2倍である．□

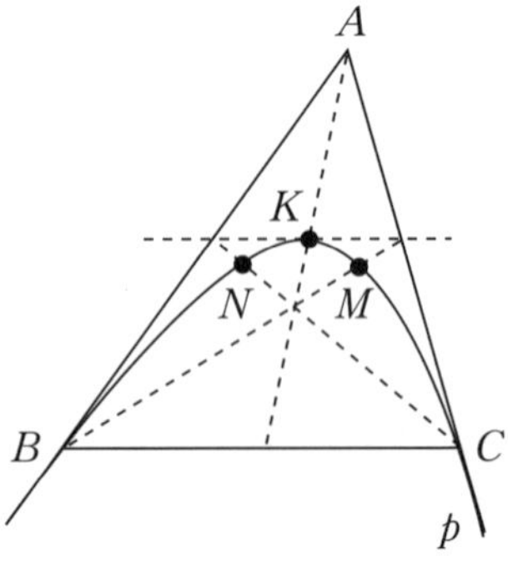

図4.5　2頂点で辺に接する放物線

重心座標で表すと，放物線pの方程式は頂点$\boldsymbol{B}$，$\boldsymbol{C}$を通ることから(1)で$v = w = 0$，$\boldsymbol{B}$での接線が辺$\boldsymbol{AB}$：$z=0$であることから$r=0$，同様に$\boldsymbol{C}$での接線が辺 $\boldsymbol{AC}$：$y=0$であることから$q=0$，そして放物線であることから結局 $x^2 = 4yz$となります．この上には$\boldsymbol{B}$，$\boldsymbol{C}$の他に，次のような点が載ります．

K：(1/2，1/4，1/4)（$\boldsymbol{A}$からの中線の中点；x座標最大の点)，M：(4/9，1/9，4/9)，N：(4/9，4/9，1/9)($\boldsymbol{B}$，$\boldsymbol{C}$からの中線との交点)．

同種の放物線を頂点 $\boldsymbol{A}$, $\boldsymbol{B}$；$\boldsymbol{A}$, $\boldsymbol{C}$ について作ると，それぞれの方程式は $z^2 = 4xy$，$y^2 = 4zx$ であり，それらの交点は L：(1/9, 4/9, 4/9)を巡回的に変換した 3 点 $\boldsymbol{L}$, $\boldsymbol{M}$, $\boldsymbol{N}$ です．$\triangle \boldsymbol{LMN}$ は $\triangle \boldsymbol{ABC}$ を 1/3(長さ)に縮小した三角形で，その面積は $S/9$ です．$\boldsymbol{M}$, $\boldsymbol{N}$ において p に引いた接線の交点 $\boldsymbol{H}$ の重心座標は(5/9, 2/9, 2/9)，$\triangle \boldsymbol{HNM}$ の面積 $= S/27$ で，p と $\boldsymbol{MN}$ で囲まれる部分の面積は $2S/81$ です．他の部分も同様です．まとめて次のようになります．

定理4.12 $\triangle \boldsymbol{ABC}$ の各辺の両端点でそれぞれ他の辺に接する 3 本の放物線は(前記の記号で)曲線三角形 $\boldsymbol{LMN}$ を囲む．その部分の面積は $5S/27$ である．

略証 面積は $\dfrac{S}{9} + 3 \times \dfrac{2S}{81} = \dfrac{5}{27}S$ である．□

前述の放物線 p：$x^2 = 4yz$ は媒介変数 t により

$$x = 2t(1-t),\quad y = (1-t)^2,\quad z = t^2 \quad (0 \leqq t \leqq 1) \tag{19}$$

とも表されます．前述の点 $\boldsymbol{K}$, $\boldsymbol{N}$, $\boldsymbol{M}$ は(19)でそれぞれ $t = 1/2$, $1/3$, $2/3$ に相当します．

詳しく解説する余裕はありませんが(19)は頂点 $\boldsymbol{A}$ を「導点」とするベジエ曲線の典型例です．上述の諸結果は重心座標を使わずに直接に導くこともできます．

三角形に外接する放物線や双曲線には他にも興味深い実例が多数ありますが，一端の紹介に留めました．次話では内接楕円を扱います．

第 5 話

三角形の内接楕円

5.1 内接楕円の方程式

前話では重心座標に基づく2次曲線の一般論から始めて外接楕円を論じました．ここでの**内接楕円**の議論も，もとの三角形の3辺またはその延長に接する2次曲線全般について成立するものが大半ですが，主として内接楕円を扱います．また内接・外接楕円の対についても考察します．

定理5.1 内接楕円が3辺 BC, CA, AB と接する点をそれぞれ D, E, F とすると，3直線 AD, BE, CF は同一点 P で交わる．P を内接楕円の**核心**(kernel)とよぶ(図5.1)．

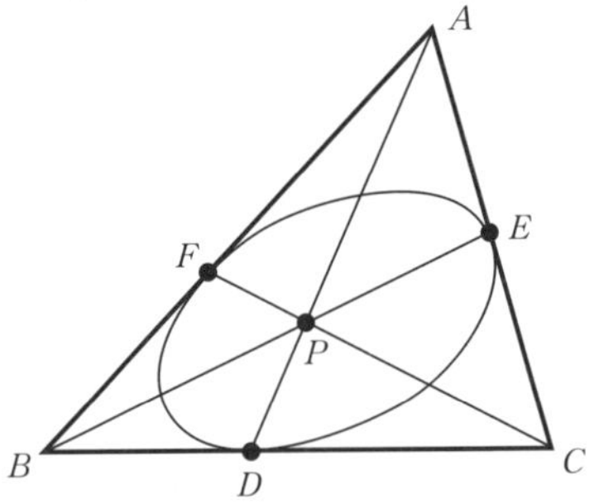

図5.1　内接楕円の核心

略証　2次曲線に関する次のブリアンションの定理：

2次曲線に外接する六角形 $P_1P_2P_3P_4P_5P_6$ の相対する頂点 P_1P_4, P_2P_5, P_3P_6 を結ぶ3直線は同一点で交わる，の特別な場合である．すなわち $AFBDCE$ を三角形に退化した六角形の極限とみなせば，AD, BE, CF

は共線である．□

ブリアンションの定理そのものはパスカルの六角形定理の双対で，いろいろの証明があります．なお同じく核心という語を使いましたが，前話の外接楕円の場合とは意味が異なります．

2次曲線の一般形は，前話で扱ったとおり，

$$ux^2 + vy^2 + wz^2 - 2pyz - 2qzx - 2rxy = 0 \tag{1}$$

と表されます．核心の重心座標の比を$(\alpha,\ \beta,\ \gamma)$とすると，所要の内接楕円の方程式は次のようになります．

定理5.2 $(\alpha,\ \beta,\ \gamma)$を核心の重心座標とする内接楕円は

$$\left(\frac{x}{\alpha}\right)^2 + \left(\frac{y}{\beta}\right)^2 + \left(\frac{z}{\gamma}\right)^2 - 2\left(\frac{x}{\alpha}\frac{y}{\beta} + \frac{y}{\beta}\frac{z}{\gamma} + \frac{z}{\gamma}\frac{x}{\alpha}\right) = 0 \tag{2}$$

と表される．

証明 BC上の接点Dは$(0,\ \beta,\ \gamma)$と表され，そこでの接線

$$(v\beta - p\gamma)y + (w\gamma - p\beta)z = (q\gamma + r\beta)x$$

が $x = 0$ になることから，$v\beta = p\gamma$，$w\gamma = p\beta$である．同様に$u\alpha = r\beta$，$r\alpha = v\beta$，$w\gamma = q\alpha$，$q\gamma = u\alpha$が成立する．これらから関係式

$$v\beta^2 = p\beta\gamma = w\gamma^2 = q\gamma\alpha = u\alpha^2 = r\alpha\beta \tag{3}$$

が成り立つ．方程式(1)の係数を定数倍して，共通量(3)が1に等しいとすれば，方程式(1)は(2)の形になる．□

α，β，$\gamma > 0$と限らなければ，(2)は一般的に$\triangle ABC$の3辺(またはその延長)と接する2次曲線の方程式です．このときその判別式(前話の式(2))を計算すると

$$\Delta = \frac{-1}{4\alpha\beta\gamma}\left(\frac{1}{\alpha} + \frac{1}{\beta} + \frac{1}{\gamma}\right) = \frac{-(\alpha\beta + \beta\gamma + \gamma\alpha)}{4(\alpha\beta\gamma)^2}$$

となります．α，β，$\gamma > 0$(核心が三角形内部にある)なら当然$\Delta < 0$で楕円です．一般的にそれが楕円を表す条件は$\Delta < 0$すなわち $\alpha\beta + \beta\gamma + \gamma\alpha > 0$

です．これは前話で述べた**スタイナーの外接楕円** $xy+yz+zx=0$ の内部に核心があるという条件です．この周上に核心があれば接触放物線，その外部にあれば接触双曲線になります．しかし以下ではもっぱら内接楕円を扱います．

定理5.3 内接楕円(2)の中心の重心座標は

$$\xi:\eta:\zeta=\left(\frac{1}{\beta}+\frac{1}{\gamma}\right):\left(\frac{1}{\gamma}+\frac{1}{\alpha}\right):\left(\frac{1}{\alpha}+\frac{1}{\beta}\right) \tag{4}$$

と表される．逆に中心が$(\xi,\ \eta,\ \zeta)$ならその核心は

$$\alpha:\beta:\gamma=\frac{1}{-\xi+\eta+\zeta}:\frac{1}{\xi-\eta+\zeta}:\frac{1}{\xi+\eta-\zeta} \tag{5}$$

と表される．

略証 中心は前話の一般公式(4)から計算できる．(5)は(4)を α，β，γ について解いて

$$(1/\alpha):(1/\beta):(1/\gamma)=(-\xi+\eta+\zeta):(\xi-\eta+\zeta):(\xi+\eta-\zeta)$$

に注意すればよい．□

演習問題5.1 上の式(4)を計算して確かめよ．

5.2 内接楕円の例

例5.4 核心が重心のときには$\alpha=\beta=\gamma=1$であり，中心も重心です．これは各辺の中点でそれぞれの辺に接する楕円であり，**ガウスの楕円**とよばれます．**スタイナーの内接楕円**ということもあります．これはまたスタイナーの外接楕円を半分に縮小した楕円です．その興味深い性質については後にさらに解説します．

例5.5 内接円はここで(1)が円の条件(第2話参照)

$$(v+w+2p):(w+u+2q):(u+v+2r)=a^2:b^2:c^2$$

を満足する内接楕円として計算できます．比例定数を1とすれば

$$\frac{1}{\beta}+\frac{1}{\gamma}=a,\quad \frac{1}{\gamma}+\frac{1}{\alpha}=b,\quad \frac{1}{\alpha}+\frac{1}{\beta}=c,$$

すなわち

$$\alpha:\beta:\gamma=\frac{1}{-a+b+c}:\frac{1}{a-b+c}:\frac{1}{a+b-c}$$

で，核心はジェルゴンヌ点です．この式は中心の重心座標が$(a,\ b,\ c)$であることから(5)によっても求められます．これが第2話で予告した内接円の方程式(の自然な導出)です．　同様に鋭角三角形に対して核心を垂心

$$\left(\frac{1}{-a^2+b^2+c^2},\ \frac{1}{a^2-b^2+c^2},\ \frac{1}{a^2+b^2-c^2}\right) \tag{6}$$

にとれば，中心はルモワーヌ点$(a^2,\ b^2,\ c^2)$となり，接点は各頂点から対辺に引いた垂線の交点(垂線の足)です．形式的な類似ですが，内接円のときの$(a,\ b,\ c)$を$(a^2,\ b^2,\ c^2)$に置き換えた関係式が成立します．

例5.6　円$\boldsymbol{O}$内に中心とは違う定点$\boldsymbol{Q}$をとり，円周上の動点$\boldsymbol{P}$に対して$\boldsymbol{PQ}$の垂直二等分線を次々に作ると，それらの包絡線は$\boldsymbol{O}$，$\boldsymbol{Q}$を焦点とする楕円です(図5.2)．定点$\boldsymbol{Q}$が円外にあるときは双曲線になります．なお$\boldsymbol{Q}$が円周上にあるときには中心点(あるいは線分$\boldsymbol{OQ}$)に退化します．放物線を作るには円周上でなく直線上に点$\boldsymbol{P}$を動かす必要があります．

この結果はよく知られており，紙を折って2次曲線を作る教材もあります．さてここで円$\boldsymbol{O}$を$\triangle\boldsymbol{ABC}$の外接円とし，上のような楕円が$\triangle\boldsymbol{ABC}$に内接するようにするには，定点$\boldsymbol{Q}$をどこにとればよいでしょうか？

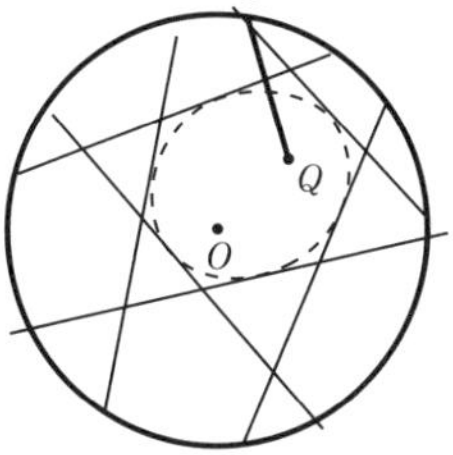

図5.2　円内の楕円

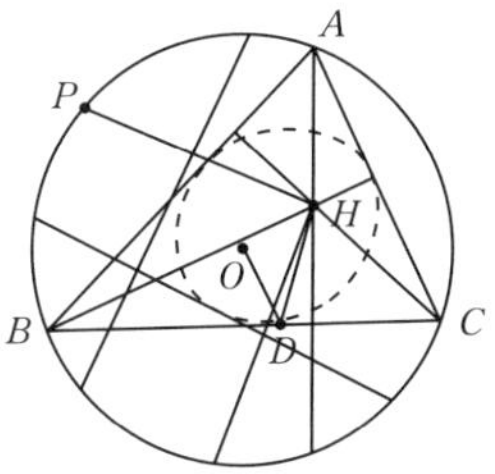

図5.3　オルムステッドの楕円

答は鋭角三角形に限りますが，$\boldsymbol{Q}$が垂心$\boldsymbol{H}$のときです(図5.3)．この楕円は垂心(6)と外心$\boldsymbol{O}$とを焦点とし，中心が九点円の中心，補助円が九点円そのものになります．その核心の重心座標の比は(5)から

$$\left(\frac{1}{a^2(-a^2+b^2+c^2)},\ \frac{1}{b^2(a^2-b^2+c^2)},\ \frac{1}{c^2(a^2+b^2-c^2)}\right)$$

と表され，これは外心の等長共役点です．このことは辺$\boldsymbol{BC}$との接点$\boldsymbol{D}$が$\angle \boldsymbol{ODB} = \angle \boldsymbol{HDC}$ を満たすことからもわかります．この楕円の正式の名は不明ですが，私はこの楕円を報告した米国の高校教師の名によって，仮に**オルムステッドの楕円**とよんでいます(巻末の文献[8])．

内接楕円の方程式は一般的にガウスの楕円

$$x^2 + y^2 + z^2 - 2xy - 2yz - 2zx = 0 \tag{7}$$

に対し，核心$(\alpha,\ \beta,\ \gamma)$について変数を$x \to x/\alpha$，$y \to y/\beta$，$z \to z/\gamma$と変換した形です．核心の選び方によって他にもいくらでも例ができます．

演習問題 5.2　内心の等長共役点$(1/a,\ 1/b,\ 1/c)$を核心とする内接楕円の方程式と中心の重心座標を求めよ．

定義5.7　内接楕円の中心は3辺の中点を結ぶ三角形内にあるので，その重心座標$(\xi,\ \eta,\ \zeta)$を3辺の長さとする三角形ができる．辺の長さを定数倍してその三角形の面積をもとの$\triangle \boldsymbol{ABC}$の面積$S$に等しくしたとき，その楕円の**表現三角形**とよぶ．

これは次節で活用されます．

5.3　内接楕円の囲む面積

前話で述べたとおり楕円の面積は中心を$\boldsymbol{O}$，一対の共役直径の端点を$\boldsymbol{K}$，$\boldsymbol{L}$とすると$2\pi \times \triangle \boldsymbol{OKL}$の面積として計算できます．

$\boldsymbol{K}$として辺 $\boldsymbol{BC}$上の接点$\boldsymbol{D}$をとれば，$\boldsymbol{L}$は中心$\boldsymbol{O}$を通って辺$\boldsymbol{BC}$に平行な直線 $x=\xi$と楕円との交点です．ここで$(\xi,\ \eta,\ \zeta)$を中心の正規化された重心座標とします．直線$\boldsymbol{OL}$は媒介変数 t によって$x=\xi$，$y=\eta+t$，$z=\zeta-t$ と表され，$\triangle\boldsymbol{OKL}$の面積は$(\xi,\ \eta,\ \zeta)$との差をとって(4)を使うと

$$\frac{1}{2(\beta+\gamma)\left(\dfrac{1}{\alpha}+\dfrac{1}{\beta}+\dfrac{1}{\gamma}\right)}\begin{vmatrix} 0 & \beta & \gamma \\ \xi & \eta & \zeta \\ 0 & t & -t \end{vmatrix}=\frac{t\left(\dfrac{1}{\beta}+\dfrac{1}{\gamma}\right)}{2\left(\dfrac{1}{\alpha}+\dfrac{1}{\beta}+\dfrac{1}{\gamma}\right)} \tag{8}$$

と表されます．(8)の最初の係数は正規化のための定数です．t は交点$\boldsymbol{L}$に対する値であり，右辺の分子の係数はξの値です．これから t を計算しますが結果は次のとおりです．

定理5.8 核心が$(\alpha,\ \beta,\ \gamma)$である内接楕円の囲む面積は，三角形$\boldsymbol{ABC}$の面積を$S$とすると次の式で表される．

$$\frac{\alpha\beta\gamma}{(\alpha\beta+\beta\gamma+\gamma\alpha)^{3/2}}\pi S \tag{9}$$

系5.9 $\triangle\boldsymbol{ABC}$に内接する楕円の囲む面積は，その表現三角形の内接円の面積に等しい．

証明 逆数$1/\alpha$などそのままでは面倒なので計算の便宜上$1/\alpha=A$，$1/\beta=B$，$1/\gamma=C$とおくと，楕円の方程式は

$$A^2x^2+B^2y^2+C^2z^2-2ABxy-2BCyz-2CAzx=0 \tag{2$'$}$$

と表される．中心の正規化された重心座標から直線$\boldsymbol{OL}$は媒介変数 t により

$$x=\xi=\frac{B+C}{2(A+B+C)},\ y=\frac{C+A}{2(A+B+C)}+t,\ z=\frac{A+B}{2(A+B+C)}-t, \tag{10}$$

$$(8)\text{の値}=\frac{t(B+C)}{2(A+B+C)}$$

と表される．(10)を(2′)に代入すると，媒介変数 tの2次式になる．ここで

分母の$4(A+B+C)^2$を保留してその分子を計算する．t^2の項の係数は

$$B^2+C^2-(-2BC)=(B+C)^2$$

である．tの1次の項の分子は係数2を除いて

$$\begin{aligned}&B^2(A+C)-C^2(A+B)+(B+C)(AC-AB)+BC(A+C-A-B)\\&\quad=A(B^2-C^2)+BC(B-C)-A(B+C)(B-C)-BC(B-C)\\&\quad=(B-C)(AB+AC+BC-AB-AC-BC)=0\end{aligned}$$

となる(対称性から予期される結果だが)．定数項は$t=0$としたときの値で，その分子は次のようになる．

$$\begin{aligned}&A^2(B+C)^2+B^2(C+A)^2+C^2(A+B)^2-2AB(C+A)(C+B)\\&\quad-2CA(B+A)(B+C)-2BC(A+B)(A+C)\\&=A^2(B^2+C^2)+B^2(C^2+A^2)+C^2(A^2+B^2)\\&\quad+2ABC(A+B+C)-2ABC(C+B+A)\\&\quad-2(AB+BC+CA)(AB+BC+CA)\\&=2(A^2B^2+B^2C^2+C^2A^2)-2(AB+BC+CA)^2\\&=2[-2(AB^2C+ABC^2+A^2BC)]\\&=-4ABC(A+B+C).\end{aligned}$$

結局$(2')$は全体としてtの2次方程式

$$\frac{-4ABC(A+B+C)}{4(A+B+C)^2}+t^2(B+C)^2=0$$

と表される．正の解は$t=\sqrt{ABC/(A+B+C)}\div(B+C)$で

$$(8)=\frac{t(B+C)}{2(A+B+C)}=\frac{\sqrt{ABC}}{2(A+B+C)^{3/2}}=\frac{\alpha\beta\gamma}{2(\alpha\beta+\beta\gamma+\gamma\alpha)^{3/2}}$$

となる．これに$2\pi S$を乗じて(9)を得る．□

系は(5)によって(9)をξ，η，ζで表すと，(9)の分母のうち$\alpha\beta+\beta\gamma+\gamma\alpha$は，次のようになる．

$$\begin{aligned}&\frac{(\xi+\eta-\zeta)+(-\xi+\eta+\zeta)+(\xi-\eta+\zeta)}{(-\xi+\eta+\zeta)(\xi-\eta+\zeta)(\xi+\eta-\zeta)}\\&\quad=\frac{(\xi+\eta+\zeta)^2}{(\xi+\eta+\zeta)(-\xi+\eta+\zeta)(\xi-\eta+\zeta)(\xi+\eta-\zeta)}.\end{aligned}\tag{11}$$

(11)の分母は ξ, η, ζを辺長とする三角形の面積$\widetilde{S}$の4倍の2乗$(4\widetilde{S})^2$に等しい. ξ, η, ζを定数倍して表現三角形：$\widetilde{S}=S$とすれば，その内接円の半径をρとすると，(11)は$1/4\rho^2$に等しく，(9)は次のように変形される.

$$(9)=\frac{(4S)^3\pi S}{(\xi+\eta+\zeta)^3(-\xi+\eta+\zeta)(\xi-\eta+\zeta)(\xi+\eta-\zeta)}$$

$$=\frac{4^3\pi S^4}{(\xi+\eta+\zeta)^2(4S)^2}=\frac{4\pi S^2}{(\xi+\eta+\zeta)^2}=\pi\rho^2. \qquad \square$$

定理5.10 $\triangle \boldsymbol{ABC}$に内接する楕円のうち，その囲む面積が最大なのはガウスの楕円である. Sとの比$\pi/3\sqrt{3}=0.6045997\cdots$は三角形の形状によらない.

証明 相加平均・相乗平均の不等式による. (9)から定数係数を除き全体を2/3乗すると，α, β, $\gamma>0$のとき

$$(\alpha\beta\gamma)^{2/3}/(\alpha\beta+\beta\gamma+\gamma\alpha) \tag{12}$$

の最大値を求めることになる. (12)の分子は$\alpha\beta$, $\beta\gamma$, $\gamma\alpha$の相乗平均であり，相加平均$=(\alpha\beta+\beta\gamma+\gamma\alpha)/3$以下だから(12)$\leqq 1/3$であり，等号は$\alpha\beta=\beta\gamma=\gamma\alpha$すなわち$\alpha=\beta=\gamma$に限る. これは$\alpha=\beta=\gamma$に相当するガウスの楕円が，(12)の最大値を与えることを意味する. □

同じことですが系5.9から，面積が一定の三角形のうち内接円が最大なのは正三角形のとき，に注意して定理5.10を示すこともできます.

前話で述べた外接楕円の結果と合わせると

外接円の面積≧スタイナーの楕円の面積

＝4×ガウスの楕円の面積≧ 4×内接円の面積 (13)

となります. したがって次の結果を得ます.

系5.11 三角形の外接円の面積は内接円の面積の4倍以上である. ちょうど4倍は正三角形に限る. □

もちろんこの結果は直接に初等幾何学の範囲で容易に証明できます. ここ

に挙げたのはいわば副産物です．しかしこうした観点もあるという注意になるでしょう．

5.4 共役な内・外接楕円

いささか人為的ですが，次のように約束します．

定義5.12 内接楕円の中心の重心座標が(ξ, η, ζ)のとき，(ξ^2, η^2, ζ^2)を核心とする外接楕円を，もとの内接楕円の**共役外接楕円**とよぶ．外接楕円の側からは，その核心(p, q, r)に対して$(\sqrt{p}, \sqrt{q}, \sqrt{r})$を中心とする内接楕円をその**共役内接楕円**とよぶ．ξ, η, ζを定数倍してそれらを3辺とする三角形の面積がもとの三角形の面積に等しくなるようにしたとき，それらの**表現三角形**とよぶ(前述；定義5.7)．

前話の結果と前記系5.9から次の結果ができます．

定理5.13 一対の共役内・外接楕円の面積は，それぞれ表現三角形の内接円・外接円の面積に等しい．□

例5.14 ガウスの楕円とスタイナーの楕円とは，重心を核心かつ中心とし，正三角形を表現三角形とする一対の共役内・外接楕円です．この両者は相似です(図5.4)．また内接円と外接円とは，もとの三角形と合同な三角形を表現三角形とする一対の共役内・外接楕円と解釈されます．

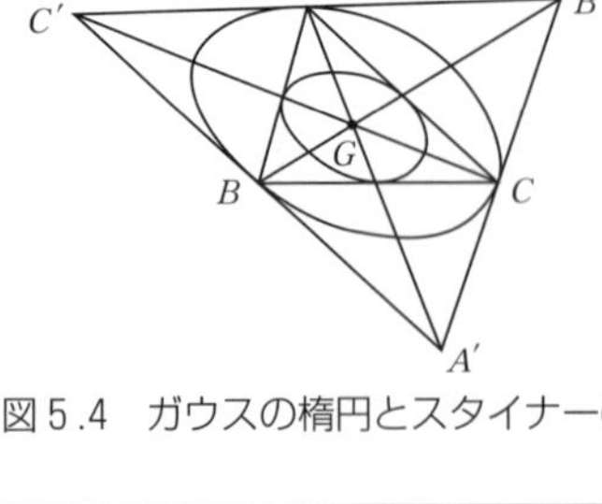

図5.4 ガウスの楕円とスタイナーの楕円

注意　はじめ共役楕円を　内接楕円の中心＝外接楕円の核心　と考えました．そのほうが下記の定理5.15を簡潔に記述できます．しかし面積比の対応などが奇麗でなく，上述のように修正しました．但し具体的に有用な対は前述の２例以外には余りないようです．

次の結果は実質的に第３話の定理3.4のいいかえにすぎません．ただ第３話で人為的だった定理にこのような意味づけが可能だとして記述します．

定理5.15　$\triangle \boldsymbol{ABC}$の内接楕円の中心を$\boldsymbol{P}$，３辺との接点を$\boldsymbol{D}_1$，$\boldsymbol{D}_2$，$\boldsymbol{D}_3$とする．他方同じ点$\boldsymbol{P}$を核心とする外接楕円に対し，３頂点$\boldsymbol{A}$，$\boldsymbol{B}$，$\boldsymbol{C}$で引いた接線の作る三角形を$\triangle \boldsymbol{E}_1\boldsymbol{E}_2\boldsymbol{E}_3$とする．このとき$\triangle \boldsymbol{D}_1\boldsymbol{D}_2\boldsymbol{D}_3$と$\triangle \boldsymbol{E}_1\boldsymbol{E}_2\boldsymbol{E}_3$とは相似であり，対応する頂点を結ぶ３直線$\boldsymbol{E}_i\boldsymbol{D}_i$ $(i=1,\ 2,\ 3)$は共通交点$\boldsymbol{K}$で交わる．□

5.5　ガウスの楕円の性質

『理系への数学』2010年３月号の複素数の記事中に次の事実を紹介しました．本節での文字は前節までの同じ文字とはまったく無関係の別物です．

定理5.16　複素数平面上に複素数α，β，γの表す３点を頂点とする$\triangle \boldsymbol{ABC}$を考える．$f(t)=(t-\alpha)(t-\beta)(t-\gamma)$に対して，$f'(t)=0$の解に当たる２点

$$\left(\alpha+\beta+\gamma\pm\sqrt{\alpha^2+\beta^2+\gamma^2-\alpha\beta-\beta\gamma-\gamma\alpha}\right)/3 \tag{14}$$

は$\triangle \boldsymbol{ABC}$のガウスの楕円の両焦点を表す．

この証明をここではしませんが（文献[2]参照），次の結果を付記しておきます．

定理5.17　上記の記号でガウスの楕円の中心（重心）と焦点との間の距離ρは，$\triangle \boldsymbol{ABC}$の３辺の長さ$a=|\beta-\gamma|$，$b=|\gamma-\alpha|$，$c=|\alpha-\beta|$によって次のように表される．

$$(3\rho)^4 = a^4 + b^4 + c^4 - a^2b^2 - b^2c^2 - c^2a^2 \geqq 0 \quad (15)$$

ガウスの楕円の長軸の長さの2乗は$(2\rho^2 + a^2 + b^2 + c^2)/9$と表される(証明は文献[2]参照)ので，これからその離心率を a，b，cで表すことができる．

証明　これは直接に複素数の計算でもできるが，幾何学的な証明をする．(14)の根号内(判別式)をδ(複素数)とおく．$(3\rho)^2 = |\delta|$である．平行移動して$\alpha + \beta + \gamma = 0$ (重心$\boldsymbol{G}$を原点)としてよい．このとき

$$\begin{aligned}\delta &= \alpha^2 + \beta^2 + \gamma^2 - \alpha\beta - \beta\gamma - \gamma\alpha \\ &= \alpha^2 + \beta^2 + (\alpha + \beta)^2 - \alpha\beta + (\alpha + \beta)^2 \\ &= 3(\alpha^2 + \beta^2 + \alpha\beta) \\ &= 3[3(\alpha + \beta)^2 + (\alpha - \beta)^2]/4\end{aligned}$$

と表される．図形を回転させてγを正の実軸上に移すと

$$(\alpha + \beta)^2 = \gamma^2 = l_C{}^2 = (2a^2 + 2b^2 - c^2)/9$$

と表される．l_Cは重心$\boldsymbol{G} = 0$と頂点$\boldsymbol{C}$との距離だが，同様にl_A，l_Bを定義する．$|\alpha - \beta| = c$だが，ここで$3(\alpha - \beta)^2 = p + iq$ (p，qは実数)とおく．$p^2 + q^2 = (3c^2)^2$ であり，

$$\begin{aligned}(4|\delta|)^2 &= (2a^2 + 2b^2 - c^2 + p)^2 + q^2 \\ &= (2a^2 + 2b^2 - c^2)^2 + (3c^2)^2 + 2p(2a^2 + 2b^2 - c^2) \quad (16)\end{aligned}$$

である．ここで(16)の右辺の末尾の項を計算する．

$\triangle\boldsymbol{ABC}$の面積を$S$とすると

$$\triangle\boldsymbol{ACG} = S/3 = (l_A l_C \cdot \sin\theta)/2, \quad \theta = \arg\alpha$$

すなわち$\sin\theta = 2S/3l_A l_C$である．他方余弦定理で

$$\cos\theta = (l_A{}^2 + l_C{}^2 - b^2)/2l_A l_C = (a^2 + c^2 - 5b^2)/18 l_A l_C$$

だから，両者を合わせて

$$\alpha = l_A(\cos\theta + i\sin\theta) = [(a^2 + c^2 - 5b^2) + 12Si]/18l_C$$

となる．同様に(βの偏角が負であることに注意)

$$\beta = [(b^2 + c^2 - 5a^2) - 12Si]/18l_C$$

したがって$\alpha - \beta = [(a^2 - b^2) + 4Si]/3l_C$を得る．$p + iq = 3(\alpha - \beta)^2$

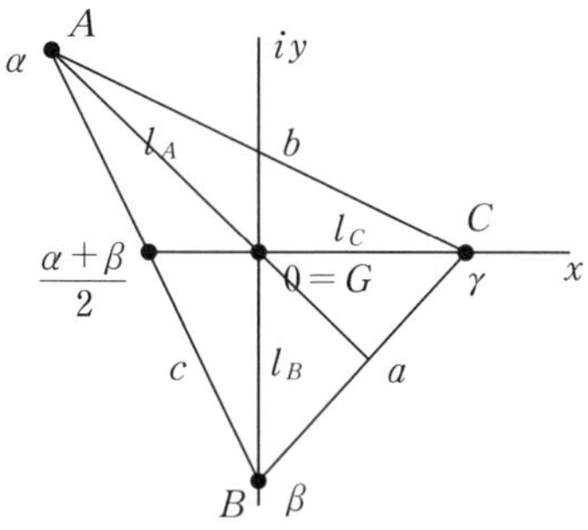

図5.5　定理5.17の証明中の配置

と比較してpを求めると，ヘロンの公式によって

$$2p(2a^2+2b^2-c^2)=\frac{2\times 9l_C{}^2}{3l_C{}^2}[(a^2-b^2)^2-16S^2]$$

$$=6(2a^4+2b^4+c^4-4a^2b^2-2a^2c^2-2b^2c^2)$$

となる．(16)に代入すると，その右辺は

$$4(a^4+b^4)+c^4+8a^2b^2-4c^2(a^2+b^2)+9c^4$$
$$+12(a^4+b^4)+6c^4-24a^2b^2-12c^2(a^2+b^2)$$
$$=16(a^4+b^4+c^4-a^2b^2-b^2c^2-c^2a^2)$$

とまとめられる．16で割って$(3\rho)^4=|\delta|^2=$(15)を得る．□

注意　この証明で$\alpha+\beta+\gamma=0$(重心を原点に移動)とかγを正の実数としたのは，平行移動や回転によって所要の量が変わらないので，計算を容易にするためにした工夫です．$\alpha+\beta+\gamma=0$といった条件は，もとの三角形の形になんらかの制約を与えるものではありません．しかし式とその幾何学的意味とが遊離したのか，$\alpha+\beta+\gamma=0$と記すと特別な形(例えば二等辺三角形など)と早合点するあわて者がいるようです．これは当たり前すぎる注意ですが一言しておきます．

三角形に関連する2次曲線はまだいろいろの話題がありますが，主要な内容は終わりました．次話では三角形幾何学の話題に戻ります．

第 6 話

三角形幾何の応用

三角形について初等幾何学的に簡単に証明できる事実を重心座標によって計算で示すのは，自己満足であってエレガントでない話ですが，そうした例をいくつか紹介しました．各話題について特に演習問題にはしませんが，もっとうまい証明を読者各位でお考え下されば幸いです．

6.1 三角形の諸心について

三角形の「心」はいわゆる五心以外にも何百とあり，近年では番号をつけて登録されているとのことです(文献[3]，[5]，[6]などを参照)．その「心」の定義も問題ですが，重心座標の立場からは一応次のように考えられます．

定義6.1 重心座標で$(f(a;\ b,\ c),\ f(b;\ c,\ a),\ f(c;\ a,\ b))$の形に表される点をその**心**とよぶ．ここに$f(a;\ b,\ c)$は次の性質をもつ関数である．

1° $a,\ b,\ c$について**同次関数**：$f(ka;\ kb,\ kc)=k^p f(a;\ b,\ c)$．$p$は定数で，この等式が任意の定数$k$で成立する．

2° aが主変数で，$b,\ c$について**対称**である($b,\ c$を含まない場合も込めて)．

3° $a,\ b,\ c$について有理関数(または多項式)である．

注意 傍心はこの定義に該当しませんが，これは3点一組で内心の「共役点」(反チェバ系)とみるべきです．

上記の条件のうち1°は相似形でも同じ点を与える意味で不可欠です．2°は

そうでないと b, cを交換した「共役な心」と対になり不自然です. これに対して3°は都合のよい(?)制限です. ある種の理論では(例えば文献[5])これが必要で, そのような点を**有理的心**(rational center)とよぶことがあります. もちろん有理的でない重要な心も数多くあります. 例えば**フェルマー点**が典型例です. これは$\triangle \boldsymbol{ABC}$の各辺の外側に作った正三角形の頂点を, もとの三角形の対頂点と結んでできる3直線の共通交点$\boldsymbol{P}$です(図6.1). 内角がすべて120°未満ならば $\boldsymbol{AP}+\boldsymbol{BP}+\boldsymbol{CP}$を最小にする点$\boldsymbol{P}$です. その重心座標の比は(いくつかの形があるが)面積を$\boldsymbol{S}$として

$$\left(\frac{1}{-a^2+b^2+c^2+4S/\sqrt{3}},\ \frac{1}{a^2-b^2+c^2+4S/\sqrt{3}},\right.$$
$$\left.\frac{1}{a^2+b^2-c^2+4S/\sqrt{3}}\right) \tag{1}$$

と表されます. ここで

$$4S=\sqrt{-a^4-b^4-c^4+2a^2b^2+2b^2c^2+2c^2a^2}$$

(ヘロンの公式)であり, (1)はa, b, cの有理関数ではありません.

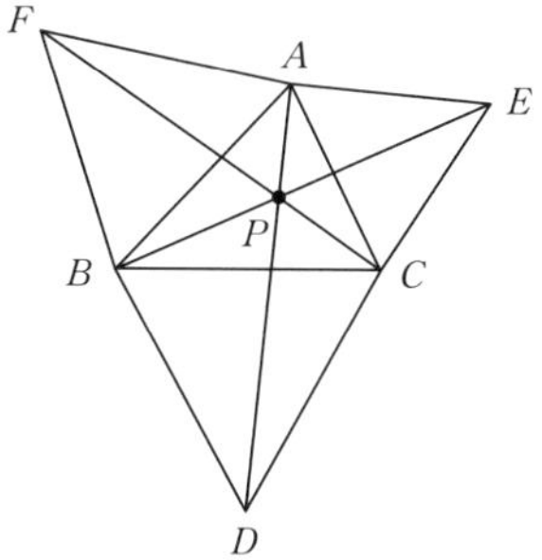

図6.1　フェルマー点

6, 7節で扱いますが, $\boldsymbol{AP}+\boldsymbol{BC}=\boldsymbol{BP}+\boldsymbol{CA}=\boldsymbol{CP}+\boldsymbol{AB}$を満足する点$\boldsymbol{P}$(ここでは**和心**とよぶが正式には**ソディ点**)も同様で, 重心座標の比が

$$\left(\frac{1}{-a+b+c}+\frac{a}{2S},\ \frac{1}{a-b+c}+\frac{b}{2S},\ \frac{1}{a+b-c}+\frac{c}{2S}\right) \tag{2}$$

と表されます. ただしこれらの点はいずれも定規とコンパスで作図可能であり, 非有理的といっても有理的でないのは面積Sだけです.

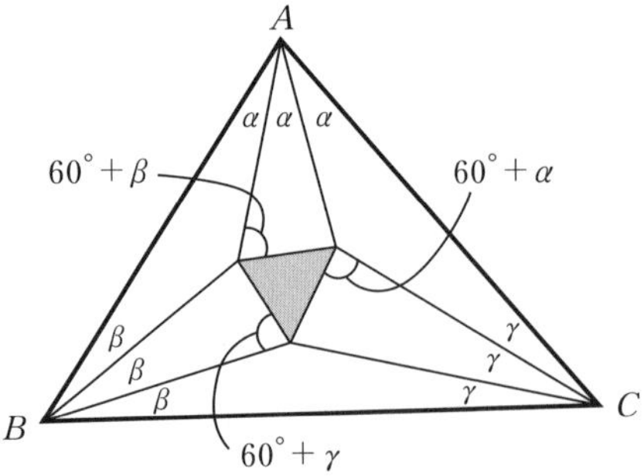

図6.2　モーリーの定理

ところが最近 $\triangle \boldsymbol{ABC}$ の内角の3等分線の各辺寄りの交点のなす正三角形(**モーリーの定理**，図6.2；証明略)の中心がどのような心かという質問を受けました．これは一般には定規とコンパスだけでは作図できない非有理的心です．いくらか計算しましたが，結局この点は「モーリー三角形の中心」としかいいようがない(?)という結論になりました．重心座標によると形式上は a，b，c の多項式だが，係数に a，b，c の有理関数では表されない $\cos(A/3)$，$\cos(B/3)$，$\cos(C/3)$ が含まれ，全体として代数関数であっても有理的心にはなりません．

以上を前置きとしていくつかの実例を論じます．

6.2　縮小三角形

これは山口県・中川宏氏の発案です．λ を1より大きい定数とし，$\triangle \boldsymbol{ABC}$ の辺 $\boldsymbol{BC}$，$\boldsymbol{CA}$，$\boldsymbol{AB}$ をこの順に $1:\lambda$ の比に内分した点を $\boldsymbol{D}$，$\boldsymbol{E}$，$\boldsymbol{F}$ とします．最初の話では $\lambda=2$ でしたが少し一般化しておきます．$\boldsymbol{AD}$，$\boldsymbol{BE}$，$\boldsymbol{CF}$ を結び，それらで囲まれる三角形(**縮小三角形**とよぶ)を $\boldsymbol{PQR}$ とします(図6.3)．この面積はもとの三角形の $(\lambda-1)^2/(\lambda^2+\lambda+1)$ 倍です．—— $\lambda=2$ のときは $1/7$；直接に証明できるが後述．

重心座標で表すと $\boldsymbol{D}$，$\boldsymbol{E}$，$\boldsymbol{F}$ はそれぞれ比が

$$(0,\ \lambda,\ 1),\ (1,\ 0,\ \lambda),\ (\lambda,\ 1,\ 0)$$

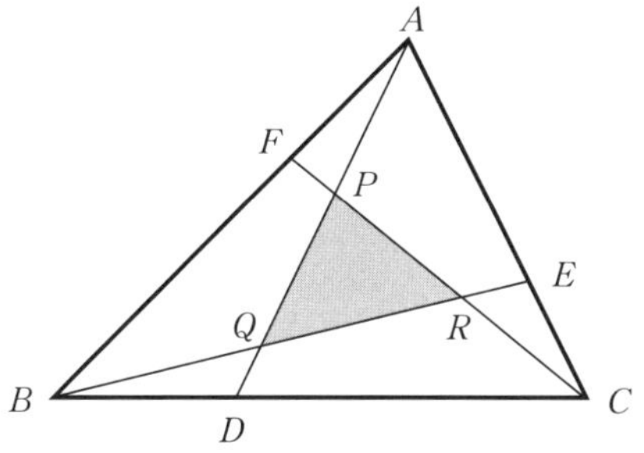

図6.3　縮小三角形

と表されます．$\boldsymbol{AD}$，$\boldsymbol{BE}$の方程式は$y=\lambda z$，$z=\lambda x$なので交点$\boldsymbol{Q}$の重心座標の比は$(1,\ \lambda^2,\ \lambda)$です．同様に$\boldsymbol{R}$，$\boldsymbol{P}$はそれぞれ$(\lambda,\ 1,\ \lambda^2)$，$(\lambda^2,\ \lambda,\ 1)$と表されます．$\triangle \boldsymbol{PQR}$の面積$/\triangle \boldsymbol{ABC}$は，これらの座標の行列式を正規化定数$(\lambda^2+\lambda+1)^3$で割った商であり，次の結果を得ます：

$$(\lambda^3-1)^2/(\lambda^2+\lambda+1)^3=(\lambda-1)^2/(\lambda^2+\lambda+1).$$

中川氏の問題は「縮小三角形がもとの三角形と相似になるのはどういう場合か」です．当初うっかり同じ向きに相似になる場合だけを考えて「正三角形に限る」と結論してしまいました．このこと自体は誤りではありませんが，裏返しに相似になる場合を忘れていた失敗でした．

定理6.2　縮小三角形が同じ向きにもとの三角形と相似になるのは，正三角形に限る．裏返しに相似になるための条件は3辺の間に例えば

$$a^2+\lambda b^2=(\lambda+1)c^2 \tag{3}$$

(あるいはa，b，cを入れ換えた等式)が成立することである．

証明　まず$\triangle \boldsymbol{PQR}$の辺長を計算する．距離の公式から辺$\boldsymbol{PQ}$の長さの2乗は

$$\frac{(\lambda-1)^2}{(\lambda^2+\lambda+1)^2}\left[a^2(\lambda+1)+b^2\lambda(\lambda+1)-c^2\lambda\right]$$

と表される．上述の面積の比から長さの相似比は$(\lambda-1)/\sqrt{\lambda^2+\lambda+1}$であり，同じ向きに相似とすると，例えば連立方程式

$$\left.\begin{aligned} a^2(\lambda+1)+b^2\lambda(\lambda+1)-c^2\lambda&=(\lambda^2+\lambda+1)c^2\\ -a^2\lambda+b^2(\lambda+1)+c^2\lambda(\lambda+1)&=(\lambda^2+\lambda+1)a^2\\ a^2\lambda(\lambda+1)-b^2\lambda+c^2(\lambda+1)&=(\lambda^2+\lambda+1)b^2 \end{aligned}\right\}\qquad(4)$$

が成立する．これらの方程式は3式の和が自明な等式になって独立ではないが，$(\lambda+1)>0$で割って

$$\left.\begin{aligned} a^2+\lambda b^2-(\lambda+1)c^2&=0\\ -(\lambda+1)a^2+b^2+\lambda c^2&=0\\ \lambda a^2-(\lambda+1)b^2+c^2&=0 \end{aligned}\right\}$$

と変形できる．下の2式からc^2を消去して

$$-(\lambda^2+\lambda+1)a^2+(\lambda^2+\lambda+1)b^2=0 \text{ から } a=b,$$

同様に$a=c$を得る．(4)の右辺のa^2，b^2，c^2を巡回的に移した連立方程式からも同様に$a=b=c$を得る(前半□)．

後半は(4)の右辺を順次c^2，b^2，a^2と変更すると，第1式からは上と同じ$a^2+\lambda b^2=(\lambda+1)c^2$を得るが，第3式も同じ式になり，第2式も$\lambda$で割れば同じ式を与える．これは前述の(3)である．そのときには(4)を修正した3式が同時に成立して$\triangle \boldsymbol{PQR}$が$\triangle \boldsymbol{BAC}$と(この順に)相似になる．相似の対応を変えても，(3)でa，b，cを入れ換えた式を得る．□

$a=b=c$(正三角形)ならもちろん(3)が成立しますが，それ以外にも多数の例があります．古典的な例は$\lambda=2$のとき

$$a=1,\ b=2,\ c=\sqrt{3}\quad(\text{正三角形の半分の直角三角形})$$

です．この場合には初等幾何学的な証明も可能です．

演習問題6.1　$a=1$，$b=2$，$c=\sqrt{3}$のとき$\lambda=2$として内分した三角形$\boldsymbol{DEF}$が$\triangle \boldsymbol{BAC}$とこの順に相似なことを直接に証明せよ．

(3)を満たす整数辺の三角形があるでしょうか？ $\lambda=2$のとき$a=1$，$b=11$，$c=9$は不定方程式(3)の解ですがこれは三角形になりません($a+c<b$)．もちろん三角形をなす場合も多数あります．例えば$\lambda=2$のとき

(a, b, c)をこの順に$(5, 13, 11)$, $(5, 23, 19)$, $(19, 61, 51)$などがその例です(宮城県・佐藤郁郎氏による；同氏はコンピュータによる計算で多量の解を求めた). $\lambda=3$に対してはbを奇数の合成数 $m\cdot n$とし(但し$n=1$でもよい), $a=|m^2-3n^2|/2$, $c=(m^2+3n^2)/4$とすれば(三角形をなすものを選んで)解ができます. $(11, 5, 7)$, $(11, 21, 19)$, $(47, 33, 37)$, $(13, 35, 31)$などがその例です.

6.3 平行四辺形を2等分する

これは数学検定の名答(?)から派生した話です.

もとの問題は「平行四辺形 $\boldsymbol{ABCD}$内に定点$\boldsymbol{P}$が与えられたとき, $\boldsymbol{P}$を通って平行四辺形の面積を2等分する直線を定規だけで作図せよ」です. 出題者は両対角線の交点$\boldsymbol{O}$を求めて, 直線$\boldsymbol{PO}$を作図させるつもりでした(その形の正解多数). ところが図6.4のような(もってまわった?)解答が現れて困惑したという話です.

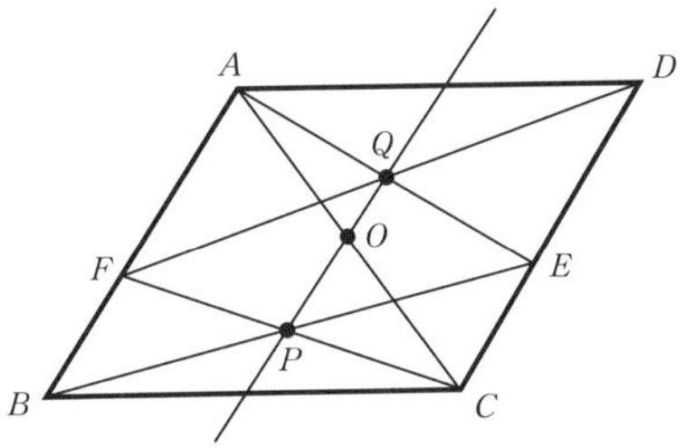

図6.4 平行四辺形を2等分する

定理6.3 $\boldsymbol{BP}$の延長と辺$\boldsymbol{CD}$との交点を$\boldsymbol{E}$, $\boldsymbol{CP}$の延長と辺$\boldsymbol{AB}$との交点を$\boldsymbol{F}$とする. 直線$\boldsymbol{AE}$と$\boldsymbol{FD}$の交点を$\boldsymbol{Q}$とすると, 直線$\boldsymbol{PQ}$は平行四辺形を2等分する(図6.4).

重心座標を持ち出すのはいささか牛刀ですが, これが正しいことを証明します.

証明　平行四辺形の半分の$\triangle \boldsymbol{ABC}$を基準の三角形にとり，点$\boldsymbol{P}$がその内部にあるとして，重心座標を$(\xi,\ \eta,\ \zeta)$とする(外にあっても若干の修正で同様にできる)．直線$\boldsymbol{CP}$の方程式は$\eta x = \xi y$で，辺$\boldsymbol{AB}$との交点$\boldsymbol{F}$の重心座標の比は$(\xi,\ \eta,\ 0)$である．同様に直線$\boldsymbol{BP}$の方程式は$\zeta x = \xi z$であり，辺$\boldsymbol{CD}$は$x + y = 0$と表されるので，交点$\boldsymbol{E}$の重心座標の比は$(\xi,\ -\xi,\ \zeta)$になる．頂点$\boldsymbol{D}$は$(1,\ -1,\ 1)$と表され，直線$\boldsymbol{DF}$の方程式は$-\eta x + \xi y + (\xi + \eta)z = 0$で，直線$\boldsymbol{AE}$は$\zeta y + \xi z = 0$と表される．交点$\boldsymbol{Q}$は両者を連立させて解くと，重心座標の比が

$$((-\xi^2 + \xi\zeta)/\eta + \zeta,\ -\xi,\ \zeta)$$

となる．証明すべき結果は$\boldsymbol{PQ}$が平行四辺形の中心$\boldsymbol{O}$，すなわち$\boldsymbol{AC}$の中点$(1/2,\ 0,\ 1/2)$を通ることであり，行列式で

$$\begin{vmatrix} (-\xi^2+\xi\zeta)/\eta+\zeta & 1 & \xi \\ -\xi & 0 & \eta \\ \zeta & 1 & \zeta \end{vmatrix} = 0 \tag{5}$$

を示せばよい．ここで第2列にζを掛けて第1列から引き，第1行から第3行を引くと，(5)の左辺は

$$-[(-\xi^2 + \xi\zeta)/\eta \times \eta - (-\xi)(\xi - \zeta)] = 0$$

となって証明できた．□

こういった証明はエレガントではありませんが，とにかくこの作図が正しいことが確認できました．易しい問題を面倒にした印象ですが，こういった工夫も興味があります．

6.4　フォン・アウベルの定理

標題の定理は次の結果です．これについては以前に西山豊氏が『理系への数学』誌上で大変優れた解説を書いていました．

定理6.4 任意の凸四角形 $ABCD$ の各辺上その外側に正方形を作り，その中心を順次 P，Q，R，S とする．このとき線分 PR と QS とは等長で互いに直交する（図 6.5）．

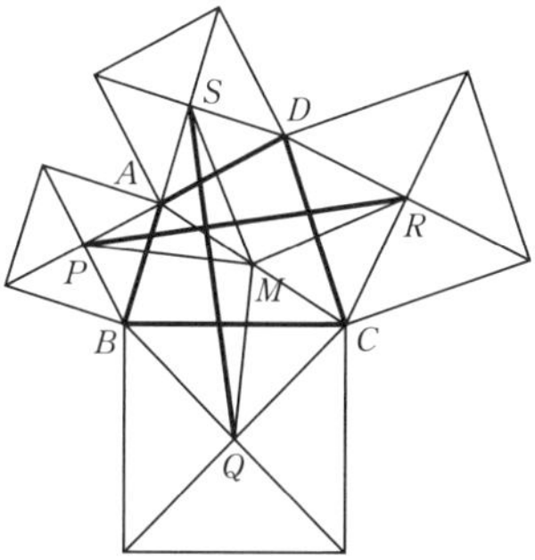

図 6.5　フォン・アウベルの定理

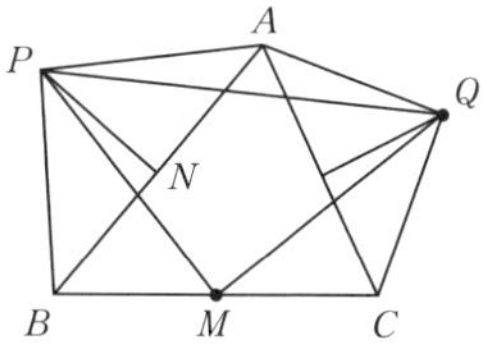

図 6.6　補助定理

いろいろの証明がありますが，次の補助定理を活用するのがよいと思います（前記西山氏の記事もそう）．

なお特にもとの四角形 $ABCD$ が平行四辺形ならば，$PQRS$ は正方形になり，PQ と RS とはおのおのの中点で垂直に交わります．初等幾何学的に直接に証明できますが，これを特に**デポールの定理**とよびます．ここに図は略しますが，「雑学のソムリエ」星田直彦氏のブログの図を見ました．

補助定理6.5 任意の三角形 ABC の辺 AB，AC の上に，その外側に正方形を作りその中心を P，Q とする．BC の中点を M とするとき $PM = QM$，かつ $\angle PMQ =$ 直角である（図 6.6）．

証明　先に定理 6.4 を示す．対角線 AC の中点を M とし，$\triangle ABC$，$\triangle DBC$ について補助定理 6.5 を適用すると，$PM = QM$，$RM = SM$，かつ $\angle PMQ = \angle RMS =$ 直角から，$\triangle PMR$ と $\triangle QMS$ とは合同であって $PR = QS$ である．しかも M を中心として $\triangle PMR$ を 90° 回転させると $\triangle QMS$ と重なるので，PR と QS とは直交する．□

補助定理6.5も初等幾何学的に容易に証明できます．特に変換幾何学(回転の合成)によると簡単ですが，これを重心座標によって証明します．エレガントでないことは承知の上で演習課題として扱います．

演習問題6.2　補助定理6.5を直接に変換幾何学の立場から証明せよ．

補助定理6.5の証明　$\triangle \boldsymbol{PAB}$，$\triangle \boldsymbol{QAC}$は直角二等辺三角形である．頂点$\boldsymbol{P}$は$\boldsymbol{AB}$の中点$N(1/2,\ 1/2,\ 0)$を通り，$\boldsymbol{AB}$に垂直な直線上にある．この直線の方程式は直交条件にこだわるより，外心を通ると考えると直接に

$$c^2(a^2+b^2-c^2)(x-y)+[b^2(a^2-b^2+c^2)-a^2(-a^2+b^2+c^2)]z=0$$

と書き下される．整理すると$a^2+b^2-c^2$で約されて

$$x-y=z(b^2-a^2)/c^2 \tag{6}$$

と簡約化される．(6)はzを媒介変数と考え，正規化して

$$x=\frac{1}{2}-\frac{a^2-b^2+c^2}{2c^2}z,\quad y=\frac{1}{2}-\frac{-a^2+b^2+c^2}{2c^2}z,$$

と表示できる．$\boldsymbol{P}$と$\boldsymbol{N}$との距離が$c/2$だから

$$\begin{aligned}\frac{c^2}{4}&=\frac{z^2}{2c^2}[a^2(-a^2+b^2+c^2)+b^2(a^2-b^2+c^2)]\\&\quad-\frac{z^2}{4c^2}(a^2-b^2+c^2)(-a^2+b^2+c^2)\\&=\frac{z^2}{4c^2}[2(-a^4+a^2b^2+a^2c^2+b^2a^2-b^4+b^2c^2)\\&\quad-c^4+a^4-2a^2b^2+b^4]\end{aligned}$$

と表されるが，この[　]内はちょうど(Sは面積)

$$-a^4-b^4-c^4+2a^2b^2+2a^2c^2+2b^2c^2=(4S)^2,$$

に等しく，$z^2=c^4/(4S)^2$，$z=-c^2/4S$(点$\boldsymbol{P}$が外部にあって$z<0$に注意)となる．すなわち$\boldsymbol{P}$の重心座標は

$$\left(\frac{1}{2}+\frac{a^2-b^2+c^2}{8S},\ \frac{1}{2}+\frac{-a^2+b^2+c^2}{8S},\ -\frac{c^2}{4S}\right) \tag{7}$$

と表される．同様に$\boldsymbol{Q}$の重心座標は次のとおりである．

$$\left(\frac{1}{2}+\frac{a^2+b^2-c^2}{8S},\ -\frac{b^2}{4S},\ \frac{1}{2}+\frac{-a^2+b^2+c^2}{8S}\right)$$

一つの検算として(7)から$\boldsymbol{AP}^2=\boldsymbol{BP}^2=c^2/2$などが計算できる(うまく分子から$(4S)^2$が現れる)．

$\boldsymbol{M}(0,\ 1/2,\ 1/2)$から(7)への距離$d$の2乗を計算すると

$$d^2=-a^2VW-b^2WU-c^2UV,$$

$$U=\frac{1}{2}+\frac{a^2-b^2+c^2}{8S},\ V=\frac{-a^2+b^2+c^2}{8S},\ W=-\frac{1}{2}-\frac{c^2}{4S}$$

という距離の公式(第2話参照)により

$$\boldsymbol{MP}^2=\left(\frac{1}{2}+\frac{c^2}{4S}\right)\left\{\frac{b^2}{2}+\frac{1}{8S}\left[b^2(a^2-b^2+c^2)+a^2(-a^2+b^2+c^2)\right]\right\}$$
$$-c^2\left(\frac{1}{2}+\frac{a^2-b^2+c^2}{8S}\right)\frac{-a^2+b^2+c^2}{8S} \qquad (8)$$

である．右辺の最初の$1/8S$の分子は

$$(4S)^2-c^2(a^2+b^2-c^2)$$

に等しく，(8)は次のように書き換えられる．

$$\boldsymbol{MP}^2=\frac{b^2}{4}+\frac{b^2c^2}{8S}+\left(\frac{1}{2}+\frac{c^2}{4S}\right)\left(2S-\frac{c^2(a^2+b^2-c^2)}{8S}\right)$$
$$-\frac{c^2(-a^2+b^2+c^2)}{16S}-\frac{c^2(a^2-b^2+c^2)(-a^2+b^2+c^2)}{64S^2}$$
$$=S+\frac{b^2}{4}+\frac{c^2}{2}+\frac{b^2c^2}{8S}-\frac{c^2}{16S}(a^2+b^2-c^2-a^2+b^2+c^2)$$
$$-\frac{c^2}{64S^2}\left[2c^2(a^2+b^2-c^2)+c^4-(a^2-b^2)^2\right]. \qquad (9)$$

(9)の右辺の5番目の項は$-2c^2b^2/16S$であり，4番目の項と打ち消す．また最後の項の[　]内は

$$-a^4-b^4-c^4+2a^2b^2+2b^2c^2+2c^2a^2=16S^2 \qquad (10)$$

に等しく，末尾の項は$-c^2/4$となり，(9)は全体として

$$S+\frac{b^2+c^2}{4} \tag{11}$$

に等しい．同様に計算して$\boldsymbol{MQ}^2$も(11)に等しく$\boldsymbol{MP}=\boldsymbol{MQ}$である．他方$\boldsymbol{PQ}^2$は

$$U=-\frac{b^2-c^2}{4S},\ V=\frac{1}{2}+\frac{-a^2+3b^2+c^2}{8S},$$

$$W=-\frac{1}{2}-\frac{-a^2+b^2+3c^2}{8S}$$

であり，これから計算すると次のようになる．

$$\begin{aligned}\boldsymbol{PQ}^2&=a^2\left[\frac{1}{2}+\frac{-a^2+3b^2+c^2}{8S}\right]\times\left[\frac{1}{2}+\frac{-a^2+b^2+3c^2}{8S}\right]\\&\quad+\frac{b^2-c^2}{4S}\left\{\frac{c^2-b^2}{2}+\frac{1}{8S}[c^2(-a^2+3b^2+c^2)\right.\\&\qquad\left.-b^2(-a^2+b^2+3c^2)]\right\}\\&=\frac{a^2}{4}+\frac{1}{8S}[a^2(-a^2+2b^2+2c^2)-(b^2-c^2)^2]\\&\quad+\frac{1}{64S^2}\{a^2(-a^2+3b^2+c^2)(-a^2+b^2+3c^2)\}\\&\quad+\frac{1}{64S^2}\{a^2(-a^2+3b^2+c^2)(-a^2+b^2+3c^2)\\&\qquad+2(b^2-c^2)[a^2(b^2-c^2)+c^4-b^4]\}\end{aligned} \tag{12}$$

(12)の右辺第2項の[　]内は(10)に等しく，この項は$2S$となる．末尾の項の{　}内は技巧的だが，変形して

$$\begin{aligned}&a^2(-a^2+b^2+c^2)^2+2a^2(b^2+c^2)(-a^2+b^2+c^2)\\&\qquad+4a^2b^2c^2-2(b^2-c^2)^2(-a^2+b^2+c^2)\\&=a^2[4b^2c^2-(-a^2+b^2+c^2)^2]+2(-a^2+b^2+c^2)\\&\quad\times[a^2(-a^2+b^2+c^2)+a^2(b^2+c^2)-(b^2-c^2)^2]\\&=16S^2a^2+2(-a^2+b^2+c^2)16S^2\end{aligned}$$

とまとめられる．結局(12)は全体として

$$\boldsymbol{PQ}^2=\frac{a^2}{4}+\frac{16S^2}{8S}+\frac{1}{4}(-a^2+2b^2+2c^2)$$

$$= 2S + \frac{b^2 + c^2}{2} = 2 \times (11)$$

となり，$\triangle \boldsymbol{PMQ}$は$\boldsymbol{M}$を直角の頂点とする直角二等辺三角形である．□

もちろん$\boldsymbol{MP} \perp \boldsymbol{MQ}$を両直線の直交条件から確かめることもできますが，計算はかなり厄介です．

余談ながら辺$\boldsymbol{BC}$の外側にも正方形を作ってその中心を$\boldsymbol{R}$とすると，3直線$\boldsymbol{AR}$，$\boldsymbol{BQ}$，$\boldsymbol{CP}$は重心座標の比が

$$\left(1\Big/\left(\frac{1}{2} + \frac{-a^2 + b^2 + c^2}{8S}\right),\quad 1\Big/\left(\frac{1}{2} + \frac{a^2 - b^2 + c^2}{8S}\right),\right.$$
$$\left.1\Big/\left(\frac{1}{2} + \frac{a^2 + b^2 - c^2}{8S}\right)\right)$$

である点で交わります．これはフェルマー点や，外側の正三角形の中心点を対頂点と結んだ3直線の共通交点(**ナポレオン点**とよばれている)と同様に証明できます．このような点が全体として重心座標で

$$(b^2 - c^2)yz + (c^2 - a^2)zx + (a^2 - b^2)xy = 0$$

と表される**キーペルト双曲線**(直角双曲線になる)の上に載ることも知られています(第0話の末尾参照)．

演習問題6.3　ある正三角形(一辺 l cm；lは未知)の内部のある一点$\boldsymbol{P}$が3頂点からそれぞれ7cm，10cm，13cmの距離にあるとき，一辺の長さlを求めよ．

さらに一般化して頂点からの距離をu，v，wとし，実数解lがあるための条件と，その下でlを求める公式を求めよ(2010年9月数検団体戦の問題)．

6.5　外心に対する対称変換

これもAmerican Mathematics Monthlyに出題された問題の一つです．

定理6.6 $\triangle ABC$が不等辺で直角三角形ではないとする．外接円OとAを通り辺BCに平行な直線との(Aでない)交点をA_1とし，同様にB_1，C_1を作る．またA，B，Cの中心Oに対する対称点(直径の他端)をA_2，B_2，C_2とする．このときA_1A_2，B_1B_2，C_1C_2は同一点H'で交わる．その交点H'は外心Oに対する垂心Hの対称点(**ド・ロンシャン点**とよばれる)である．

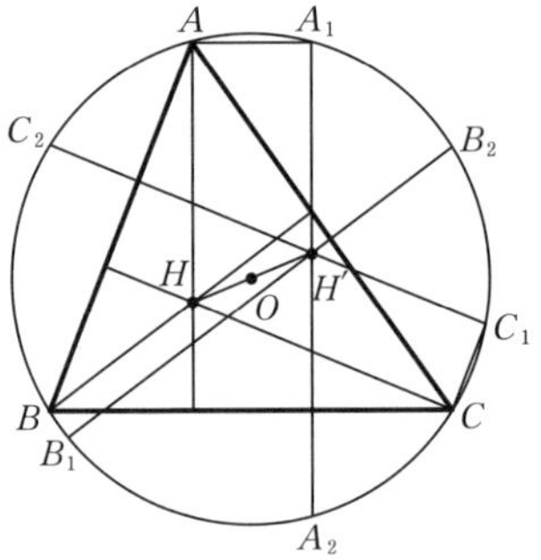

図6.7　外心の対称点

これは外心Oに対する点対称変換によって初等幾何学的に簡単に証明できます．しかしわざと重心座標を使って証明してみます．

証明　以後外心，垂心の重心座標が多く現れるので，記法簡易化のため次のように置く．

$$\text{外心：}\ \phi_a = a^2(-a^2+b^2+c^2),\quad \phi_b = b^2(a^2-b^2+c^2),\quad \phi_c = c^2(a^2+b^2-c^2) \tag{13}$$

$$\text{垂心：}\ \theta_a = a^4-(b^2-c^2)^2,\quad \theta_b = b^4-(c^2-a^2)^2,\quad \theta_c = c^4-(a^2-b^2)^2 \tag{14}$$

いずれも正規化された値ではないが，成分の和はともに

$$-a^4-b^4-c^4+2(a^2b^2+b^2c^2+c^2a^2)=(4S)^2=\sigma\ (\text{とおく}) \tag{15}$$

なので，σで割れば正規化される．さらに

$$2\phi_a+\theta_a = 2\phi_b+\theta_b = 2\phi_c+\theta_c = \sigma$$

に注意する．これは外心，重心，垂心の関係(共線で間隔が1：2)を意味する．

さて外接円の方程式は第2話で述べたとおり

$$a^2yz + b^2zx + c^2xy = 0$$

であり，直線 $\boldsymbol{AA_1}$ は $y + z = 0$ と表されるので，交点 $\boldsymbol{A_1}$ は

$$(a^2,\ c^2 - b^2,\ b^2 - c^2) \tag{16}$$

と表される．他方 $\boldsymbol{A_2}$ は $\boldsymbol{AA_2}$ の中点が $\boldsymbol{O}$ なので

$$(2\phi_a - \sigma,\ 2\phi_b,\ 2\phi_c)\ (\sigma\text{は正規化のため}) \tag{17}$$

と表される．同様に $\boldsymbol{O}$ に対する $\boldsymbol{H}$ の対称点 $\boldsymbol{H'}$ は

$$(2\phi_a - \theta_a,\ 2\phi_b - \theta_b,\ 2\phi_c - \theta_c) = (4\phi_a - \sigma,\ 4\phi_b - \sigma,\ 4\phi_c - \sigma) \tag{18}$$

と表される．(16)，(17)，(18)が同一直線上にあることを証明する．それには成分のなす行列式が0に等しいこと

$$\begin{vmatrix} a^2 & c^2 - b^2 & b^2 - c^2 \\ 2\phi_a - \sigma & 2\phi_b & 2\phi_c \\ 4\phi_a - \sigma & 4\phi_b - \sigma & 4\phi_c - \sigma \end{vmatrix} = 0 \tag{19}$$

を示せばよい．まず第3列に第1列，第2列を加えると，第3列の成分が順次 $(a^2,\ 2\sigma - \sigma,\ 4\sigma - 3\sigma) = (a^2,\ \sigma,\ \sigma)$ になる．これを第1列に加えて2で割り，第3行から第2行を引くと，定数倍を除いて

$$(19)\text{の左辺} = \begin{vmatrix} a^2 & c^2 - b^2 & a^2 \\ \phi_a & 2\phi_b & \sigma \\ \phi_a & 2\phi_b - \sigma & 0 \end{vmatrix} \tag{19'}$$

となる．さらに第2行から第3行を引き，第2行から σ をくくり出して第2列から第3列を引けば，第2行は $(0,\ 0,\ 1)$ となり

$$(19')/(-\sigma) = \begin{vmatrix} a^2 & c^2 - b^2 - a^2 \\ \phi_a & 2\phi_b - \sigma \end{vmatrix}$$

$$= a^2(2\phi_b - \sigma) - a^2(-a^2 + b^2 + c^2)(c^2 - b^2 - a^2)$$

$$= a^2(2\phi_b - \sigma + \theta_b) = 0$$

を得る(もちろん(19)にはいろいろな計算法が可能である). 他の直線 $\boldsymbol{B}_1\boldsymbol{B}_2$, $\boldsymbol{C}_1\boldsymbol{C}_2$ も同様である. □

これだけなら平凡ですが, もとの問題ではさらに

$\triangle \boldsymbol{OA}_1\boldsymbol{A}_2$, $\triangle \boldsymbol{OB}_1\boldsymbol{B}_2$, $\triangle \boldsymbol{OC}_1\boldsymbol{C}_2$ の外接円の中心が一直線上にあり, この3円が $\boldsymbol{O}$ 以外の他の一点 $\boldsymbol{K}$ を共有する

という性質の証明を要請しています. これも初等幾何学的に容易にできます. 重心座標によると(途中の計算省略)まず $\triangle \boldsymbol{OA}_1\boldsymbol{A}_2$ の外心 $\boldsymbol{O}_a$ の重心座標が

$$(\phi_a,\ \phi_b + \sigma/8\sin A\sin(C-B),\ \ \phi_c - \sigma/8\sin A\sin(C-B))$$

と表されます. 同様に $\boldsymbol{O}_b$, $\boldsymbol{O}_c$ の重心座標を求めて, それらの成分の行列式 $=0$ という形で証明できます. 極端にいえば計算の演習なので, これ以上の解説を省略します.

定理6.6で $\triangle \boldsymbol{ABC}$ が二等辺三角形とか直角三角形のときには点どうしの重複が生じますが, 適当に拡張解釈して意味のある定理(自明に近いものもあるが)に定式化できます.

6.6 三角形の新四心

$\triangle \boldsymbol{ABC}$ 内に点 $\boldsymbol{P}$ をとり, $\boldsymbol{AP}=u$, $\boldsymbol{BP}=v$, $\boldsymbol{CP}=w$ とおきます. これらと相対する辺との四則演算の結果が等しい点として以下の特別な点を考えます. これらを総称して仮りに**新四心**とよびます(最初の論文は文献[7]).

和心: $a+u=b+v=c+w$

差心: $a-u=b-v=c-w$

積心: $au=bv=cw$

比心: $u/a=v/b=w/c$

このうち**和心**は**ソディ点**とよぶのが正式の名のようです. これは各頂点を中心としてその頂点から出る辺上の内接円の接点を通る3個の互いに外接する円に共通に外接する小円の中心 $\boldsymbol{S}$ です(図6.8). この作図は**アポロニウスの作図**とよばれる難問題ですが, 定規とコンパスで可能なことが知られてい

ます．上記の３円を外側から囲む大きな円の中心が**差心**です．三角形の形状によってはこの大円が直線に退化して差心が存在しないこともあります．

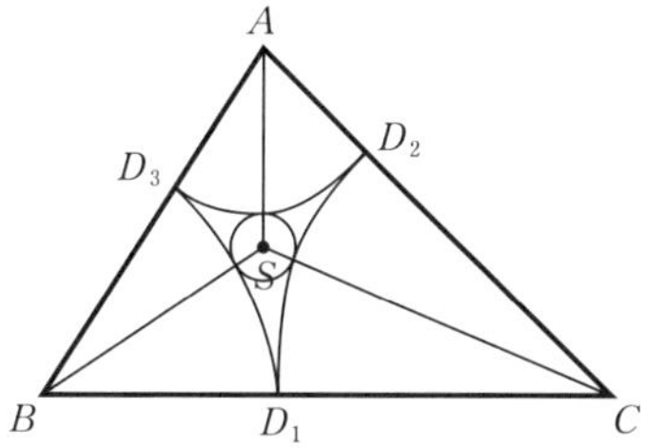

図6.8　共接小円の中心が和心

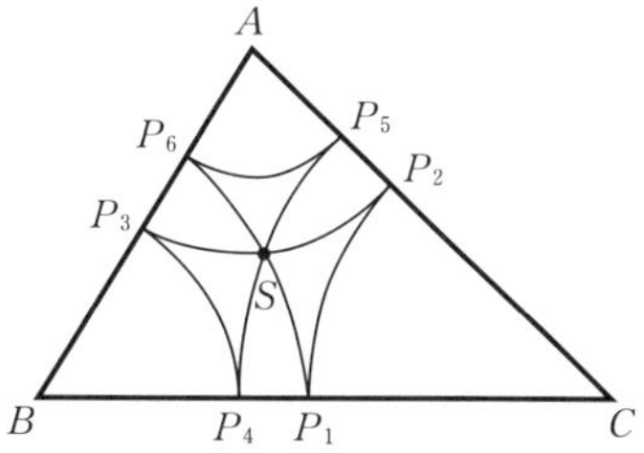

図6.9　和心を通る円弧

もう一つ面白い説明があります．三角形$\boldsymbol{ABC}$の辺$\boldsymbol{BC}$上に一点$\boldsymbol{P_1}$をとり，順次$\boldsymbol{C}$中心の円弧$\boldsymbol{P_1P_2}$，$\boldsymbol{A}$中心の円弧$\boldsymbol{P_2P_3}$，$\boldsymbol{B}$中心の円弧$\boldsymbol{P_3P_4}$，$\boldsymbol{C}$中心の円弧$\boldsymbol{P_4P_5}$，$\boldsymbol{A}$中心の円弧$\boldsymbol{P_5P_6}$と作ると，最後に$\boldsymbol{B}$中心の円弧が$\boldsymbol{P_6}$から最初の$\boldsymbol{P_1}$に戻ります(図6.9)．この事実は円の半径の関係から証明できます．このときにもし３個の大きい円弧$\boldsymbol{P_2P_3}$，$\boldsymbol{P_4P_5}$，$\boldsymbol{P_6P_1}$が同一点$\boldsymbol{S}$を通るならば，共通交点$\boldsymbol{S}$は和心に他なりません(その証明も容易です)．

和心の重心座標は面積の関係を計算すると，内接円の半径をρとして次のように表されます．

$$\left(\frac{a+b+c}{2(-a+b+c)}+\frac{a}{\rho},\ \frac{a+b+c}{2(a-b+c)}+\frac{b}{\rho},\ \frac{a+b+c}{2(a+b-c)}+\frac{c}{\rho}\right) \tag{20}$$

積心はフェルマー点の等角共役点であることが証明されています(後述)．**フェルマー点**$\boldsymbol{F}$については6.1節で解説しました．積心が$\boldsymbol{F}$の等角共役点であることは直接に初等幾何学的に証明できますが，次節でその重心座標を計算すると自然に点$\boldsymbol{F}$との関係がつきます．

比心は「商心」(しょうしん)といいたいが，語呂が悪いので敢えてこうよびました．正三角形でない鋭角三角形にはそのオイラー線上に２個の比心があり，鈍角三角形には実の比心がない(直角三角形では重解が１個)ことが証明できます．但しその証明は重心座標というよりもベクトルの直接活用になりますので，ここでは結果だけを述べるのに留めます(その証明は文献[2]参照)．

6.7 三角形の積心

定理6.7 三角形の積心の重心座標の比は

$$(a\sin(60^\circ+A),\ b\sin(60^\circ+B),\ c\sin(60^\circ+C)) \tag{21}$$

と表される．これは6.1節の(1)に対する等角共役点である．

証明 積心$\boldsymbol{P}$の正規化された重心座標を$(x,\ y,\ z)$とする．第2話で述べたとおり，頂点$\boldsymbol{A}$からの距離は

$$\begin{aligned}\boldsymbol{AP}^2 &= -a^2yz+(y+z)(b^2z+c^2y)\\ &= c^2y^2+b^2z^2+(b^2+c^2-a^2)yz\end{aligned}$$

と表される．積心の定義 $a^2\boldsymbol{AP}^2=b^2\boldsymbol{BP}^2=c^2\boldsymbol{CP}^2=\lambda^2$ という式を書き下すと，$X=bcx$，$Y=cay$，$Z=abz$と置き換えて

$$\lambda^2=Y^2+Z^2+kYZ,\quad \text{ここに}YZ\text{の係数は}$$

$$\begin{aligned}k &= (b^2+c^2-a^2)a^2/(ab\cdot ac)\\ &= (b^2+c^2-a^2)/bc\\ &= 2\cos A=-2\cos(180^\circ-A)\end{aligned} \tag{22}$$

と表される．(22)は3辺の長さがY，Z，λである三角形の，長さY，Zの辺の間の角が$180^\circ-A$に等しいことを示す．これは一辺の長さλの正三角形$\boldsymbol{A'B'C'}$の内部に点$\boldsymbol{Q}$を

$$\angle\boldsymbol{B'QC'}=180^\circ-A,\ \angle\boldsymbol{C'QA'}=180^\circ-B,$$
$$\angle\boldsymbol{A'QB'}=180^\circ-C\qquad(\text{合計}\ 360^\circ)$$

であるようにとったとき，$\boldsymbol{A'Q}=X$，$\boldsymbol{B'Q}=Y$，$\boldsymbol{C'Q}=Z$を意味するとも解釈できる(図6.10)．

$\boldsymbol{A'Q}$を一辺とする正三角形$\boldsymbol{A'QR}$を$\boldsymbol{A'C'}$側に作ると，$\triangle\boldsymbol{A'RC'}$は$\triangle\boldsymbol{A'QB'}$を$60^\circ$回転させた三角形であり(二辺夾角の合同)，$\boldsymbol{C'R}=\boldsymbol{B'Q}=Y$，$\boldsymbol{QR}=X$である．すなわち$\triangle\boldsymbol{C'QR}$の3辺の長さが$X$，$Y$，$Z$と表される．ここで$\angle\boldsymbol{RQC'}=180^\circ-B-60^\circ$，$\angle\boldsymbol{QRC'}=\angle\boldsymbol{A'RC'}-60^\circ=180^\circ-C-60^\circ$であり，$\angle\boldsymbol{QC'R}=180^\circ-(120^\circ-B+120^\circ-C)=180^\circ-A-60^\circ$となる．

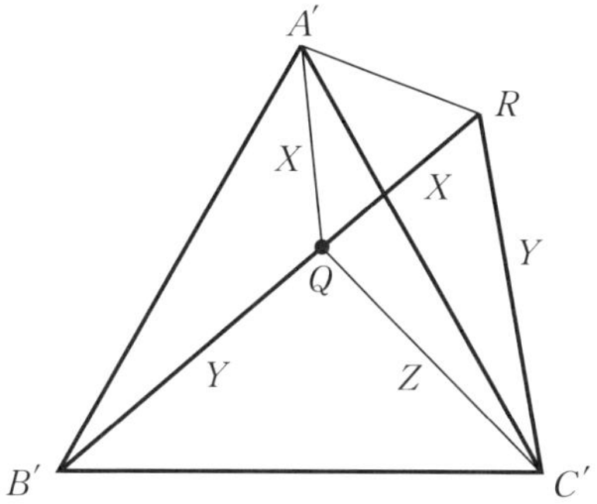

図 6.10　正三角形内の点

$\triangle \boldsymbol{C'QR}$ に正弦定理を適用して

$$X : Y : Z = \sin(60^\circ + A) : \sin(60^\circ + B) : \sin(60^\circ + C)$$

である．x，y，z に戻してそれに共通因子 abc を乗ずれば，所要の式(21)を得る．□

積心はまた角度について

$$\angle \boldsymbol{BPC} = 60^\circ + A,\ \angle \boldsymbol{CPB} = 60^\circ + B,\ \angle \boldsymbol{APB} = 60^\circ + C$$

という関係をもち，その形でも定義できます．その他いくつかの「面白い」心が考えられます(文献[7]参照)．

新四心については文献[2]にもう少し詳しく解説しましたので詳細はそれを御参照下さい．そこには上記で証明を略したいくつかの結果も示してあります．ただ新四心の重心座標にはいずれも平方根が入り，その座標が必ずしも a，b，c の有理関数とは限らないために，「有理的な心」ではなく，有理的な点を深く考える理論には含まれません．

演習問題6.4　フェルマー点の重心座標(1)が

$$(a/\sin(60^\circ + A),\ b/\sin(60^\circ + B),\ c/\sin(60^\circ + C))$$

とも表されることを確かめよ．

第 7 話

四面体幾何学入門

7.1　本話の趣旨

前4話では平面($n=2$)の場合を論じました．同様の議論は$n=3$の場合の四面体幾何学にもある程度まで成立します．しかし$n=3$になると重心座標による計算は急激に式が繁雑になる上に修正がいります．本話では必ずしも重心座標にこだわらず，四面体幾何の基礎的な諸性質(特に三角形の場合とは異なる部分)を解説します．

四面体$\boldsymbol{P}_0\boldsymbol{P}_1\boldsymbol{P}_2\boldsymbol{P}_3$($\boldsymbol{ABCD}$とも記す)の頂点$\boldsymbol{P}_i$，$\boldsymbol{P}_j$間の距離$l_{ij}$を，多くの場合次のようにも表現します(第1話参照)：

$$l_{23}=a,\ l_{13}=b,\ l_{12}=c,\ l_{01}=d,\ l_{02}=e,\ l_{03}=f. \tag{1}$$

まず体積の公式(2)と平行六面体への埋め込みを述べ，ついて特別な四面体の族として等積四面体と直辺四面体を解説します．二面角の間の関係など他にも興味深い題材が多いのですが，全体のバランスを考えて割愛しました．畔柳の分担範囲への助走となることを期待します．

7.2　体積の公式

以下の結果は四面体の6個の辺長から体積を求めるという意味で，ヘロンの公式の3次元版ですが，**オイラーの体積公式**とよぶのが標準的な名です．

定理7.1　四面体の体積Vは，6辺の長さを(1)のように表したとき，次の式で与えられる．

$$(12V)^2=(-a^2+b^2+c^2)(a^2d^2+e^2f^2)+(a^2-b^2+c^2)(b^2e^2+f^2d^2)$$
$$+(a^2+b^2-c^2)(c^2f^2+d^2e^2)-a^2b^2c^2-a^2d^4-b^2e^4-c^2f^4 \tag{2}$$

略証　頂点$\boldsymbol{P}_i$の位置ベクトルを$\mathbb{P}_i$と表したとき，$\mathbb{P}_i-\mathbb{P}_0$ $(i=1,\ 2,\ 3)$の座標成分を並べた3次の行列式の絶対値が$6V$に等しい．その転置行列を掛ければ，内積を成分とするグラム行列式となり，

$$(6V)^2=|\langle\mathbb{P}_i-\mathbb{P}_0,\ \mathbb{P}_j-\mathbb{P}_0\rangle|_{(i,\ j=1,\ 2,\ 3)} \tag{3}$$

である．第2話で計算したとおり内積は

$$\langle\mathbb{P}_i-\mathbb{P}_0,\ \mathbb{P}_j-\mathbb{P}_0\rangle=({l_{0i}}^2+{l_{0j}}^2-{l_{ij}}^2)/2$$

と表され，(3)の右辺は(1)の記号によって

$$\frac{1}{8}\begin{vmatrix} 2d^2 & d^2+e^2-c^2 & d^2+f^2-b^2 \\ d^2+e^2-c^2 & 2e^2 & e^2+f^2-a^2 \\ d^2+f^2-b^2 & e^2+f^2-a^2 & 2f^2 \end{vmatrix} \tag{4}$$

となる．(4)の行列式を展開整理すると(大変な計算で途中は省略するが)(2)の右辺の2倍に等しい．(第8話参照)□

(2)の右辺は他にもいくつかの標準形表示があります．次の形のほうが対称的で使いやすいかもしれません．

$$(12V)^2=a^2d^2(b^2+c^2+e^2+f^2-a^2-d^2)$$
$$+b^2e^2(c^2+a^2+f^2+d^2-b^2-e^2)$$
$$+c^2f^2(a^2+b^2+d^2+e^2-c^2-f^2)$$
$$-a^2b^2c^2-a^2e^2f^2-b^2f^2d^2-c^2d^2e^2 \tag{2$'$}$$

但し一般の場合には因数分解はできません．

系7.2(**六斜術**の公式)　平面上の三角形$\boldsymbol{ABC}$で$\boldsymbol{A}$，$\boldsymbol{B}$，$\boldsymbol{C}$の相対する3辺の長さをそれぞれa，b，cとし，同じ平面上の点$\boldsymbol{P}$と頂点$\boldsymbol{A}$，$\boldsymbol{B}$，$\boldsymbol{C}$との距離をそれぞれd，e，fとすると，この6本の線分長の間に(2)$=0$(あるいは(2′)$=0$)という等式が成立する．□

これは直接にも証明できますが(例えば文献[2])，四面体が潰れて$V=0$になった極限の場合と解釈できます．「六斜術」は和算家の用語ですが，複雑なわりに広く知られて活用されていました．例えば前話の末尾に記した正三角形の一辺長 l(演習問題6.4)もこれによって計算できます．

7.3 平行六面体への埋め込み

各面が平行四辺形である斜柱を**平行六面体**といいます．その6面はすべて平行四辺形で相対する面は合同であり，12本の辺は4本ずつが等長かつ互いに平行です．立方体，直方体はその特別な例です．すべての辺が等長で面が菱形のとき**菱形六面体**といいます．

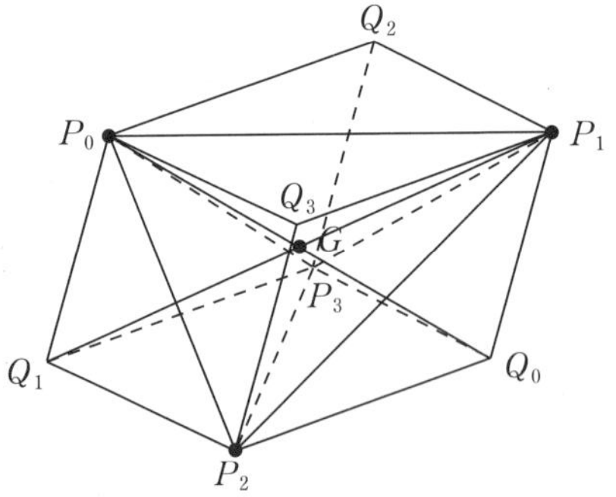

図7.1　平行六面体

定理7.3　任意の四面体は平行六面体に埋め込んで，その一つおきの頂点を結んでできる図形になる．

略証　各頂点 $\boldsymbol{P}_i$ の重心 $\boldsymbol{G}$(正規化された重心座標が (1/4, 1/4, 1/4, 1/4)) に対する対称点を$\boldsymbol{Q}_i$とすると，$\boldsymbol{Q}_0$の正規化された重心座標は(−1/2, 1/2, 1/2, 1/2)と表される(他の$\boldsymbol{Q}_i$も同様)．このとき$\boldsymbol{P}_0\boldsymbol{Q}_2\boldsymbol{P}_1\boldsymbol{Q}_3$など(一般的に書けば($i$, j, k, l)を(0, 1, 2, 3)の置換としたとき$\boldsymbol{P}_i\boldsymbol{Q}_j\boldsymbol{P}_k\boldsymbol{Q}_l$)の4点ずつの組は同一平面上にあって平行四辺形をなし，全体として平行六面体に

なる．もとの四面体の4頂点はその一つおきの頂点に位置する(図7.1)．□

このとき四面体の体積は包接平行六面体の体積の1/3です．また四面体の各辺の中点を結べば内包される八面体ができます．その体積はもとの四面体の1/4であり，対頂点を結ぶ3線分はそれぞれの中点(四面体の重心)で交わります．そして相対する4対の面(三角形)は互いに合同で面どうしは平行です．平行六面体への埋め込みは四面体幾何学で有用な手段ですが，$n=2$や$n \geqq 4$のときと様子が違い，3次元特有の感があります．

7.4 等積四面体

平面三角形で，「ある性質が正三角形に限る」という結果の類似を四面体で考えると，正四面体だけではなくもっと広範囲の族でもよい場合がよくあります．その種の族の一例が4個の面の面積が等しい**等積四面体**です．

等積四面体は実は4面が互いに合同な鋭角三角形(正三角形とは限らない)である**等面四面体**です(**バンの定理**とよばれる)．この定理もいろいろの面白い証明ができます．ここでは少し廻り道ですが，次のような同値な条件をまとめて証明することにします．

定理7.4 四面体について次の諸条件は同値である．

0° 4面の面積が等しい(等積四面体)．
1° 包接平行六面体が直方体である．
2° 相対する辺の長さがそれぞれ等しい．
3° 4面が互いに合同な鋭角三角形である．
4° 展開図が鋭角三角形の3辺の中点を結んでできる形になる．
5° 四面体の外心・内心・重心が一致する(実は2点が一致すれば他の点も同じになる)．

略証 1°→2°→3°→4°→0°，1°→5°はほぼ自明である(鋭角性は後述)．

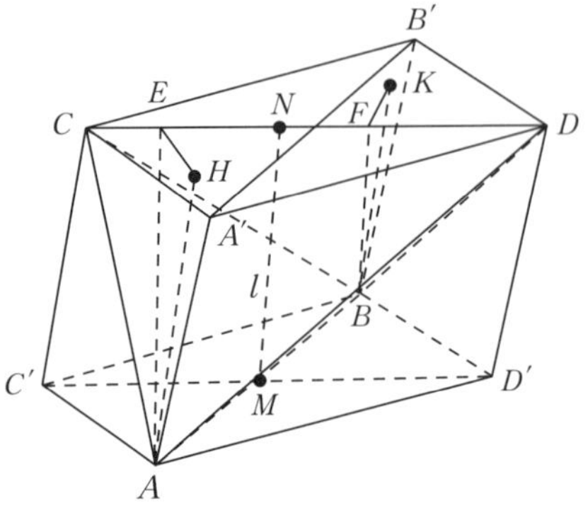

図 7.2　等積四面体の埋め込み

0°→1°の証明：定理 7.3 により等積四面体 $ABCD$ を包接平行六面体 $AA'CC'$-$D'DB'B$ に埋め込む.

A, B から対辺 CD と平面 $A'CB'D$ への垂線をそれぞれ AE, AH, BF, BK とする. $\triangle ACD$ と $\triangle BCD$ とが等面積なので $AE = BF$；面 $A'CB'D$ と $AC'BD'$ が平行で等間隔なので $AH = BK$. ゆえに直角三角形 AEH と BFK は合同で $EH = FK$ である. 三垂線の定理により EH, FK はともに CD に垂直であり, AB と CD とはねじれの位置にあるから, 点 H, K は CD の両側にあってそれから等距離である. 他方平行四辺形 $AC'BD'$ で A, B は $C'D'$ の両側にあってそれから等距離である. CD と $C'D'$ とは平行だから, 平面 $CC'D'D$ は平面 $AC'BD'$ に垂直であり, 平行四辺形 $AC'BD'$ の中心 M(AB, $C'D'$ の中点)からその面に引いた垂線 l は CD と交わる. 辺 AB, CD の立場を交換すると, 垂線 l は $A'B'$ とも交わり, $A'B'$ と CD との交点 N(平行四辺形 $A'CB'D$ の中心)を通る. これは l と平行な辺 AA', BB', CC', DD' が平面 $AC'BD'$ に垂直なことを意味する. 他の辺についても同様であり包接六面体は直方体になる. □

5°→0°の証明：内心＝重心なら各面は等面積である. 内心＝外心なら, 各面の外接円の半径が等しく, 辺 AB 上の円周角で $\angle ACB = \angle ADB$ などが成立する. したがって各頂点に会する 3 個の三角形の内角の和はすべて 2 直角に等しく, 展開図が条件4°を満足する. 外心＝重心ならば, その点と各辺の中点を結ぶ線分はその辺に垂直であり，相対する辺の中点を結ぶ直線(重心を共有)が双方の辺の共通垂線になる．これは上述の $0^\circ \to 1^\circ$ の証明の最終段階と同じ状況を示し，包接平行六面体が直方体になる．□

3° で面が鋭角三角形であることは直接にも証明できるが，包接直方体の3辺の長さを u，v，w とすると，

$$a^2 = v^2 + w^2,\ b^2 = w^2 + u^2,\ c^2 = u^2 + v^2 \tag{5}$$

から不等式 $a^2 + b^2 > c^2$，$b^2 + c^2 > a^2$，$c^2 + a^2 > b^2$ が導かれて鋭角三角形になる．□

定理7.5 等積四辺体の相対する等しい3辺の長さを a，b，c とすると，その体積 V は次の式で表される．

$$72V^2 = (-a^2 + b^2 + c^2)(a^2 - b^2 + c^2)(a^2 + b^2 - c^2) \tag{6}$$

証明 包接直方体の3辺を u，v，w とすると(5)から

$$u^2 = (-a^2 + b^2 + c^2)/2,\ v^2 = (a^2 - b^2 + c^2)/2,\ w^2 = (a^2 + b^2 - c^2)/2$$

であり，$V = uvw/3$ から(6)を得る．□

別証 定理7.1の式(2)で $a = d$，$b = e$，$c = f$ とおくと，(2)は

$$2(-a^2 + b^2 + c^2)(a^2 - b^2 + c^2)(a^2 + b^2 - c^2)$$

と因数分解されて，(6)が導かれる．□

演習問題7.1 (2)で $a = d$，$b = e$，$c = f$ として，それから(6)を導け．

注意 平面三角形では外接円，内接円の半径を R，r とするとき，外心 $\boldsymbol{O}$ と内心 $\boldsymbol{I}$ との距離は $\boldsymbol{OI}^2 = R^2 - 2Rr$(**チャップルの定理**)です．しかし四面体ではこのような公式(の類似)は存在しません(昔の本に誤った記述もあった)．もしその種の公式があるならば $\boldsymbol{OI} = 0$ のとき，R と r の間に特殊な関係式が成立するはずです．しかし $R \geqq 3r$ とすると，その R，$\underline{r}$ を外接球，内接球の半径とする等積四面体がつねに存在するので，特殊な関係式はあり得ません．

また体積Vを4面の面積だけで表す公式がないこともわかります．等積四面体では同じ体積Vでも表面積Sが，$216\sqrt{3}\,V^2 \leqq S^3$の範囲でいろいろの値をとり得るからです．このとき3辺がa，b，cである三角形の面積Sがヘロンの公式

$$
\begin{aligned}
(4S)^2 &= -a^4 - b^4 - c^4 + 2a^2b^2 + 2b^2c^2 + 2c^2a^2 \\
&= (-a^2 + b^2 + c^2)(a^2 - b^2 + c^2) \\
&\quad + (-a^2 + b^2 + c^2)(a^2 + b^2 - c^2) \\
&\quad + (a^2 - b^2 + c^2)(a^2 + b^2 - c^2)
\end{aligned}
$$

を満たすことから，(6)と相加平均・相乗平均の不等式により，表面積一定の等積四面体のうち体積が最大なのは正四面体($a = b = c$)であることが導かれます(実は表面積一定のあらゆる四面体の中で正四面体が最大体積になる)．

7.5 モンジュ点とオイラー線

四面体の外心・内心・重心は平面三角形と同様に構成できますが，垂心は必ずしも存在しません．すなわち各頂点から対面に引いた垂線は一般には互いにねじれの位置にあって交わりさえもしません．しかし次のような「広義の垂心」があります．

定理7.6 四面体の各辺の中点を通って対辺に垂直な6枚の平面は同一点$\boldsymbol{H}$(**モンジュ点**；広義の垂心)を共有する．この点は外心$\boldsymbol{O}$，重心$\boldsymbol{G}$を結ぶ直線(**オイラー線**)上にあり$\boldsymbol{OG} = \boldsymbol{GH}$を満たす．

略証 辺$\boldsymbol{AB}$, $\boldsymbol{CD}$の中点を$\boldsymbol{M}$，$\boldsymbol{N}$とする．線分$\boldsymbol{MN}$の中点は重心$\boldsymbol{G}$である(ベクトルを使えば明らか)．$\boldsymbol{G}$に対する外心$\boldsymbol{O}$の対称点を$\boldsymbol{H}$とする．$\boldsymbol{HNOM}$は両対角線が中点で交わるから平行四辺形で$\boldsymbol{NH} \parallel \boldsymbol{OM} \perp \boldsymbol{AB}$である．ゆえに$\boldsymbol{N}$を通って$\boldsymbol{AB}$に垂直な平面$\boldsymbol{H}$を通る．他の辺についても同様である(図7.3)．□

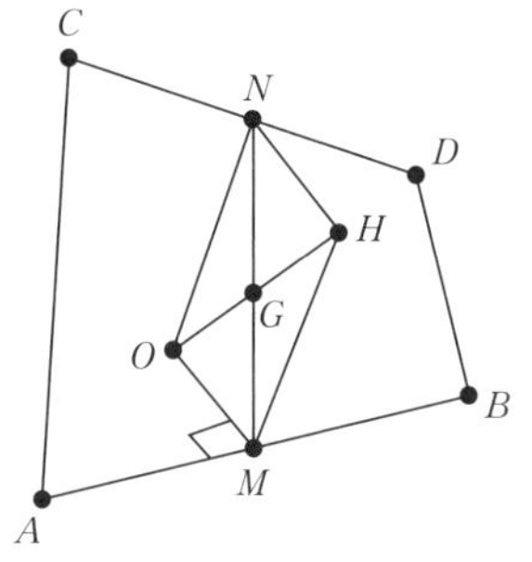

図7.3　モンジュ点とオイラー線

系7.7　もし一つの面，例えば$\triangle \boldsymbol{BCD}$上へのモンジュ点$\boldsymbol{H}$の正射影$\boldsymbol{K}$がその三角形の垂心ならば，空間のオイラー線のその面への正射影はその三角形のオイラー線になる（次節の直辺四面体がその例）．

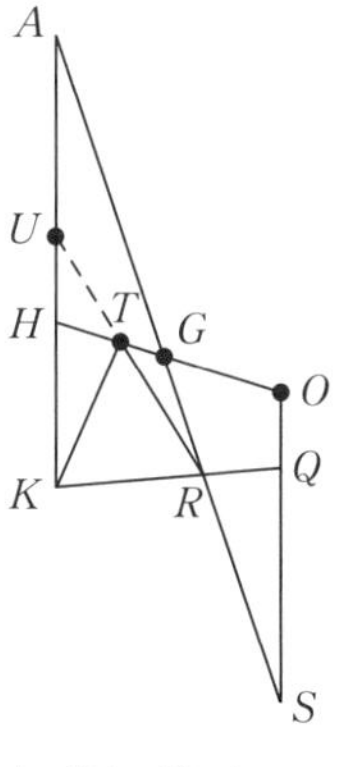

図7.4　オイラー線（T, Uは後述）

略証　外心$\boldsymbol{O}$の正射影$\boldsymbol{Q}$はその三角形の外心であり，直線$\boldsymbol{OH}$の正射影$\boldsymbol{KQ}$はその三角形のオイラー線になる．なおこのとき$\boldsymbol{KQ}$を$2:1$に内分する点$\boldsymbol{R}$が三角形の重心であり，$\boldsymbol{AGR}$は同一直線上にあって$\boldsymbol{AG}:\boldsymbol{GR}=3:1$である（図7.4）．$\boldsymbol{AR}$と$\boldsymbol{OQ}$の延長との交点を$\boldsymbol{S}$とすると相似形から

$$\boldsymbol{AR}:\boldsymbol{RS}=2:1,\quad \boldsymbol{AG}:\boldsymbol{GS}=\frac{3}{4}:\left(\frac{1}{4}+\frac{1}{2}\right)=1:1$$

であり，重心$\boldsymbol{G}$は$\boldsymbol{OH}$の中点と一致する．□

7.6 直辺四面体

補助定理7.8 四面体 $ABCD$ の一対の相対する辺 AB と CD とが直交することと，他の2対の長さの2乗の和が等しいこと

$$AC^2 + BD^2 = AD^2 + BC^2 \tag{7}$$

とは同値である．

証明 初等幾何学的にもできるが，ベクトルを活用する．$\overrightarrow{DA} = \boldsymbol{a}$，$\overrightarrow{DB} = \boldsymbol{b}$,$\overrightarrow{DC} = \boldsymbol{c}$ とおくと，(7)は

$$|\boldsymbol{a} - \boldsymbol{c}|^2 + |\boldsymbol{b}|^2 = |\boldsymbol{a}|^2 + |\boldsymbol{b} - \boldsymbol{c}|^2 \longleftrightarrow 2\langle \boldsymbol{a}, \boldsymbol{c}\rangle = 2\langle \boldsymbol{b}, \boldsymbol{c}\rangle$$

を意味するが，後者は$(\boldsymbol{a} - \boldsymbol{b}) \perp \boldsymbol{c}$ $(AB \perp CD)$と同値である．□

定理7.9 次の諸条件は同値である．

0° 相対する3対の辺がそれぞれ互いに直交する(このとき**直辺四面体**とよぶ)．

1° 包接平行六面体が菱形六面体である．

2° 相対する辺の長さの2乗の和が等しい．

$$a^2 + d^2 = b^2 + e^2 = c^2 + f^2 \qquad (= l^2 \text{とおく}) \tag{8}$$

3° 各辺の両端点から相対する辺に引いた垂線の足が一致する．

4° 各辺の中点計6点が同一球面上にある．

5° 狭義の垂心が存在する．すなわち各頂点から対面に引いた計4本の垂線が同一点(**垂心**)で交わる．

このとき，狭義の垂心はモンジュ点と一致する．5°の性質から**垂心四面体**という語も使われる．

系7.10 2対の相対する辺が直交すれば直辺四面体である．

略証 0°↔2°は補助定理7.8による．そのとき(7)が2組について成立すれば全体として成立するから系7.10を得る．0°↔3°も対辺が直交する性質と同値である．また補助定理7.8の証明中の記号(ベクトル)を使うと

$$0^\circ \leftrightarrow \langle \boldsymbol{a},\ \boldsymbol{b} \rangle = \langle \boldsymbol{a},\ \boldsymbol{c} \rangle = \langle \boldsymbol{b},\ \boldsymbol{c} \rangle$$
$$\leftrightarrow |\boldsymbol{a}+\boldsymbol{b}-\boldsymbol{c}|^2 = |\boldsymbol{a}+\boldsymbol{c}-\boldsymbol{b}|^2 = |\boldsymbol{b}+\boldsymbol{c}-\boldsymbol{a}|^2$$

である．このとき相対する辺の中点間の距離3組が等しく($=\rho^2$とおく)，各辺の中点6個が重心を中心とする球面上にある(条件4°)．そしてρは包接平行六面体の辺長に等しく，それは菱形六面体である(条件1°)．以上は逆も正しい．(なお第9話参照) □

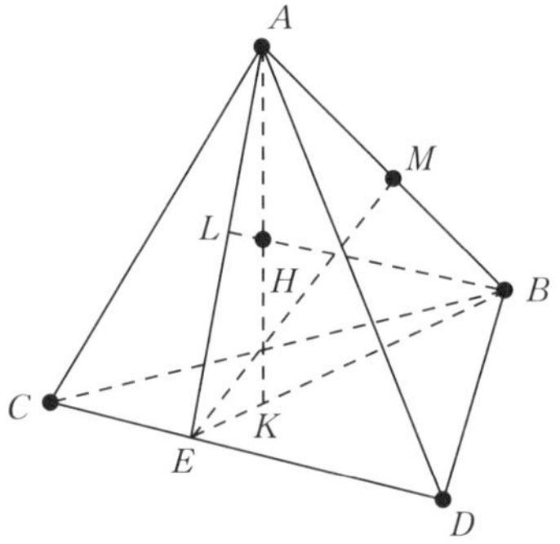

図7.5　直辺四面体の垂心

垂心の存在証明：条件3°により頂点$\boldsymbol{A}$，$\boldsymbol{B}$から辺$\boldsymbol{CD}$に引いた垂線の足を$\boldsymbol{E}$とし，$\boldsymbol{A}$，$\boldsymbol{B}$から対面に引いた垂線を$\boldsymbol{AK}$，$\boldsymbol{BL}$とする．$\boldsymbol{AK}$，$\boldsymbol{BL}$はともに$\triangle\boldsymbol{ABE}$の面上にあり，その垂心$\boldsymbol{H}$で交わる．なお$\boldsymbol{K}$は垂線$\boldsymbol{BE}$上にあるが，同様の考察を辺$\boldsymbol{BD}$，$\boldsymbol{BC}$について行えば，$\boldsymbol{K}$は$\triangle\boldsymbol{BCD}$の垂心になる．同様に各頂点から対面に引いた垂線は2本ずつ交わるが，空間にある(同一平面上にない)4直線が2本ずつ交わればすべてが同一点で交わり，$\boldsymbol{H}$は四面体の垂心である(条件5°)．逆に$\boldsymbol{AK}$，$\boldsymbol{BL}$が交われば両者は同一平面上にあり，条件3°が成立して$\boldsymbol{AB}\perp\boldsymbol{CD}$となる．

前述の記号を使うと，辺$\boldsymbol{AB}$の中点を通って対辺$\boldsymbol{CD}$に垂直な平面は$\boldsymbol{ALEKBM}$を含む平面であり，垂心$\boldsymbol{H}$を含むから，モンジュ点は$\boldsymbol{H}$と一致する．そして前述の系7.7の状況が生じて，四面体のオイラー線の各面への正射影はその面の三角形のオイラー線になる．□

直辺四面体の一例は底面が正三角形で，その対頂点が底面の中心を通ってその面に垂直な直線上にある「正三角錐」です．

直辺四面体の体積は公式(2)に $d^2 = l^2 - a^2$，$e^2 = l^2 - b^2$，$f^2 = l^2 - c^2$ (l^2 は(8)参照)を代入して整理すると

$$(12V)^2 = l^2(-a^4 - b^4 - c^4 + 2a^2b^2 + 2b^2c^2 + 2c^2a^2) - 4a^2b^2c^2 \quad (9)$$

と表されます．しかしそれよりも一辺長 ρ の包接菱形六面体の面をなす3種の菱形の鋭角を α，β，γ とするとき

$$(3V)^2 = \rho^6(1 - \cos^2\alpha - \cos^2\beta - \cos^2\gamma + 2\cos\alpha\cos\beta\cos\gamma) \quad (10)$$

のほうが使い易いかもしれません．(10)は包接菱形六面体の体積 $3V$ を直接に計算して証明できます．菱形の一辺 ρ は相対する面の中心間の距離に等しく，$l/2$ とも表されます．

演習問題7.2　式(10)を証明せよ．

(10)から l が一定な直辺四面体の中で体積最大なものは正四面体($\alpha = \beta = \gamma =$ 直角)であることがわかります．なお直辺四面体かつ等積四面体は正四面体に限ります．

7.7 十二点球

平面三角形の九点円の類似として「十二点球」があります．但し四面体の場合は直辺四面体に限ります．

定理7.11　直辺四面体の各辺の中点および各辺に対辺の両端点から引いた垂線の足(定理7.9の条件3°で一致)の計12点は重心を中心とする同一球面上にある．これを**第1十二点球**または**辺心十二点球**とよぶ．

略証　定理7.9の条件4°により6辺の中点は重心 $\boldsymbol{G}$ を中心とする同一球面上にある．前述の記号を使い，それを $\triangle\boldsymbol{BCD}$ の面で切ると，$\boldsymbol{G}$ の正射影 $\boldsymbol{G}'$ は $\triangle\boldsymbol{BCD}$ の垂心 $\boldsymbol{K}$ と外心 $\boldsymbol{Q}$ の中点で九点円の中心である．ゆえに球 $\boldsymbol{G}$ の切り口は $\triangle\boldsymbol{BCD}$ の九点円であり，$\boldsymbol{B}$ から $\boldsymbol{CD}$ への垂線の足 $\boldsymbol{E}$ を通る．他の垂線の

足も同様である．□

一般の四面体では重心を中心として各辺の中点を通る楕円面が，これに相当すると考えられます．

定理7.12 直辺四面体の各面の重心，垂心および各頂点と四面体の垂心$\boldsymbol{H}$を2：1に内分する点合計12個は同一球面上にある．その中心$\boldsymbol{T}$は垂心$\boldsymbol{H}$と外心$\boldsymbol{O}$とを1：2に内分するオイラー線上の点で，半径は外接球の1/3である．これを**第2十二点球**または**面心十二点球**とよぶ．

証明 各面の重心を通る球は任意の四面体について存在する．その中心$\boldsymbol{T}$は重心$\boldsymbol{G}$に対して外心$\boldsymbol{O}$を$-1/3$倍した点で定理の示す点と一致し，その半径は外接球の1/3である．直辺四面体に前述の記号を使うと(図7.4)，$\boldsymbol{T}$は$\boldsymbol{AH}$，$\boldsymbol{AG}$の延長が$\triangle \boldsymbol{BCD}$(オイラー線)と交わる点$\boldsymbol{K}$(垂心)と$\boldsymbol{R}$(重心)から等距離にある．また$\boldsymbol{KT}$の延長と$\boldsymbol{AH}$との交点$\boldsymbol{U}$はメネラウスの定理によリ$\boldsymbol{AH}$を2：1に内分する．以上の各点合計12個が$\boldsymbol{T}$中心の球面上にある．□

ここで第2話で解説した重心座標による球の方程式

$$(u_0x_0+u_1x_1+u_2x_2+u_3x_3)(x_0+x_1+x_2+x_3)$$
$$=\sum_{i<j} l_{ij}^2 x_i x_j = d^2x_0x_1+e^2x_0x_2+f^2x_0x_3$$
$$+c^2x_1x_2+b^2x_1x_3+a^2x_2x_3 \tag{11}$$

を思い出して下さい．面心十二点球を各面の重心((0, 1/3, 1/3, 1/3)とその巡回置換)を通る球と解釈すれば，任意の四面体について代入計算して，次式を得ます．

$$\left.\begin{aligned} u_0 &= [2(d^2+e^2+f^2)-(a^2+b^2+c^2)]/9 \\ u_1 &= [2(d^2+b^2+c^2)-(a^2+e^2+f^2)]/9 \\ u_2 &= [2(a^2+e^2+c^2)-(d^2+b^2+f^2)]/9 \\ u_3 &= [2(a^2+b^2+f^2)-(d^2+e^2+c^2)]/9 \end{aligned}\right\} \tag{12}$$

(12)の右辺で前の項はその頂点から出る3辺の長さの2乗の和，後の項は対面の周をなす辺長の2乗の和です．この球は任意の四面体に存在しますが，平面の九点円ほど重要ではないかもしれません．

ここで直辺四面体として等式(8)を使えば(12)は

$$u_0 = [(d^2 + e^2 + f^2) - l^2]/3 \text{ など，他も同様} \tag{13}$$

とまとめられます．

他方辺心十二点球は辺の中点((1/2, 1/2, 0, 0)とその置換)を通る球として代入計算すると次の式を得ます．

$$i \neq j \text{ のとき} \quad u_i + u_j = l_{ij}^2/2. \tag{14}$$

当然 $a^2 + d^2 = b^2 + e^2 = c^2 + f^2$ $(= l^2$；直辺四面体)でなければ(14)は成立しません．そのとき(14)から計算して

$$u_0 = [(d^2 + e^2 + f^2) - l^2]/4, \text{ 他も同様} \tag{15}$$

を得ます．以上をまとめて次のようになります．

定理7.13 直辺四面体において

$$v_0 = d^2 + e^2 + f^2 - l^2,\ v_1 = d^2 + b^2 + c^2 - l^2,$$
$$v_2 = a^2 + e^2 + c^2 - l^2,\ v_3 = a^2 + b^2 + f^2 - l^2$$

(前3項はその頂点から出る辺の長さ)

とおく．助変数 λ を含む球

$$\lambda(v_0 x_0 + v_1 x_1 + v_2 x_2 + v_3 x_3)(x_0 + x_1 + x_2 + x_3) = \sum_{i<j} l_{ij}^2 x_i x_j \tag{16}$$

は $\lambda = 1/3$ のとき面心十二点球，$\lambda = 1/4$ のとき辺心十二点球を表す．□

$\lambda = 0$ のときは外接球です．(16)の中心はつねにオイラー線上にあり，$\lambda = 1/2$ のときは垂心を中心とします(但し虚の球になることもある)．球の方程式(11)で係数 u_i は一意的に定まり，それらを定数倍すると別の球になることは前にも(第2話参照)注意しましたが，上記はそのよい実例です．

四面体幾何学では，他にも内接・外接楕円体などについて面白い性質が多数あります．しかし一松の分担はここで終わり，以下は畔柳による重心座標を活用した四面体の諸性質にひきつぐことにします．

演習問題略解

多くの問題には複数の解法がある．ここに示すのはその一例であり，必ずしも「最良の」解法とは限らない．

演習問題 0.1

1° 外心 $\boldsymbol{O}$ を起点とするベクトルについて $\overrightarrow{\boldsymbol{OI}}=(a\overrightarrow{\boldsymbol{OA}}+b\overrightarrow{\boldsymbol{OB}}+c\overrightarrow{\boldsymbol{OC}})\div(a+b+c)$ である．本文定理 0.5 の証明と同じく

$$\begin{aligned}(a+b+c)^2\boldsymbol{OI}^2&=(a^2+b^2+c^2)R^2+2R^2(ab\cos 2C+ac\cos 2B+bc\cos 2A)\\&=(a^2+b^2+c^2+2ab+2ac+2bc)R^2\\&\qquad-4R^2(bc\sin^2 A+ac\sin^2 B+ab\sin^2 C)\\&=(a+b+c)^2R^2-(a^2bc+b^2ac+c^2ab),\end{aligned}$$

すなわち
$$\boldsymbol{OI}^2=R^2-abc/(a+b+c).$$

ここで $abc=4RS$，$(a+b+c)r=2S$ により，後の項は $2Rr$ に等しい． □

2° $\boldsymbol{AH}=2R\cos A$，$\angle\boldsymbol{OAH}=A-2(90°-C)=C-B$（向きをつけた角）により，$\triangle\boldsymbol{AHO}$ に余弦定理を適用して

$$\boldsymbol{OH}^2=R^2+4R^2\cos^2 A-4R^2\cos A\cos(C-B)$$

だが，この末尾の項を

$$\begin{aligned}4R^2\cos(B+C)\cos(B-C)&=4R^2(\cos^2 B\cos^2 C-\sin^2 B\sin^2 C)\\&=4R^2(-1+\cos^2 B+\cos^2 C)\end{aligned}$$

と変形し，$A+B+C=180°$ のときに成立する関係式（3.7 節参照）

$$1=\cos^2 A+\cos^2 B+\cos^2 C+2\cos A\cos B\cos C \tag{1}$$

を使うと，$\boldsymbol{OH}^2=R^2(1-8\cos A\cos B\cos C)$ とまとめられる． □

3° $\boldsymbol{AI}^2=bc(-a+b+c)/(a+b+c)$，　$\angle\boldsymbol{IAH}=(C-B)/2$

である．$\triangle\boldsymbol{AIB}$ に正弦定理を適用して $\boldsymbol{AI}=4R\sin(B/2)\sin(C/2)$，$r=4R\sin(A/2)\sin(B/2)\sin(C/2)$ に注意する．余弦定理から

$$\boldsymbol{IH}^2=16R^2\sin^2(B/2)\sin^2(C/2)+4R^2\cos^2 A$$

$$-16R^2\sin(B/2)\sin(C/2)\cos A\cos(B-C)/2$$

だが，末尾の項は

$$-16R^2\cos A\sin\frac{B}{2}\sin\frac{C}{2}\left(\cos\frac{B}{2}\cos\frac{C}{2}+\sin\frac{B}{2}\sin\frac{C}{2}\right)$$
$$=-4R^2\cos A\sin B\sin C-16R^2\cos A\sin^2(B/2)\sin^2(C/2)$$

と変形され，全体として

$$16R^2\sin^2\frac{B}{2}\sin^2\frac{C}{2}(1-\cos A)+4R^2\cos A(\cos A-\sin B\sin C)$$
$$=32R^2\sin^2\frac{A}{2}\sin^2\frac{B}{2}\sin^2\frac{C}{2}-4R^2\cos A\cos B\cos C \qquad (2)$$
$$(\cos A=-\cos(B+C)=\sin B\sin C-\cos B\cos C)$$

となる．(2)の右辺第 1 項は $2r^2$ に等しい．第 2 項は式(1)により

$$-2R^2(1-\cos^2 A-\cos^2 B-\cos^2 C)$$
$$=-2R^2(\sin^2 A+\sin^2 B+\sin^2 C-2)=4R^2-(a^2+b^2+c^2)/2$$

に等しく，全体として次の所要の結果を得る．

$$\boldsymbol{IH}^2=4R^2+2r^2-(a^2+b^2+c^2)/2$$ □

4°　1°, 2°, 3° の結果から中線定理により

$$4\boldsymbol{IQ}^2=2R^2-4Rr+8R^2+4r^2-(a^2+b^2+c^2)-R^2(1-8\cos A\cos B\cos C)$$

だが，末尾のかっこ内は上記の式(1)から

$$4(\cos^2 A+\cos^2 B+\cos^2 C)-3=9-4(\sin^2 A+\sin^2 B+\sin^2 C)$$

と変形できるので，末尾の項は $-9R^2+(a^2+b^2+c^2)$ となり，

$$4\boldsymbol{IQ}^2=R^2-4Rr+4r^2=(R-2r)^2,\quad 2\boldsymbol{IQ}=R-2r\geqq 0$$

を得る． □

演習問題 0.2

本文(10’)の形で 3 点 $(-a,b,c)$, $(a,-b,c)$, $(a,b,-c)$ を通るとすると，$u=-bc$, $v=-ca$, $w=-ab$ を得る．展開整理すると次のようにも表される．

$$bcx^2+cay^2+abz^2+(a+b+c)(ayz+bzx+cxy)=0$$

演習問題 1.1

もとの式は次の行列式である．

$$0=\begin{vmatrix} 1 & 1-d^2/2R^2 & 1-e^2/2R^2 & 1-f^2/2R^2 \\ 1-d^2/2R^2 & 1 & 1-c^2/2R^2 & 1-b^2/2R^2 \\ 1-e^2/2R^2 & 1-c^2/2R^2 & 1 & 1-a^2/2R^2 \\ 1-f^2/2R^2 & 1-b^2/2R^2 & 1-a^2/aR^2 & 1 \end{vmatrix}$$

この各列は全成分が 1 の行列と次の行列との各列ごとの和である．

$$-\frac{1}{2R^2}\begin{bmatrix} 0 & d^2 & e^2 & f^2 \\ d^2 & 0 & c^2 & b^2 \\ e^2 & c^2 & 0 & a^2 \\ f^2 & b^2 & a^2 & 0 \end{bmatrix} \tag{3}$$

したがって合計 $2^4=16$ 個の行列式に展開されるが，前者の列が 2 個以上ある 11 個の行列式は 0 であり，全体として(3)自体と，(3)の各列を順次 1 で置きかえた計 5 個の行列式の和になる．(3)の行列の行列式(定数 $-1/2R^2$ を除く)は計算すると

$$a^4d^4+b^4e^4+c^4f^4-2a^2b^2d^2e^2-2a^2c^2d^2f^2-2b^2c^2e^2f^2$$
$$=-(4\tilde{S})^2,$$

$\tilde{S}$ は ad, be, cf を 3 辺とする三角形の面積，と表される．他方列を順次 1 で置き換えた行列式の和($1/2R^2$ を除く)は計算すると次のようになる．各行列式は 0 があるため 6 項正，5 項負で，同じ項が 2 度ずつ現れる．

$$\begin{aligned} 2[&(a^4d^2+a^2d^4+b^4e^2+b^2e^4+c^4f^2+c^2f^4) \\ &\qquad+(a^2b^2c^2+a^2e^2f^2+b^2d^2f^2+c^2d^2e^2) \\ &-(a^2b^2d^2+a^2b^2e^2+a^2c^2d^2+a^2c^2f^2+b^2c^2e^2+b^2c^2f^2) \\ &-(a^2d^2e^2+a^2d^2f^2+b^2d^2e^2+b^2e^2f^2+c^2d^2f^2+c^2e^2f^2)] \end{aligned} \tag{4}$$

この[ ]内は $-(12V)^2$ に等しい(定理 7.1 参照)．以上を総合すると，次の所要の結果を得る．

$$2\times 2R^2\times(12V)^2=(4\tilde{S})^2 \Longrightarrow 6RV=\tilde{S}$$ □

演習問題 1.2

直線 I_AD の方程式は

$$(c-b)(-a+b+c)x+a(a-b+c)y-a(a+b-c)z=0 \tag{5}$$

で他は巡回的である．それらの係数行列式は

$$(-a+b+c)(a-b+c)(a+b-c)\begin{vmatrix} c-b & a & -a \\ -b & a-c & b \\ c & -c & b-a \end{vmatrix}=0$$

で共点を意味する．また天下り的だが点

$$x=a/(-a+b+c),\quad y=b/(a-b+c),\quad z=c/(a+b-c)$$

が(5)およびその巡回式を満足することが直接に確かめられる．

演習問題 2.1

点 P と頂点との距離の公式から計算できるし，また余弦定理を活用した直接の証明もある（文献[2]参照）．しかし標準的な辺長をもつ四面体の体積 V の公式を求める（定理 7.1）と，四面体が潰れて $V=0$ となった場合が六斜術の式である（$d=u$, $e=v$, $f=w$ と書き換える）．

演習問題 2.2

初等幾何学的に考えると，もとの三角形の 3 辺の中点の作る三角形の内心に相当する（文献[9]参照）．

演習問題 2.3

点 P から辺 BC への垂線の足を $(0,\ y_0,\ z_0)$ とすると，これを P と結んだ直線の方程式は

$$(\eta z_0-\eta y_0)x-\xi z_0 y+\xi y_0 z=0$$

である．これが辺 BC $(x=0)$ と垂直である条件は

$$a^2[\xi(y_0-z_0)-2(\eta z_0-y_0\zeta)]+(b^2-c^2)\xi(y_0-z_0)=0$$

と表される．整理して

$$y_0[2a^2\zeta+\xi(a^2-b^2+c^2)]=z_0[2a^2\eta+\xi(a^2+b^2-c^2)]$$

となるから，z_0，y_0 の係数を重心座標としてよい(本文の公式(22))．$2a$ で割れば

$$y_0=a\eta+\xi(a^2+b^2-c^2)/2a=a\eta+2b\xi\cos C$$
$$z_0=a\zeta+\xi(a^2-b^2+c^2)/2a=a\zeta+2c\xi\cos B$$

とも表される． □

演習問題 3.1

垂線の足 $\boldsymbol{H}$ の重心座標の比は $(0,\ a^2+b^2-c^2,\ a^2-b^2+c^2)$ と表され，点 $\boldsymbol{P}$ は $(a^2,\ b^2,\ c^2)$．また $\boldsymbol{A}$ での外接円の接線の方程式は $b^2z+c^2y=0$ で，交点 $\boldsymbol{T}_1,\boldsymbol{T}_2,\boldsymbol{T}_3$ の重心座標は $(-a^2,\ b^2,\ c^2)$, $(a^2,\ -b^2,\ c^2)$, $(a^2,\ b^2,\ -c^2)$ と表される．

(ⅰ)直線 $\boldsymbol{H}_2\boldsymbol{H}_3$ の方程式は，$\boldsymbol{H}_2\boldsymbol{H}_3$ の重心座標から

$$-(-a^2+b^2+c^2)x+(a^2-b^2+c^2)y+(a^2+b^2-c^2)z=0$$

と表され，$\boldsymbol{A}$ での接線と平行条件

$$\begin{vmatrix} -(-a^2+b^2+c^2) & 0 & 1 \\ a^2-b^2+c^2 & c^2 & 1 \\ a^2+b^2-c^2 & b^2 & 1 \end{vmatrix}=-2c^2b^2+2b^2c^2=0$$

を満足する．他も同様で対応辺が平行だから相似である．

(ⅱ) $\triangle\boldsymbol{H}_1\boldsymbol{H}_2\boldsymbol{H}_3$ ともとの三角形との面積比は

$$\frac{1}{2a^2\cdot2b^2\cdot2c^2}\begin{vmatrix} 0 & a^2+b^2-c^2 & a^2-b^2+c^2 \\ a^2+b^2-c^2 & 0 & -a^2+b^2+c^2 \\ a^2-b^2+c^2 & -a^2+b^2+c^2 & 0 \end{vmatrix}$$
$$=\frac{(-a^2+b^2+c^2)(a^2-b^2+c^2)(a^2+b^2-c^2)}{4a^2b^2c^2}$$

である．$\triangle\boldsymbol{T}_1\boldsymbol{T}_2\boldsymbol{T}_3$ ともとの三角形との面積比は

$$\frac{1}{(-a^2+b^2+c^2)(a^2-b^2+c^2)(a^2+b^2-c^2)}\begin{vmatrix} -a^2 & b^2 & c^2 \\ a^2 & -b^2 & c^2 \\ a^2 & b^2 & -c^2 \end{vmatrix}$$

$$=\frac{4a^2b^2c^2}{(-a^2+b^2+c^2)(a^2-b^2+c^2)(a^2+b^2-c^2)}$$

である．両者は互いに逆数である． □

演習問題 3.2

$\alpha, \beta, \gamma > 0$ のとき

$$(-\alpha+\beta+\gamma)(\alpha-\beta+\gamma)(\alpha+\beta-\gamma) \leqq \alpha\beta\gamma$$

を示せばよい．左辺が $\leqq 0$ なら自明である．左辺が正なら 2 項ずつの和が 2γ, 2β, $2\gamma > 0$ だから，すべての項が正である．2 項ずつの相加平均・相乗平均の不等式から

$$0 < \sqrt{(\alpha-\beta+\gamma)(\alpha+\beta-\gamma)} \leqq (\alpha-\beta+\gamma+\alpha+\beta-\gamma)/2 = \alpha$$

などが成立する，これら 3 組の不等式を掛ければよい． □

演習問題 4.1

直接に本文の式(3)を ξ, η, ζ に関する連立一次方程式として解いてもよいが，クラーメルの公式の分子を計算すると

$$\begin{vmatrix} 1 & -r & -q \\ 1 & v & -p \\ 1 & -p & w \end{vmatrix} : \begin{vmatrix} u & 1 & -q \\ -r & 1 & -p \\ -q & 1 & w \end{vmatrix} : \begin{vmatrix} u & -r & 1 \\ -r & v & 1 \\ -q & -p & 1 \end{vmatrix}$$

となる．これは本文の式(4)の形にまとめられる．

演習問題 4.2

$\triangle \boldsymbol{ABC}$ の重心，外心を $\boldsymbol{G}, \boldsymbol{O}$ とする．ベクトル $\overrightarrow{\boldsymbol{AG}} + \overrightarrow{\boldsymbol{BG}} + \overrightarrow{\boldsymbol{CG}} = \boldsymbol{0}$ から，$3R^2 = \boldsymbol{AO}^2 + \boldsymbol{BO}^2 + \boldsymbol{CO}^2 = 3\boldsymbol{OG}^2 + \boldsymbol{AG}^2 + \boldsymbol{BG}^2 + \boldsymbol{CG}^2$
$\geqq (a^2+b^2+c^2)/3$，すなわち

$$9R^2 \geqq a^2+b^2+c^2 \quad (\text{等号は } a=b=c \text{ のみ}) \tag{6}$$

である．この両辺を 2 乗し

$$(a^2+b^2+c^2)^2-3(4S)^2=4(a^4+b^4+c^4-a^2b^2-a^2c^2-b^2c^2)$$
$$=2[(a^2-b^2)^2+(a^2-c^2)^2+(b^2-c^2)^2]\geqq 0$$

により，$27R^4\geqq(4S)^2$，すなわち $R^2\geqq 4S/3\sqrt{3}$ を得る． □

なお他にもいくつかの別証があるが，不等式(6)が本質的である．

演習問題 5.1

第 4 話の公式(4)から

$$u=1/\alpha^2,\ v=1/\beta^2,\ w=1/\gamma^2,\ p=1/\beta\gamma,\ q=1/\gamma\alpha,\ \gamma=1/\alpha\beta$$

を代入すると，その式は

$$(v+r)(w+q)-(p-q)(p-r)=\frac{1}{\beta}\frac{1}{\gamma}\left(\frac{1}{\alpha}+\frac{1}{\beta}\right)\left(\frac{1}{\alpha}+\frac{1}{\gamma}\right)$$
$$-\frac{1}{\beta}\frac{1}{\gamma}\left(\frac{1}{\beta}-\frac{1}{\alpha}\right)\left(\frac{1}{\gamma}-\frac{1}{\alpha}\right)=\frac{2}{\beta\gamma\alpha}\left(\frac{1}{\beta}+\frac{1}{\gamma}\right)$$

となる．他も同様で，共通項 $2/\alpha\beta\gamma$ を除けば，$\xi:\eta:\zeta$ は本文の式(4)で与えられる．

演習問題 5.2

核心が $(1/a,\ 1/b,\ 1/c)$ なら，それに対する内接楕円の中心は $(b+c,\ c+a,\ a+b)$；それに対する反チェバ系の頂点は $(-(b+c),\ c+a,\ a+b)$, $(b+c,\ -(c+a),\ a+b)$, $(b+c,\ c+a,\ -(a+b))$ と，また 3 辺の接点は $(0,c,b)$, $(c,0,a)$, $(b,a,0)$ と表される．

これらは共通の相似中心 $((b+c)/a,\ (c+a)/b,\ (a+b)/c)$ をもつ．また直線 $\boldsymbol{T}_2\boldsymbol{T}_3:(a+b)y+(a+c)z=0$ と $\boldsymbol{D}_2\boldsymbol{D}_3:-ax+by+cz=0$ とは平行条件 $\begin{vmatrix}-a & b & c\\ 0 & a+b & a+c\\ 1 & 1 & 1\end{vmatrix}=0$ を満足する．他も同様であり $\triangle\boldsymbol{D}_1\boldsymbol{D}_2\boldsymbol{D}_3$ と

$\triangle T_1T_2T_3$ は相似である．面積の比はそれぞれ $\dfrac{2abc}{(a+b)(b+c)(c+a)}$ と $\dfrac{4(a+b)(b+c)(c+a)}{8abc}$ で，互いに逆数である．なおこの面積比は内接円と傍心の場合よりも 4 に近く，次の不等式が成立する．

$$(a+b)(b+c)(c+a)(-a+b+c)(a-b+c)(a+b-c) \leqq 8a^2b^2c^2.$$

演習問題 6.1

初等幾何学的な証明もあるが，普通の直交座標をとって示す．直角の頂点 B を原点に，BC, BA をそれぞれ正の x 軸，正の y 軸にとる．座標は $A(0, \sqrt{3})$，$C=(1,0)$，$D=(1/3,0)$，$E=(2/3, \sqrt{3}/3)$，$F=(0, 2/\sqrt{3})$である．

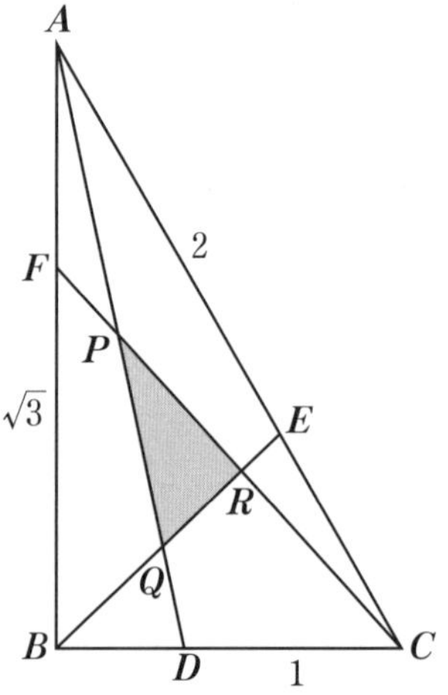

直線 CF, BE の方程式は $x+(\sqrt{3}/2)y=1$, $y=(\sqrt{3}/2)x$ で両者は直交する ($\angle PRQ=90°$)．また直線 AD は $3x+y/\sqrt{3}=1$ で，交点 P, Q, R の座標はそれぞれ $(1/7,\ 4\sqrt{3}/7)$, $(2/7,\ \sqrt{3}/7)$, $(4/7,\ 2\sqrt{3}/7)$ であり，$PQ^2=4/7$, $PR^2=3/7$, $QR^2=1/7$ であって，$\triangle PQR$ は 3 辺の比が $2:1:\sqrt{3}$ で，この順に $\triangle ACB$ と相似になる． □

演習問題 6.2

（図は本文の図 6.6 を参照）．変換幾何学による証明：

$\boldsymbol{P}$ を中心に 90° の回転，$\boldsymbol{Q}$ を中心に 90° の回転，$\boldsymbol{M}$ を中心に 180° の回転をこの順に施すと，点 $\boldsymbol{B}$ は $\to \boldsymbol{A} \to \boldsymbol{C} \to \boldsymbol{B}$ に移ってもとに戻る．したがってこの合成（回転角の和が 360°）は恒等変換になる．このとき $\boldsymbol{P}$ は $\boldsymbol{Q}$ のまわりの 90° の回転で $\boldsymbol{P'}$ に移るが，$\boldsymbol{P'}$ は $\boldsymbol{M}$ に対する $\boldsymbol{P}$ の対称点になる．これから $\triangle \boldsymbol{PQP'}$ は $\angle \boldsymbol{Q} = 90^\circ$ の直角二等辺三角形，$\boldsymbol{M}$ は斜辺 $\boldsymbol{PP'}$ の中点である．したがって $\boldsymbol{PM} = \boldsymbol{QM}$，かつ $\angle \boldsymbol{PMQ} = 90^\circ$ である． □

演習問題 6.3

$\boldsymbol{AP}$ を一辺とする正三角形 $\boldsymbol{APQ}$ を作ると，$\triangle \boldsymbol{ABP}$ は，二辺夾角の相等から $\triangle \boldsymbol{ACQ}$ と合同で，$\boldsymbol{QC} = \boldsymbol{BP} = 10\mathrm{cm}$ である．したがって面積は

$$\begin{aligned}\triangle \boldsymbol{ABP} + \triangle \boldsymbol{ACP} &= \text{四角形}\boldsymbol{APCQ} = \triangle \boldsymbol{APQ} + \triangle \boldsymbol{CPQ} \\ &= 7^2\sqrt{3}/4 + \sqrt{15\times2\times5\times8} = \sqrt{3}(49/4+20)\end{aligned}$$

である．同様の操作を $\boldsymbol{BP}$, $\boldsymbol{CP}$ を一辺とする正三角形 $\triangle \boldsymbol{BPR}$, $\triangle \boldsymbol{CPS}$ について考察すると

$$\begin{aligned}2\triangle \boldsymbol{ABC} &= (\triangle \boldsymbol{ABP} + \triangle \boldsymbol{ACP}) \\ &\qquad + (\triangle \boldsymbol{ABP} + \triangle \boldsymbol{BCP}) + (\triangle \boldsymbol{BCP} + \triangle \boldsymbol{ACP}) \\ &= \frac{\sqrt{3}}{4}(7^2+10^2+13^2) + 3\times20\sqrt{3} = \frac{279}{2}\sqrt{3}\end{aligned}$$

したがって $\ell^2 = 279$，$\ell = \sqrt{279} = 3\sqrt{31}\,(\fallingdotseq 16.7033)\mathrm{cm}$ となる．

一般の場合も同様の考察により一辺の長さ ℓ は次のように表される． □

$$\begin{aligned}\ell^2 = \bigl[&u^2+v^2+w^2 \\ &+\sqrt{3(-u^4-v^4-w^4+2u^2v^2+2u^2w^2+2v^2w^2)}\bigr]/2\end{aligned} \qquad (8)$$

(8) の末尾の項は，u, v, w を 3 辺とする三角形の面積を S とすると $4\sqrt{3}\,S$ に等しい．

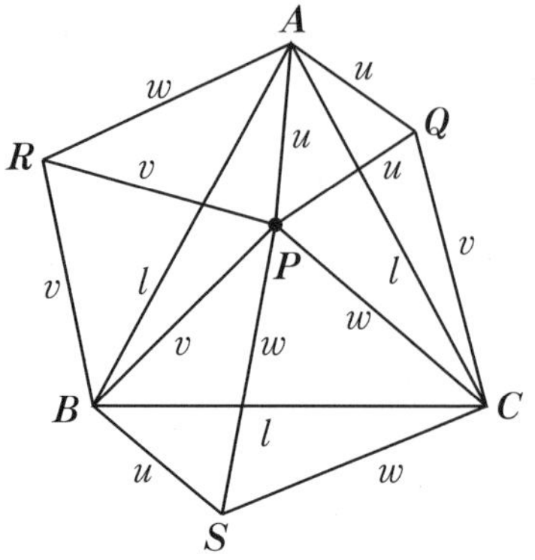

この式はまた六斜術の式を ℓ^2 について解いても得られる．但し ℓ^2 に関する2次方程式を解くとき，$+\sqrt{\ }$ を採用する必要がある．$-\sqrt{\ }$ では ℓ が小さすぎて点 $\boldsymbol{P}$ が外部にくる．

付記　式(8)で u, v, w, ℓ が(相異なって互いに素な)整数になる場合は無限組あるが，かなり大きな数になる．その最小解は($u<v<w$ とする) $u=57$, $v=65$, $w=73$, $\ell=112$ である(これが(8)を満足することを確かめるとよい)．東京・杉並区の渡辺芳行氏がコンピュータによる検査で，このような組を多数みつけて下さった．

u, v, w に対して実数解があるための条件は，「u, v, w を3辺とする三角形が作られること」(上記の式(8)の根号内が正と同値)である．

演習問題 6.4

本文の式(1)は図6.1の点 $\boldsymbol{D}$, $\boldsymbol{E}$, $\boldsymbol{F}$ の重心座標を計算してできる．全体に共通項 $4\sqrt{3}\,abc$ を掛けると，第1項は

$$\frac{4\sqrt{3}\,abc}{-a^2+b^2+c^2+4S\sqrt{3}} = a\Big/\left(\frac{\sqrt{3}}{2}\cdot\frac{-a^2+b^2+c^2}{2bc}+\frac{bc}{2}\,\frac{\sin A}{bc}\right)$$
$$= a/(\sin 60°\cdot\cos A+\cos 60°\cdot\sin A) = a/\sin(A+60°)$$

となる．他の項も同様である．　□

これは積心の重心座標(本文の式(21))がこの等角共役点に相当することを意味する.

演習問題 7.1　$d=a,\ e=b,\ f=c$ とおくと体積の式は

$$(12V)^2=2[a^4(b^2+c^2-a^2)+b^4(c^2+a^2-b^2)+c^4(a^2+b^2-c^2)-2a^2b^2c^2]$$
$$=2(-a^2+b^2+c^2)(a^2-b^2+c^2)(a^2+b^2-c^2)$$

とまとめられる．この因数分解は初めの[　]の後 3 項を

$$a^2(b^4+c^4-2b^2c^2)-(b^2-c^2)(b^4-c^4)=(b^2-c^2)^2(a^2-b^2-c^2)$$

とまとめ直して，第 1 項と組み合わせればよい.

演習問題 7.2

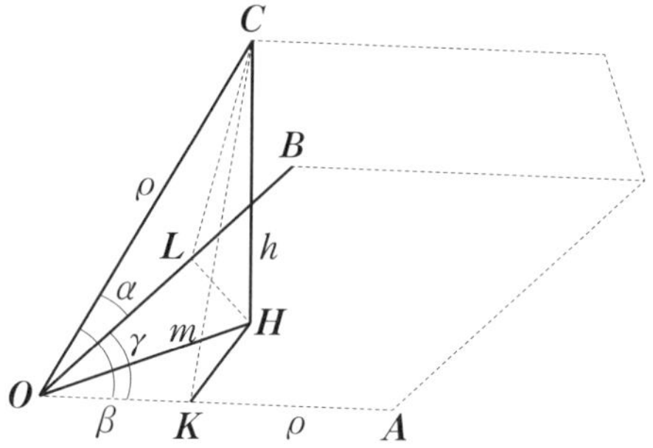

包接平行六面体の体積 $3V$ を計算する．その一辺 ρ は $\rho^2=(a/2)^2+(d/2)^2=(\ell/2)^2$ から $\rho=\ell/2$ である．菱形六面体の鋭角の頂点を $\boldsymbol{O}$，そこから出る 3 辺を $\boldsymbol{OA}$, $\boldsymbol{OB}$, $\boldsymbol{OC}$ とし，$\angle \boldsymbol{AOB}=\gamma$, $\angle \boldsymbol{BOC}=\alpha$, $\angle \boldsymbol{COA}=\beta$ とする. $\boldsymbol{C}$ を面 $\boldsymbol{OAB}$ に正射影した足を $\boldsymbol{H}$，辺 $\boldsymbol{OA}$, $\boldsymbol{OB}$ への垂線の足を $\boldsymbol{K}$, $\boldsymbol{L}$ とすると $\boldsymbol{OK}=\rho\cos\beta$, $\boldsymbol{OL}=\rho\cos\alpha$, $\boldsymbol{KL}^2=\rho^2(\cos^2\alpha+\cos^2\beta-2\cos\alpha\cos\beta\cos\gamma)$ である．三垂線の定理から $\angle \boldsymbol{OKH}=\angle \boldsymbol{OLH}=90^\circ$ であり，$\boldsymbol{OH}=m$ とおくと，円内四角形 $\boldsymbol{OKHL}$ でのトレミーの定理から

$$m\rho\sqrt{\cos^2\alpha+\cos^2\beta-2\cos\alpha\cos\beta\cos\gamma}$$
$$=\rho[\cos\alpha\sqrt{m^2-\rho^2\cos^2\beta}+\cos\beta\sqrt{m^2-\rho^2\cos^2\alpha}]$$

が成立する．ρ を約して 2 乗して整理すると

$$-m^2\cos\alpha\cos\beta\cos\gamma+\rho^2\cos^2\alpha\cos^2\beta$$
$$=\cos\alpha\cos\beta\sqrt{m^2-\rho^2\cos^2\beta}\sqrt{m^2-\rho^2\cos^2\alpha}$$

を得る．$\cos\alpha\cos\beta$ を約して 2 乗して整理すると

$$m^4\cos^2\gamma-2\rho^2m^2\cos\alpha\cos\beta\cos\gamma=m^4-m^2\rho^2(\cos^2\alpha+\cos^2\beta)$$

すなわち $m^2\sin^2\gamma=\rho^2(\cos^2\alpha+\cos^2\beta-2\cos\alpha\cos\beta\cos\gamma)$ である．

高さ $h=\sqrt{\rho^2-m^2}$

$$=\rho\sqrt{1-\cos^2\gamma-\cos^2\alpha-\cos^2\beta+2\cos\alpha\cos\beta\cos\gamma}\,/\sin\gamma$$

であり，$\rho^3h\sin\gamma$ は本文の式(10)になる(ベクトルを活用したもっとうまい導出もある)．

参考文献 【第0話〜第7話　担当：一松　信】

重心座標については，近代的な初等幾何学の教科書に記述があります．例えば：

[1] Coxeter，H.S.M.，Introdution to Geometry，John Wiley，1965；日本語訳，銀林浩，幾何学入門，明治図書，1969.

[2] 一松信，初等幾何学入門，岩波書店，2003（特にその第4章）.

研究論文として参照したものは，以下のとおりです．

[3] Gale，D.，From Euclid to Descartes，from Mathematics to Oblivion?，Math. Intelligencer，14，no.3（1992），p.68−69.

[4] 畔柳和生，n次元（$n \geqq 2$）単体の外心の重心座標と半径，日本数学会2010年年会講演，幾何学分科会アブストラクト，p.41−42.

[5] Y. Agaoka（阿賀岡芳夫），Triangle centers defined by quadratic polynomials，プレプリント，広島大学紀要に予定.

[6] M. Keyton，How many centers does a triangle have? T^3−International Conference, Columbus, Ohio, 2001年3月の報告集.

[7] 熊倉啓之・駒野誠・鈴木清夫・吉田昌裕，三角形の「心」に関する一考察，日本数学教育学会誌79　数学教育51巻4号，1997年7月号，p.219−221（「新四心」に関する最初の論文）.

[8] E. Olmstead，Euler's line−more than you wanted to know，T^3−International Conference，Nashville，Tenn. 2003年3月の報告集.

[9] 一松信，考えてみよう ― 根心（重心座標による），理系への数学，2013年1月号，p.8−10（解答3月号）.

[10] 一松信，考えてみよう ―「三角形の不等式」の設問への解答，現代数学，2013年5月号，p.49−50，6月号，p.24.

第 2 部

第 8 話 ～ 第13話

畔柳　和生

第８話

外心の重心座標と半径

第８話から一松 信先生の後を継いで「重心座標による四面体幾何学」として６話分を記述します．

私の担当分では，幾何学的説明よりも線型代数的な計算を主体として理論を展開して行こうと思います．

8.1 今回の趣旨

第１話で一松 信先生よりご説明のあったn次元の重心座標で$n=3$のときが「３次元単体」すなわち「四面体」の場合です．ここでは「四面体ABCD」の「外接球面」の中心―「外心」―の「重心座標」と「半径」をその６辺の長さを用いて表現する公式を導出します．

そのため一般の$n(n \geq 2)$次元単体でその$(n-1)$次元の「外接球面」の中心―「外心」―の「重心座標」と「半径」をその辺の長さに関係した「行列式」などで表します．そして$n=3$として「四面体ABCD」の場合を導いてゆきます．$(n+1)$個の頂点がA_0，A_1，…，A_nであるn次元単体を$\Delta_n=\{A_0,\ A_1,\ \cdots,\ A_n\}$で表します．

定義8.1 m，nを自然数とし，$m \geq n$とする．E^n，E^mをn次元・m次元ユークリッド空間，n次元単体$\Delta_n=\{A_0,\ A_1,\ \cdots,\ A_n\} \subseteq E^n \subseteq E^m$を考える．ここでは，$n$次元単体$\Delta_n$の体積，外心，外接球面の半径をそれぞれ$V_n$，$O_n$，$R_n$で表す．$i=0,\ 1,\ \cdots,\ n$に対して，$\overrightarrow{a_i}=\overrightarrow{A_0A_i}$とおく．
このとき，

$\overrightarrow{a_0}=\overrightarrow{A_0A_0}=\overrightarrow{0}$ に注意する．$\overrightarrow{a_1}=\overrightarrow{A_0A_1}$，$\overrightarrow{a_2}=\overrightarrow{A_0A_2}$，…，$\overrightarrow{a_n}=\overrightarrow{A_0A_n}$ は一次独立になる．$\overrightarrow{a_i}$ と $\overrightarrow{a_j}$ との内積を $(\overrightarrow{a_i},\ \overrightarrow{a_j})$ で表し，$\overrightarrow{a_i}$ の絶対値を $|\overrightarrow{a_i}|$ で表す．

また，n 次実対称行列 J_n を次のように定義する．

$$J_n=\begin{pmatrix} (\overrightarrow{a_1},\ \overrightarrow{a_1}) & \cdot & (\overrightarrow{a_1},\ \overrightarrow{a_n}) \\ \cdot & \cdot & \cdot \\ (\overrightarrow{a_n},\ \overrightarrow{a_1}) & \cdot & (\overrightarrow{a_n},\ \overrightarrow{a_n}) \end{pmatrix} \qquad \cdots(1)$$

このとき，Δ_n の体積と $\det J_n$ との間には次の関係があることが知られている．

$$\det J_n=(n!V_n)^2 \qquad \cdots(2)$$

（佐武一郎著「線型代数学」裳華房 P272参照）

したがって $\det J_n$ を計算すれば，V_n も分かるわけであるが，計算がたいへんである．この $\det J_n$ を n 次元単体の辺の長さによる行列式へ変形する公式がある．これを紹介し証明するため，以下のように一般的に準備して行く．

定義8.2 W を実ベクトル空間，n は自然数とする．必ずしも一次独立ではない W の n 個の要素 $\overrightarrow{a_1}$，$\overrightarrow{a_2}$，…，$\overrightarrow{a_n}$ をとる．n 次実対称行列 J_n を(1)のように定義し，また $(n+2)$ 次実対称行列 Ξ_n を次のように定義する．

$$\Xi_n=\begin{pmatrix} 0 & |\overrightarrow{a_1}|^2 & |\overrightarrow{a_2}|^2 & \cdots & |\overrightarrow{a_{n-1}}|^2 & |\overrightarrow{a_n}|^2 & 1 \\ |\overrightarrow{a_1}|^2 & 0 & |\overrightarrow{a_1}-\overrightarrow{a_2}|^2 & \cdots & |\overrightarrow{a_1}-\overrightarrow{a_{n-1}}|^2 & |\overrightarrow{a_1}-\overrightarrow{a_n}|^2 & 1 \\ |\overrightarrow{a_2}|^2 & |\overrightarrow{a_2}-\overrightarrow{a_1}|^2 & 0 & \cdots & |\overrightarrow{a_2}-\overrightarrow{a_{n-1}}|^2 & |\overrightarrow{a_2}-\overrightarrow{a_n}|^2 & 1 \\ \vdots & \vdots & \vdots & \vdots & \vdots & \vdots & \vdots \\ |\overrightarrow{a_n}|^2 & |\overrightarrow{a_n}-\overrightarrow{a_1}|^2 & |\overrightarrow{a_n}-\overrightarrow{a_2}|^2 & \cdots & |\overrightarrow{a_n}-\overrightarrow{a_{n-1}}|^2 & 0 & 1 \\ 1 & 1 & 1 & \cdots & 1 & 1 & 0 \end{pmatrix} \qquad \cdots(2)$$

このとき，次の命題が成立する．

命題8.3　定義8.2 のもとで，

$$\det J_n = -\left(-\frac{1}{2}\right)^n \det \Xi_n \qquad \cdots(1)$$

これを「証明」するために次の**補題8.4**を用意する．

補題8.4　nを自然数，Aをn次正方行列とする．このとき$\det A = |A|$は次のように変形できる．

$$|A| = -\begin{vmatrix} 0 & 0 & \cdots & 0 & 1 \\ 0 & & & & 1 \\ \vdots & & \text{\Huge A} & & \vdots \\ 0 & & & & 1 \\ 1 & 1 & \cdots & 1 & 0 \end{vmatrix} \qquad \cdots(1)$$

証明　右辺の行列式を第1行に関して展開し，次いで第1列に関して展開すれば，

$$\text{右辺} = -(-1)^{1+n+2}\begin{vmatrix} 0 & & & \\ \vdots & & \text{\Huge A} & \\ 0 & & & \\ 1 & 1 & \cdots & 1 \end{vmatrix}$$

$$= -(-1)^{n+3}(-1)^{(n+1)+1}|A|$$

$$= (-1)^{2n+6}|A| = |A|$$

（証明終わり）

命題8.3の証明

補題8.4より，

$$\det J_n = -\begin{vmatrix} 0 & 0 & \cdots & \cdots & 0 & 1 \\ 0 & (\overrightarrow{a_1},\ \overrightarrow{a_1}) & (\overrightarrow{a_1},\ \overrightarrow{a_2}) & \cdots & (\overrightarrow{a_1},\ \overrightarrow{a_n}) & 1 \\ \vdots & (\overrightarrow{a_2},\ \overrightarrow{a_1}) & (\overrightarrow{a_2},\ \overrightarrow{a_2}) & \cdots & (\overrightarrow{a_2},\ \overrightarrow{a_n}) & 1 \\ \vdots & \vdots & \vdots & \vdots & \vdots & \vdots \\ 0 & (\overrightarrow{a_n},\ \overrightarrow{a_1}) & (\overrightarrow{a_n},\ \overrightarrow{a_2}) & \cdots & (\overrightarrow{a_n},\ \overrightarrow{a_n}) & 1 \\ 1 & 1 & 1 & \cdots & 1 & 0 \end{vmatrix} \qquad \cdots(2)$$

順にこの行列式の最下行（第$(n+2)$行）に$\dfrac{|\overrightarrow{a_1}|^2}{2}$を掛けたものを第2行から引き，最下行に$\dfrac{|\overrightarrow{a_2}|^2}{2}$を掛けたものを第3行から引き，…，

最下行に $\dfrac{|\overrightarrow{a_n}|^2}{2}$ を掛けたものを第$(n+1)$行から引けば,

$$\det J_n = -\begin{vmatrix} 0 & 0 & \cdots & 0 & 1 \\ -\dfrac{|\overrightarrow{a_1}|^2}{2} & \dfrac{|\overrightarrow{a_1}|^2}{2} & \cdots & (\overrightarrow{a_1},\ \overrightarrow{a_n})-\dfrac{|\overrightarrow{a_1}|^2}{2} & 1 \\ -\dfrac{|\overrightarrow{a_2}|^2}{2} & (\overrightarrow{a_2},\ \overrightarrow{a_1})-\dfrac{|\overrightarrow{a_2}|^2}{2} & \cdots & (\overrightarrow{a_2},\ \overrightarrow{a_n})-\dfrac{|\overrightarrow{a_2}|^2}{2} & 1 \\ \vdots & \vdots & \vdots & \vdots & \vdots \\ -\dfrac{|\overrightarrow{a_{n-1}}|^2}{2} & (\overrightarrow{a_{n-1}},\ \overrightarrow{a_1})-\dfrac{|\overrightarrow{a_{n-1}}|^2}{2} & \cdots & (\overrightarrow{a_{n-1}},\ \overrightarrow{a_n})-\dfrac{|\overrightarrow{a_{n-1}}|^2}{2} & 1 \\ -\dfrac{|\overrightarrow{a_n}|^2}{2} & (\overrightarrow{a_n},\ \overrightarrow{a_1})-\dfrac{|\overrightarrow{a_n}|^2}{2} & \cdots & \dfrac{|\overrightarrow{a_n}|^2}{2} & 1 \\ 1 & 1 & \cdots & 1 & 0 \end{vmatrix} \quad \cdots(3)$$

次に最右列の第$(n+2)$列に $\dfrac{|\overrightarrow{a_1}|^2}{2}$ を掛けたものを第2列から引き，最右列に $\dfrac{|\overrightarrow{a_2}|^2}{2}$ を掛けたものを第3列から引き，…,

最右列に $\dfrac{|\overrightarrow{a_n}|^2}{2}$ を掛けたものを第$(n+1)$列から引けば,

$$\det J_n = -\begin{vmatrix} 0 & -\dfrac{|\overrightarrow{a_1}|^2}{2} & \cdots & -\dfrac{|\overrightarrow{a_{n-1}}|^2}{2} & -\dfrac{|\overrightarrow{a_n}|^2}{2} & 1 \\ -\dfrac{|\overrightarrow{a_1}|^2}{2} & 0 & \cdots & -\dfrac{|\overrightarrow{a_1}-\overrightarrow{a_{n-1}}|^2}{2} & -\dfrac{|\overrightarrow{a_1}-\overrightarrow{a_n}|^2}{2} & 1 \\ -\dfrac{|\overrightarrow{a_2}|^2}{2} & -\dfrac{|\overrightarrow{a_2}-\overrightarrow{a_1}|^2}{2} & \cdots & -\dfrac{|\overrightarrow{a_2}-\overrightarrow{a_{n-1}}|^2}{2} & -\dfrac{|\overrightarrow{a_2}-\overrightarrow{a_n}|^2}{2} & 1 \\ \vdots & \vdots & \vdots & \vdots & \vdots & \vdots \\ -\dfrac{|\overrightarrow{a_{n-1}}|^2}{2} & -\dfrac{|\overrightarrow{a_{n-1}}-\overrightarrow{a_1}|^2}{2} & \cdots & 0 & -\dfrac{|\overrightarrow{a_{n-1}}-\overrightarrow{a_n}|^2}{2} & 1 \\ -\dfrac{|\overrightarrow{a_n}|^2}{2} & -\dfrac{|\overrightarrow{a_n}-\overrightarrow{a_1}|^2}{2} & \cdots & -\dfrac{|\overrightarrow{a_n}-\overrightarrow{a_{n-1}}|^2}{2} & 0 & 1 \\ 1 & 1 & \cdots & 1 & 1 & 0 \end{vmatrix}$$

$$= -\left(-\frac{1}{2}\right)^{n+1} \begin{vmatrix} 0 & |\overrightarrow{a_1}|^2 & \cdots & |\overrightarrow{a_{n-1}}|^2 & |\overrightarrow{a_n}|^2 & 1 \\ |\overrightarrow{a_1}|^2 & 0 & \cdots & |\overrightarrow{a_1} - \overrightarrow{a_{n-1}}|^2 & |\overrightarrow{a_1} - \overrightarrow{a_n}|^2 & 1 \\ |\overrightarrow{a_2}|^2 & |\overrightarrow{a_2} - \overrightarrow{a_1}|^2 & \cdots & |\overrightarrow{a_2} - \overrightarrow{a_{n-1}}|^2 & |\overrightarrow{a_2} - \overrightarrow{a_n}|^2 & 1 \\ \vdots & \vdots & \cdots & \vdots & \vdots & \vdots \\ |\overrightarrow{a_{n-1}}|^2 & |\overrightarrow{a_{n-1}} - \overrightarrow{a_1}|^2 & \cdots & 0 & |\overrightarrow{a_{n-1}} - \overrightarrow{a_n}|^2 & 1 \\ |\overrightarrow{a_n}|^2 & |\overrightarrow{a_n} - \overrightarrow{a_1}|^2 & \cdots & |\overrightarrow{a_n} - \overrightarrow{a_{n-1}}|^2 & 0 & 1 \\ -2 & -2 & \cdots & -2 & -2 & 0 \end{vmatrix}$$

$$= -\left(-\frac{1}{2}\right)^{n} \det \Xi_n$$

（**命題8.3**の証明終わり）

定義8.5 **定義8.1**のように，n次元単体 $\Delta_n = |A_0,\ A_1,\ \cdots,\ A_n| \subseteq E^n \subseteq E^m$を考え，$\overrightarrow{a_i} = \overrightarrow{A_0 A_i}$ $(i = 0,\ 1,\ 2,\ \cdots,\ n)$とおき，$0 \leq i,\ j \leq n$に対して$d_{ij} = |\overrightarrow{a_i} - \overrightarrow{a_j}|$とおく．

$d_{ij} = |\overrightarrow{a_i} - \overrightarrow{a_j}| = |\overrightarrow{A_0 A_i} - \overrightarrow{A_0 A_j}| = |\overrightarrow{A_j A_i}| = |\overrightarrow{A_i A_j}|$となる．ゆえに

$$d_{ij} = |\overrightarrow{A_i A_j}| = |\overrightarrow{A_j A_i}| = d_{ji} \ (0 \leq i,\ j \leq n),$$

$$d_{ii} = 0 \ (0 \leq i \leq n),\ d_{0i} = d_{i0} = |\overrightarrow{A_0 A_i}| = |\overrightarrow{a_i}| \qquad \cdots(1)$$

となる．これより，**定義8.2**の(2)の$(n+2)$次行列Ξ_nは次のようになる．

$$\Xi_n = \begin{pmatrix} {d_{00}}^2 & {d_{01}}^2 & \cdots & {d_{0(n-1)}}^2 & {d_{0n}}^2 & 1 \\ {d_{10}}^2 & {d_{11}}^2 & \cdots & {d_{1(n-1)}}^2 & {d_{1n}}^2 & 1 \\ \vdots & \vdots & \vdots & \vdots & \vdots & \vdots \\ {d_{n0}}^2 & {d_{n1}}^2 & \cdots & {d_{n(n-1)}}^2 & {d_{nn}}^2 & 1 \\ 1 & 1 & \cdots & 1 & 1 & 0 \end{pmatrix} \qquad \cdots(2)$$

さらに2種類の$(n+1)$次正方行列Θ_nとΘ_n^i $(0 \leq i \leq n)$を

$$\Theta_n = \begin{pmatrix} {d_{00}}^2 & {d_{01}}^2 & \cdots & {d_{0(n-1)}}^2 & {d_{0n}}^2 \\ {d_{10}}^2 & {d_{11}}^2 & \cdots & {d_{1(n-1)}}^2 & {d_{1n}}^2 \\ \vdots & \vdots & \vdots & \vdots & \vdots \\ {d_{n0}}^2 & {d_{n1}}^2 & \cdots & {d_{n(n-1)}}^2 & {d_{nn}}^2 \end{pmatrix} \qquad \cdots(3)$$

$$\Theta_n^i = \begin{pmatrix} {d_{00}}^2 & \cdots & \overset{i}{1} & {d_{0(i+1)}}^2 & \cdot & {d_{0n}}^2 \\ {d_{10}}^2 & \cdots & 1 & {d_{1(i+1)}}^2 & \cdot & {d_{1n}}^2 \\ \vdots & \vdots & \vdots & \vdots & \vdots & \vdots \\ {d_{n0}}^2 & \cdots & 1 & {d_{n(i+1)}}^2 & \cdot & {d_{nn}}^2 \end{pmatrix} (0 \leq i \leq n) \qquad \cdots (4)$$

と定義する.

注意　$d_{ij} = |\overrightarrow{A_i A_j}|$であることと(1)に注意しておく.

さて, n次元単体の外心の重心座標と半径を求めるためもう少し準備をしてゆこう.

上で定義したΞ_nとΘ_nの間には明らかに,

$$\Xi_n = \begin{pmatrix} & & & 1 \\ & \Theta_n & & \vdots \\ & & & 1 \\ 1 & \cdots & 1 & 0 \end{pmatrix} \qquad \cdots (5)$$

が成立している. このとき, 次の「分解定理」が成立する.

命題8. 6 (**「分解定理」**)

nを自然数, Ξ_nとΘ_n^iは上のとおりとする. このとき,

$$\det \Xi_n = -\sum_{i=0}^{n} \det \Theta_n^i \qquad \cdots (1)$$

が成り立つ.

証明　一般にA_nを$(n+1)$次正方行列で

$A_n = \begin{pmatrix} a_{00} & a_{01} & \cdots & a_{0n} \\ \vdots & \vdots & \vdots & \vdots \\ a_{n0} & a_{n1} & \cdots & a_{nn} \end{pmatrix}$とし, Θ_nからΘ_n^iを作ったように行列 A_n^i $(0 \leq i \leq n)$をA_nの第i列の成分をすべて1で置き換えたものとする. また$(n+2)$次正方行列B_nをA_nを用いて,

$$B_n = \begin{pmatrix} & & & 1 \\ & A_n & & \vdots \\ & & & 1 \\ 1 & \cdots & 1 & 0 \end{pmatrix} \text{とおく.}$$

このとき， $\det B_n = -\sum_{i=0}^{n} \det A_n^i \qquad \cdots(2)$

を証明すればよい．$\det B_n$を最下行に関して展開したとき $i = 0,\ 1,\ 2,\ \cdots,\ n$ に対して各々の$(n+2,\ i+1)$余因子$\Delta(n)_{(n+2,\ i+1)}$は

$$\Delta(n)_{(n+2,\ i+1)}$$

$$= (-1)^{(n+2)+(i+1)} \begin{vmatrix} a_{00} & \cdots & a_{0(i-1)} & a_{0(i+1)} & \cdots & a_{0n} & 1 \\ a_{10} & \cdots & a_{1(i-1)} & a_{1(i+1)} & \cdots & a_{1n} & 1 \\ \vdots & \vdots & \vdots & \vdots & \vdots & \vdots & \vdots \\ a_{n0} & \cdots & a_{n(i-1)} & a_{n(i+1)} & \cdots & a_{nn} & 1 \end{vmatrix}$$

ここで最右列を第 i 列まで隣同士を交換して移動してゆくには$(n - i)$回かかるので

$$\Delta(n)_{(n+2,\ i+1)}$$

$$= (-1)^{(n+i+3)+(n-i)} \begin{vmatrix} a_{00} & \cdots & a_{0(i-1)} & 1 & a_{0(i+1)} & \cdots & a_{0n} \\ a_{10} & \cdots & a_{1(i-1)} & 1 & a_{1(i+1)} & \cdots & a_{1n} \\ \vdots & \vdots & \vdots & \vdots & \vdots & \vdots & \vdots \\ a_{n0} & \cdots & a_{n(i-1)} & 1 & a_{n(i+1)} & \cdots & a_{nn} \end{vmatrix}$$

$$= (-1)^{2n+3} \begin{vmatrix} a_{00} & \cdots & a_{0(i-1)} & 1 & a_{0(i+1)} & \cdots & a_{0n} \\ a_{10} & \cdots & a_{1(i-1)} & 1 & a_{1(i+1)} & \cdots & a_{1n} \\ \vdots & \vdots & \vdots & \vdots & \vdots & \vdots & \vdots \\ a_{n0} & \cdots & a_{n(i-1)} & 1 & a_{n(i+1)} & \cdots & a_{nn} \end{vmatrix}$$

$$= -\det A_n^i$$

となる．よって $\det B_n = \sum_{i=0}^{n} 1 \cdot \Delta(n)_{(n+2,\ i+1)} = -\sum_{i=0}^{n} \det A_n^i$ となる．

（証明終わり）

補題8.7　nを2以上の自然数とし，n次元単体 $\Delta_n = \{A_0, A_1, \cdots, A_n\} \subseteq E^n$を考える．外心と$(n-1)$次元外接球面の半径を$O_n$，$R_n$とし，$d_{ij} = |\overrightarrow{A_i A_j}|$とおく．このとき，次の式が成立する．

$$(\overrightarrow{O_n A_i}, \overrightarrow{O_n A_j}) = {R_n}^2 - \frac{{d_{ij}}^2}{2} \quad (0 \leq i,\ j \leq n) \qquad \cdots(1)$$

証明　O_nは外心であるから，$|\overrightarrow{O_n A_i}| = R_n\ (0 \leq i \leq n)$したがって内積の性質から$|\overrightarrow{A_i A_j}|^2 = |\overrightarrow{O_n A_j} - \overrightarrow{O_n A_i}|^2 = |\overrightarrow{O_n A_j}|^2 + |\overrightarrow{O_n A_i}|^2 - 2(\overrightarrow{O_n A_i}, \overrightarrow{O_n A_j})$よって$d_{ij} = |\overrightarrow{A_i A_j}|$であることに注意して，

$$\begin{aligned}(\overrightarrow{O_n A_i}, \overrightarrow{O_n A_j}) &= \frac{|\overrightarrow{O_n A_j}|^2 + |\overrightarrow{O_n A_i}|^2 - |\overrightarrow{A_i A_j}|^2}{2} \\ &= \frac{{R_n}^2 + {R_n}^2 - {d_{ij}}^2}{2} \\ &= {R_n}^2 - \frac{{d_{ij}}^2}{2} \quad (0 \leq i,\ j \leq n)\end{aligned}$$

（証明終わり）

8.2　n次元単体の重心座標と外接球面の半径

以上の準備のもとに次の**定理8.8**を述べて，証明できるようになった．

定理8.8　m，nは$m \geq n \geq 2$を満たす自然数とする．E^m，E^nはそれぞれm次元・n次元のユークリッド空間，Δ_nをn次元単体$\Delta_n = \{A_0, A_1, \cdots, A_n\} \subseteq E^n \subseteq E^m$とし，その体積，外心と外接球面の半径を$V_n$，$O_n$，$R_n$とする．$\Delta_n$に関する外心$O_n$の重心座標を$\lambda_n^i$ $(0 \leq i \leq n)$とし，そのベクトルによる重心座標表現を

$$\overrightarrow{PO_n} = \sum_{i=0}^{n} \lambda_n^i \overrightarrow{PA_i} \qquad \cdots(1)$$

かつ

$$\sum_{i=0}^{n} \lambda_n^i = 1 \quad \cdots(2) \quad \text{for} \quad \forall P \in E^m$$

とする．ここに λ_n^i $(0 \leq i \leq n)$ は実数である．

そのとき，次のことが成り立つ．

$$R_n{}^2 = -\frac{\det \Theta_n}{2\det \Xi_n} \qquad \cdots(3),$$

$$\lambda_n^i = -\frac{\det \Theta_n^i}{\det \Xi_n} \ (0 \leq i \leq n)$$

$$\text{かつ} \quad \sum_{i=0}^{n}\left(-\frac{\det \Theta_n^i}{\det \Xi_n}\right) = 1 \qquad \cdots(4)$$

よって $O_n \in E^n$ のベクトルによる重心座標表現は

$$\overrightarrow{PO_n} = \sum_{i=0}^{n}\left(-\frac{\det \Theta_n^i}{\det \Xi_n}\right)\overrightarrow{PA_i}$$

$$= -\frac{1}{\det \Xi_n}\sum_{i=0}^{n} \det \Theta_n^i \overrightarrow{PA_i}$$

$$\cdots(5) \quad \text{for} \quad \forall P \in E^m$$

となる．

（(4)は**命題 8.6** の「分解定理」による．）

証明　(1)かつ(2)は $O_n \in E^n$ のベクトルによる重心座標表現だから，この式で始点 P を外心 $O_n \in E^n$ に置き換えた式 $\overrightarrow{O_nO_n} = \sum_{i=0}^{n} \lambda_n^i \overrightarrow{O_nA_i}$ かつ $\sum_{i=0}^{n} \lambda_n^i = 1$ と同値．すなわち

$$\sum_{i=0}^{n} \lambda_n^i \overrightarrow{O_nA_i} = \vec{0} \qquad \cdots(6)$$

$$\text{かつ} \quad \sum_{i=0} \lambda_n^i = 1 \quad \cdots(2) \text{と同値である．}$$

よって $\sum_{i=0}^{n} \lambda_n^i \overrightarrow{O_nA_i}$ と $\overrightarrow{O_nA_j}$ との内積をとって，

$$\left(\sum_{i=0}^{n} \lambda_n^i \overrightarrow{O_nA_i},\ \overrightarrow{O_nA_j}\right) = \sum_{i=0}^{n} \lambda_n^i (\overrightarrow{O_nA_i},\ \overrightarrow{O_nA_j}) = 0$$

これは**補題8. 7** より次のようになる．

$$\sum_{i=0}^{n} \lambda_n^i (\overrightarrow{O_n A_i},\ \overrightarrow{O_n A_j}) = \sum_{i=0}^{n} \lambda_n^i \left({R_n}^2 - \frac{{d_{ij}}^2}{2} \right)$$

$$= {R_n}^2 \left(\sum_{i=0}^{n} \lambda_n^i \right) - \frac{1}{2} \sum_{i=0}^{n} {d_{ji}}^2 \lambda_n^i = 0$$

よって $0 \leq j \leq n$ なる任意の j に対して

$$\sum_{i=0}^{n} {d_{ji}}^2 \lambda_n^i = 2{R_n}^2 \quad \left(\because \sum_{i=0}^{n} \lambda_n^i = 1 \right) \qquad \cdots (7)$$

(但し $\sum_{i=0}^{n} \lambda_n^i = 1$) という未知数が $\lambda_n^0,\ \lambda_n^1,\ \cdots,\ \lambda_n^n$ と ${R_n}^2$ の線型連立方程式を得る.

定義8. 5 の Θ_n を用いればこの方程式は

$${\Theta_n}^t(\lambda_n^0,\ \lambda_n^1,\ \cdots,\ \lambda_n^n) = 2{R_n}^{2t}(1,\ 1,\ \cdots,\ 1) \qquad \cdots (8)$$

$$\text{かつ} \quad \sum_{i=0}^{n} \lambda_n^i = 1$$

ここに ${}^t(\lambda_n^0,\ \lambda_n^1,\ \cdots,\ \lambda_n^n)$ などは $(\lambda_n^0,\ \lambda_n^1,\ \cdots,\ \lambda_n^n)$ の転置行列を表す. (8)は $\det \Theta_n \neq 0$ ならば $\lambda_n^0,\ \lambda_n^1,\ \cdots,\ \lambda_n^n$ はクラーメルの公式より解けるが, クラーメルの公式の導き方をよくみれば, $\det \Theta_n \neq 0$ に関わらず行列 Θ_n^i $(0 \leq i \leq n)$ を用いて

$$(\det \Theta_n) \lambda_n^i = 2{R_n}^2 (\det \Theta_n^i) \quad (i = 0,\ 1,\ \cdots,\ n) \qquad \cdots (9)$$

となる. これと $\sum_{i=0}^{n} \lambda_n^i = 1$ とから $\det \Theta_n \neq 0$ が実は導けるのである. すなわち

命題8. 9 n を 2 以上の整数とすると,

$$\det \Theta_n \neq 0 \qquad \cdots (1)$$

証明 **定理8. 8** の(9)の両辺を $i = 0$ から n まで加えて

$$(\det \Theta_n) \left(\sum_{i=0}^{n} \lambda_n^i \right) = 2{R_n}^2 \left(\sum_{i=0}^{n} \det \Theta_n^i \right) \qquad \cdots (2)$$

ここで**命題8. 6** の「分解定理」から

$$\sum_{i=0}^{n} \det \Theta_n^i = -\det \Xi_n$$

よって(2)は $\sum_{i=0}^{n} \lambda_n^i = 1$ とあわせて

$$\det \Theta_n = -2{R_n}^2 \det \Xi_n \qquad \cdots(3)$$

となる．ここで，**定義8．1**の $\det J_n = (n!V_n)^2 > 0$ と ${R_n}^2 > 0$ 及び**命題8．3**の $\det J_n = -\left(-\frac{1}{2}\right)^n \det \Xi_n > 0$ より，$\det \Xi_n \neq 0$

したがって $\det \Theta_n = -2{R_n}^2 \det \Xi_n \neq 0$

（証明終わり）

（$\det J_n > 0$ となることは $\Delta_n = |A_0, A_1, \cdots, A_n|$ が n 次元単体の条件より $\vec{a_1} = \overrightarrow{A_0 A_1}$，$\vec{a_2} = \overrightarrow{A_0 A_2}, \cdots$，$\vec{a_n} = \overrightarrow{A_0 A_n}$ が一次独立であって $\det J_n$ はいわゆるグラムの行列式となるからである）

（**命題8．9**の証明終わり）

再び**定理8．8**の証明に戻る．**命題8．9**の(3)から

$$ {R_n}^2 = -\frac{\det \Theta_n}{2\det \Xi_n} \qquad \cdots(3)$$

命題8．9より $\det \Theta_n \neq 0$ だから(9)から

$$\lambda_n^i = \frac{\det \Theta_n^i}{\det \Theta_n} \times 2{R_n}^2 = \frac{\det \Theta_n^i}{\det \Theta_n} \times \frac{-\det \Theta_n}{\det \Xi_n} = -\frac{\det \Theta_n^i}{\det \Xi_n}$$

すなわち

$$\lambda_n^i = -\frac{\det \Theta_n^i}{\det \Xi_n}$$

（**定理8．8**の証明終わり）

8．3　四面体ABCDの外心の重心座標と外接球面の半径

3次元単体 $\Delta_3 = |A_0, A_1, A_2, A_3| \subseteq E^3 \subseteq E^m$ で，**定理8．8**の Ξ_3，Θ_3 を書いてみる．$n=3$ だから $n+2$ 次実対称行列 Ξ_3 は5次実対称行列になる．また $n+1$ 次実対称行列 Θ_3 は4次実対称行列になる．

$$\Xi_3 = \begin{pmatrix} {d_{00}}^2 & {d_{01}}^2 & {d_{02}}^2 & {d_{03}}^2 & 1 \\ {d_{10}}^2 & {d_{11}}^2 & {d_{12}}^2 & {d_{13}}^2 & 1 \\ {d_{20}}^2 & {d_{21}}^2 & {d_{22}}^2 & {d_{23}}^2 & 1 \\ {d_{30}}^2 & {d_{31}}^2 & {d_{32}}^2 & {d_{33}}^2 & 1 \\ 1 & 1 & 1 & 1 & 0 \end{pmatrix}$$

$$= \begin{pmatrix} |\overrightarrow{A_0A_0}|^2 & |\overrightarrow{A_0A_1}|^2 & |\overrightarrow{A_0A_2}|^2 & |\overrightarrow{A_0A_3}|^2 & 1 \\ |\overrightarrow{A_1A_0}|^2 & |\overrightarrow{A_1A_1}|^2 & |\overrightarrow{A_1A_2}|^2 & |\overrightarrow{A_1A_3}|^2 & 1 \\ |\overrightarrow{A_2A_0}|^2 & |\overrightarrow{A_2A_1}|^2 & |\overrightarrow{A_2A_2}|^2 & |\overrightarrow{A_2A_3}|^2 & 1 \\ |\overrightarrow{A_3A_0}|^2 & |\overrightarrow{A_3A_1}|^2 & |\overrightarrow{A_3A_2}|^2 & |\overrightarrow{A_3A_3}|^2 & 1 \\ 1 & 1 & 1 & 1 & 0 \end{pmatrix} \quad \cdots(1)$$

$$\Theta_3 = \begin{pmatrix} {d_{00}}^2 & {d_{01}}^2 & {d_{02}}^2 & {d_{03}}^2 \\ {d_{10}}^2 & {d_{11}}^2 & {d_{12}}^2 & {d_{13}}^2 \\ {d_{20}}^2 & {d_{21}}^2 & {d_{22}}^2 & {d_{23}}^2 \\ {d_{30}}^2 & {d_{31}}^2 & {d_{32}}^2 & {d_{33}}^2 \end{pmatrix} = \begin{pmatrix} |\overrightarrow{A_0A_0}|^2 & |\overrightarrow{A_0A_1}|^2 & |\overrightarrow{A_0A_2}|^2 & |\overrightarrow{A_0A_3}|^2 \\ |\overrightarrow{A_1A_0}|^2 & |\overrightarrow{A_1A_1}|^2 & |\overrightarrow{A_1A_2}|^2 & |\overrightarrow{A_1A_3}|^2 \\ |\overrightarrow{A_2A_0}|^2 & |\overrightarrow{A_2A_1}|^2 & |\overrightarrow{A_2A_2}|^2 & |\overrightarrow{A_2A_3}|^2 \\ |\overrightarrow{A_3A_0}|^2 & |\overrightarrow{A_3A_1}|^2 & |\overrightarrow{A_3A_2}|^2 & |\overrightarrow{A_3A_3}|^2 \end{pmatrix} \quad \cdots(2)$$

3次元単体$\Delta_3 = |A_0, A_1, A_2, A_3| \subseteq E^3 \subseteq E^m$の代わりに「四面体ABCD」$\subseteq E^3 \subseteq E^m$を考えよう．ここに$m$は$m \geq 3$なる自然数としておく．こうするのは「ベクトルによる重心座標表現」のベクトル式が高い次元E^mでも成り立つことを注意するためである．$A_0 = A$，$A_1 = B$，$A_2 = C$，$A_3 = D$として四面体ABCDを考え，$BC = a$，$AC = b$，$AB = c$，$DA = d$，$DB = e$，$DC = f$　とおいて計算してゆく．（図8.1参照）このとき上のΞ_3，Θ_3は

$$\Xi_3 = \begin{pmatrix} 0 & c^2 & b^2 & d^2 & 1 \\ c^2 & 0 & a^2 & e^2 & 1 \\ b^2 & a^2 & 0 & f^2 & 1 \\ d^2 & e^2 & f^2 & 0 & 1 \\ 1 & 1 & 1 & 1 & 0 \end{pmatrix}, \quad \Theta_3 = \begin{pmatrix} 0 & c^2 & b^2 & d^2 \\ c^2 & 0 & a^2 & e^2 \\ b^2 & a^2 & 0 & f^2 \\ d^2 & e^2 & f^2 & 0 \end{pmatrix} \quad \cdots(3)$$

となる．

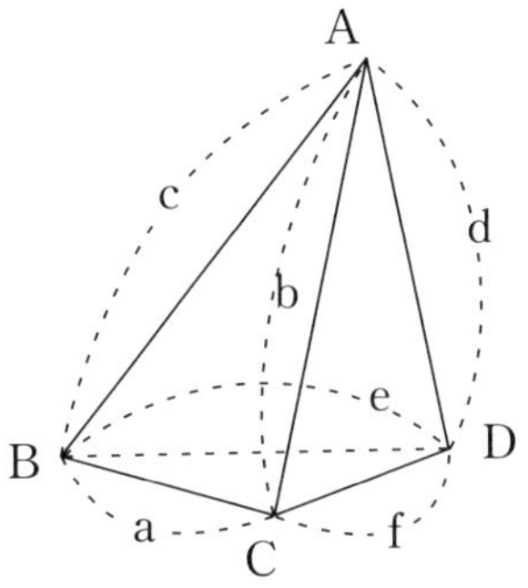

図8.1

命題8.10

(1) $$\det\Theta_3=\begin{vmatrix} 0 & c^2 & b^2 & d^2 \\ c^2 & 0 & a^2 & e^2 \\ b^2 & a^2 & 0 & f^2 \\ d^2 & e^2 & f^2 & 0 \end{vmatrix}=-(ad+be+cf)(ad+be-cf)(be+cf-ad)(cf+ad-be)$$

(2) $$\det\Theta_3^0=\begin{vmatrix} 1 & c^2 & b^2 & d^2 \\ 1 & 0 & a^2 & e^2 \\ 1 & a^2 & 0 & f^2 \\ 1 & e^2 & f^2 & 0 \end{vmatrix}=-a^2d^2(e^2+f^2-a^2)-b^2e^2(f^2+a^2-e^2)-c^2f^2(a^2+e^2-f^2)+2a^2e^2f^2$$

(3) $$\det\Theta_3^1=\begin{vmatrix} 0 & 1 & b^2 & d^2 \\ c^2 & 1 & a^2 & e^2 \\ b^2 & 1 & 0 & f^2 \\ d^2 & 1 & f^2 & 0 \end{vmatrix}=-a^2d^2(b^2+f^2-d^2)-b^2e^2(f^2+d^2-b^2)-c^2f^2(d^2+b^2-f^2)+2d^2b^2f^2$$

(4) $$\det\Theta_3^2=\begin{vmatrix}0 & c^2 & 1 & d^2\\ c^2 & 0 & 1 & e^2\\ b^2 & a^2 & 1 & f^2\\ d^2 & e^2 & 1 & 0\end{vmatrix}=-a^2d^2(e^2+c^2-d^2)$$
$$-b^2e^2(c^2+d^2-e^2)$$
$$-c^2f^2(d^2+e^2-c^2)+2d^2e^2c^2$$

(5) $$\det\Theta_3^3=\begin{vmatrix}0 & c^2 & b^2 & 1\\ c^2 & 0 & a^2 & 1\\ b^2 & a^2 & 0 & 1\\ d^2 & e^2 & f^2 & 1\end{vmatrix}=-a^2d^2(b^2+c^2-a^2)$$
$$-b^2e^2(c^2+a^2-b^2)$$
$$-c^2f^2(a^2+b^2-c^2)+2a^2b^2c^2$$

(6) $$\det\Xi_3=2a^2d^2(b^2+e^2+c^2+f^2-a^2-d^2)$$
$$+2b^2e^2(c^2+f^2+a^2+d^2-b^2-e^2)$$
$$+2c^2f^2(a^2+d^2+b^2+e^2-c^2-f^2)$$
$$-2(a^2e^2f^2+b^2d^2f^2+c^2d^2e^2+a^2b^2c^2)$$

証明

(1) 第1列について展開して

$$与式=-c^2\begin{vmatrix}c^2 & b^2 & d^2\\ a^2 & 0 & f^2\\ e^2 & f^2 & 0\end{vmatrix}+b^2\begin{vmatrix}c^2 & b^2 & d^2\\ 0 & a^2 & e^2\\ e^2 & f^2 & 0\end{vmatrix}-d^2\begin{vmatrix}c^2 & b^2 & d^2\\ 0 & a^2 & e^2\\ a^2 & 0 & f^2\end{vmatrix}$$
$$=-c^2(a^2d^2f^2+b^2e^2f^2-c^2f^4)+b^2(b^2e^4-a^2d^2e^2-c^2f^2e^2)$$
$$-d^2(a^2c^2f^2+a^2b^2e^2-a^4d^2)$$
$$=-\{-(ad)^4-(be)^4-(cf)^4+2(ad)^2(be)^2$$
$$+2(be)^2(cf)^2+2(cf)^2(ad)^2\}$$
$$=-(ad+be+cf)(ad+be-cf)$$
$$(be+cf-ad)(cf+ad-be)$$

(2) **第1行**について展開して

$$
与式 = \begin{vmatrix} 0 & a^2 & e^2 \\ a^2 & 0 & f^2 \\ e^2 & f^2 & 0 \end{vmatrix} - c^2 \begin{vmatrix} 1 & a^2 & e^2 \\ 1 & 0 & f^2 \\ 1 & f^2 & 0 \end{vmatrix}
$$

$$
+ b^2 \begin{vmatrix} 1 & 0 & e^2 \\ 1 & a^2 & f^2 \\ 1 & e^2 & 0 \end{vmatrix} - d^2 \begin{vmatrix} 1 & 0 & a^2 \\ 1 & a^2 & 0 \\ 1 & e^2 & f^2 \end{vmatrix}
$$

$$
\begin{aligned}
&= 2a^2e^2f^2 - c^2(a^2f^2 + e^2f^2 - f^4) \\
&\qquad + b^2(e^4 - a^2e^2 - e^2f^2) - d^2(a^2f^2 + a^2e^2 - a^4) \\
&= -a^2d^2(e^2 + f^2 - a^2) - b^2e^2(f^2 + a^2 - e^2) \\
&\qquad - c^2f^2(a^2 + e^2 - f^2) + 2a^2e^2f^2
\end{aligned}
$$

(3) **第2行**について展開して

$$
与式 = -c^2 \begin{vmatrix} 1 & b^2 & d^2 \\ 1 & 0 & f^2 \\ 1 & f^2 & 0 \end{vmatrix} + \begin{vmatrix} 0 & b^2 & d^2 \\ b^2 & 0 & f^2 \\ d^2 & f^2 & 0 \end{vmatrix}
$$

$$
- a^2 \begin{vmatrix} 0 & 1 & d^2 \\ b^2 & 1 & f^2 \\ d^2 & 1 & 0 \end{vmatrix} + e^2 \begin{vmatrix} 0 & 1 & b^2 \\ b^2 & 1 & 0 \\ d^2 & 1 & f^2 \end{vmatrix}
$$

を整理すればよい.

(4) **第3行**について展開して

$$
与式 = b^2 \begin{vmatrix} c^2 & 1 & d^2 \\ 0 & 1 & e^2 \\ e^2 & 1 & 0 \end{vmatrix} - a^2 \begin{vmatrix} 0 & 1 & d^2 \\ c^2 & 1 & e^2 \\ d^2 & 1 & 0 \end{vmatrix}
$$

$$+\begin{vmatrix} 0 & c^2 & d^2 \\ c^2 & 0 & e^2 \\ d^2 & e^2 & 0 \end{vmatrix} - f^2\begin{vmatrix} 0 & c^2 & 1 \\ c^2 & 0 & 1 \\ d^2 & e^2 & 1 \end{vmatrix}$$

を整理すればよい.

(5) **第4行**について展開して

$$与式 = -d^2\begin{vmatrix} c^2 & b^2 & 1 \\ 0 & a^2 & 1 \\ a^2 & 0 & 1 \end{vmatrix} + e^2\begin{vmatrix} 0 & b^2 & 1 \\ c^2 & a^2 & 1 \\ b^2 & 0 & 1 \end{vmatrix}$$

$$-f^2\begin{vmatrix} 0 & c^2 & 1 \\ c^2 & 0 & 1 \\ b^2 & a^2 & 1 \end{vmatrix} + \begin{vmatrix} 0 & c^2 & b^2 \\ c^2 & 0 & a^2 \\ b^2 & a^2 & 0 \end{vmatrix}$$

を整理すればよい.

(6) 分解定理 $\det\Xi_3 = -\det\Theta_3^0 - \det\Theta_3^1 - \det\Theta_3^2 - \det\Theta_3^3$ と上の結果 (2)～(5)を使う.

(**命題8. 10**の証明終わり)

命題8. 11　四面体ABCDの体積と外接球面の半径を V_3, R_3 とする.

(1) $\det\Xi_3 = 8\det J_3 = 8(3!V_3)^2 = 288{V_3}^2$

(2) $4\det J_3 = 144(V_3)^2 = a^2d^2(b^2+e^2+c^2+f^2-a^2-d^2)$

$$+b^2e^2(c^2+f^2+a^2+d^2-b^2-e^2)$$
$$+c^2f^2(a^2+d^2+b^2+e^2-c^2-f^2)$$
$$-(a^2e^2f^2+b^2d^2f^2+c^2d^2e^2+a^2b^2c^2)$$

(3) $${R_3}^2 = \frac{(ad+be+cf)(ad+be-cf)(be+cf-ad)(cf+ad-be)}{2\det\Xi_3}$$

$$= \frac{(ad+be+cf)(ad+be-cf)(be+cf-ad)(cf+ad-be)}{(24V_3)^2}$$

証明　定義8. 1の(2)の $\det J_n = (n!V_n)^2$ と**命題8. 3**の $\det J_n = -\left(-\frac{1}{2}\right)^n$ $\det \Xi_n$ と**定理8. 8**の ${R_n}^2 = -\frac{\det \Theta_n}{2\det \Xi_n}$ で $n=3$ とすれば $\det J_3 = (3!V_3)^2 = 36{V_3}^2$，$\det \Xi_3 = 8\det J_3 = 288{V_3}^2$，${R_3}^2 = -\frac{\det \Theta_3}{2\det \Xi_3}$ となる．これに**命題8.10**の(1)と(6)を使えばよい．（証明終わり）

8.4　まとめ

こうして四面体 $\mathrm{ABCD} \subseteq E^3 \subseteq E^m$ の「外心」$O_3 \in E^3$ の「正規化された重心座標」（一松　信先生の第1話参照）は

$$\left(-\frac{\det \Theta_3^0}{\det \Xi_3},\ -\frac{\det \Theta_3^1}{\det \Xi_3},\ -\frac{\det \Theta_3^2}{\det \Xi_3},\ -\frac{\det \Theta_3^3}{\det \Xi_3}\right) \qquad \cdots(1)$$

となる．

これを**命題8.10**の結果を使い四面体 ABCDの6辺 a, b, c, d, e, f を用いて表すことができるわけである．

第 9 話

四面体の垂心の重心座標

9.1 今回の内容

前回は四面体ABCDの「外心」を扱いました．肝心の四面体のところが少し端折った感じになりました．今回は四面体ABCDの「垂心の重心座標」を具体的に求めようという訳です．各頂点からそれぞれの対面に下した垂線を考えて計4本の「垂線」が1点で交わるとき，この点を「垂心」と呼びたい訳ですがこれは一般には1点で交わるとは限りません．「垂心」が存在するには条件がいるのです．

定義9.1 四面体ABCDが「直辺四面体」

$$\Leftrightarrow \mathrm{AB} \perp \mathrm{CD} \quad かつ \quad \mathrm{AC} \perp \mathrm{BD} \quad かつ \quad \mathrm{AD} \perp \mathrm{BC}$$

次のことが知られている．

命題9．2 四面体ABCDに「垂心H」が存在する，すなわち上述のような4本の「垂線」が1点Hで交わる．

⇔四面体ABCDが「直辺四面体」であること．

（直辺四面体を「直稜四面体」または「垂心四面体」であるともいう．）

私の担当分では第2話にあるように，「直辺四面体」とよぶことにする．

「垂心」の存在する四面体を「直辺四面体」というわけである．

この**命題9．2**はここでは証明しないで，後に「垂心の重心座標」を求める際に条件として同時に証明する．

しかし，次の**補題**を示しておくことは有用であろう．

補題9．3　四面体ABCDにおいてA，Bからそれぞれの対面へ下した垂線が1点Lで交わる

$\Rightarrow$ AB $\perp$ CD

証明　Aから対面の△BCDへ下した垂線の足をH，Bから対面の△ACDへ下した垂線の足をKとする．LはAHとBKとの交点であるから，

(1)　AL $\perp$ △BCD

(2)　BL $\perp$ △ACD

よって，

(3)　CD $\perp$ AL

(4)　CD $\perp$ BL

したがって，

$$(\overrightarrow{AB},\ \overrightarrow{CD}) = (\overrightarrow{AL},\ \overrightarrow{CD}) - (\overrightarrow{BL},\ \overrightarrow{CD}) = 0 - 0 = 0$$

よってAB $\perp$ CDである．（証明終わり）

補題9．3により**命題9．2**において4本の「垂線」が1点Hで交わるためには「直辺四面体」であることが必要条件であることがわかるだろう．

9．2　三角形に対するベクトルの「内積」の効用

ここで「直辺四面体」に応用するために△ABCに対して準備をする．

定義9．4　△ABCに対して $x = (\overrightarrow{AB},\ \overrightarrow{AC})$，$y = (\overrightarrow{BA},\ \overrightarrow{BC})$，$z = (\overrightarrow{CA},\ \overrightarrow{CB})$ とおく．すなわちA，B，Cを始点とした2つのベクトルの内積をそれぞれx，y，zとおく．以下私の担当分でこのx，y，zを用いる．

$x \leftrightarrow A$，$y \leftrightarrow B$，$z \leftrightarrow C$ と対応するのである．

命題9．5　**定義9．4**のように△ABCに対してx，y，zをおいたとき，次のことが成立する．

(1) $x + y = AB^2$ …①

$x + z = AC^2$ …②

$y + z = BC^2$ …③

(2) △ABCの面積をS_2としたとき，

$$4{S_2}^2 = yz + xz + xy \quad \cdots④$$

証明

(1) ① $x + y = AB^2$について：

$$x + y = (\overrightarrow{AB},\ \overrightarrow{AC}) + (\overrightarrow{BA},\ \overrightarrow{BC})$$
$$= (\overrightarrow{AB},\ \overrightarrow{AC}) - (\overrightarrow{AB},\ \overrightarrow{BC})$$
$$= (\overrightarrow{AB},\ \overrightarrow{AC} - \overrightarrow{BC}) = AB^2$$

②，③も同様である．

覚え方は$x \leftrightarrow A$，$y \leftrightarrow B$と対応しているから$x + y = AB^2$，$y \leftrightarrow B$，$z \leftrightarrow C$だから$y + z = BC^2$と覚えればよい．

(2) $\overrightarrow{AB}$と$\overrightarrow{AC}$のなす角をθとすれば

$2S_2 = |\overrightarrow{AB}||\overrightarrow{AC}|\sin\theta$であるから

$$4{S_2}^2 = |\overrightarrow{AB}|^2|\overrightarrow{AC}|^2(1 - \cos^2\theta)$$
$$= |\overrightarrow{AB}|^2|\overrightarrow{AC}|^2 - \left(|\overrightarrow{AB}||\overrightarrow{AC}|\cos\theta\right)^2$$
$$= AB^2AC^2 - (\overrightarrow{AB},\ \overrightarrow{AC})^2$$
$$= (x + y)(x + z) - x^2$$
$$= yz + xz + xy$$

（∵(1)の①と②及びxの定義による）

よって成り立つ．

$4{S_2}^2 = yz + xz + xy$の覚え方は次のとおり．x，y，zの内1文字を除いたものの積を考えるのだが，第1項，第2項，第3項が頂点A，B，Cに対応していると思い$x \leftrightarrow A$，$y \leftrightarrow B$，$z \leftrightarrow C$と考えて第1項はxyzからxを除いてyz，第2項はyを除いてxz，第3項はzを除いてxyという具合である．（証明終わり）

上のx，y，zは△ABCによって決まり，$AB = \sqrt{x + y}$，$AC = \sqrt{x + z}$，$BC = \sqrt{y + z}$となる．また$4{S_2}^2 > 0$だから$yz + xz + xy > 0$となる．逆に

命題9. 6　x，y，zは実数であって，

$$x+y>0,\ x+z>0,\ y+z>0$$

$$\text{かつ}\quad yz+xz+xy>0 \qquad \cdots①$$

$$\Rightarrow \begin{cases} \sqrt{x+y}+\sqrt{x+z}>\sqrt{y+z} & \cdots② \\ \sqrt{x+y}+\sqrt{y+z}>\sqrt{x+z} & \cdots③ \\ \sqrt{x+z}+\sqrt{y+z}>\sqrt{x+y} & \cdots④ \end{cases}$$

が成り立つ．

すなわち$\sqrt{x+y}$，$\sqrt{x+z}$，$\sqrt{y+z}$は三角形の3辺になり得る．

証明　どれでも同様であるから②を証明しよう．

両辺とも正であるから，② $\Leftrightarrow \left(\sqrt{x+y}+\sqrt{x+z}\right)^2>\left(\sqrt{y+z}\right)^2$ そこで

$$\left(\sqrt{x+y}+\sqrt{x+z}\right)^2-(y+z)>0 \qquad \cdots⑤$$

を証明する．これは

$$\left(\sqrt{x+y}+\sqrt{x+z}\right)^2-(y+z)=2x+2\sqrt{x+y}\sqrt{x+z}>0$$

すなわち

$$\sqrt{x+y}\sqrt{x+z}>-x \qquad \cdots⑥$$

と同値である．

(ア)　$x\geq 0\Rightarrow$⑥の右辺$\leqq 0$となり⑥は成立する．

(イ)　$x<0\Rightarrow -x>0$ だから⑥ $\Leftrightarrow\left(\sqrt{x+y}\sqrt{x+z}\right)^2>(-x)^2$

　しかし

$$\left(\sqrt{x+y}\sqrt{x+z}\right)^2-(-x)^2=yz+xz+xy>0 \qquad (\because ①)$$

ゆえに成立する．（証明終わり）

補題9. 7　$\triangle ABC$において$AB=c$，$AC=b$，$BC=a$とすれば

(1)　$x=\dfrac{b^2+c^2-a^2}{2}$　　(2)　$y=\dfrac{c^2+a^2-b^2}{2}$

(3)　$z=\dfrac{a^2+b^2-c^2}{2}$

証明　「内積」の定義より(1)は

$$x = (\overrightarrow{AB},\ \overrightarrow{AC}) = \frac{|\overrightarrow{AB}|^2 + |\overrightarrow{AC}|^2 - |\overrightarrow{BC}|^2}{2} = \frac{b^2 + c^2 - a^2}{2}$$

となる．他も同様である．（証明終わり）

よって次の**命題**が言える．

命題9．8　$\triangle ABC$の3辺$AB = c$，$AC = b$，$BC = a$の代わりに**命題9．6**の条件①を満たすx，y，zを用いても$\triangle ABC$の性質が調べられる．

例9．9　$\triangle ABC$の「垂心H」の重心座標を求めてみよう．

「垂心H」の「ベクトルによる重心座標表現」を

$$\kappa + \lambda + \mu = 1 \quad かつ \quad \overrightarrow{PH} = \kappa\overrightarrow{PA} + \lambda\overrightarrow{PB} + \mu\overrightarrow{PC} \qquad \cdots(1)$$

としよう．これは始点Pの取り方に依存しないから$P \Rightarrow A$と置き換えて

$$\overrightarrow{AH} = \lambda\overrightarrow{AB} + \mu\overrightarrow{AC} \qquad \cdots(2)$$

と同値．

$$\overrightarrow{AH} \perp \overrightarrow{BC} \qquad \cdots(3)$$

よって

$$(\overrightarrow{AH},\ \overrightarrow{BC}) = 0 \Leftrightarrow (\overrightarrow{AH},\ \overrightarrow{AB}) = (\overrightarrow{AH},\ \overrightarrow{AC}) \qquad \cdots(4)$$

次に$(\overrightarrow{BH},\ \overrightarrow{AC}) = 0$，　$\overrightarrow{BH} = \overrightarrow{AH} - \overrightarrow{AB}$

よって

$$(\overrightarrow{AH},\ \overrightarrow{AC}) = (\overrightarrow{AB},\ \overrightarrow{AC}) \qquad \cdots(5)$$

(4)，(5)から

$$(\overrightarrow{AH},\ \overrightarrow{AB}) = (\overrightarrow{AB},\ \overrightarrow{AC}) \ かつ\ (\overrightarrow{AH},\ \overrightarrow{AC}) = (\overrightarrow{AB},\ \overrightarrow{AC}) \qquad \cdots(6)$$

となる．

(2)を(6)に代入して

$$\lambda|\overrightarrow{AB}|^2 + \mu(\overrightarrow{AB},\ \overrightarrow{AC}) = x,\quad \lambda(\overrightarrow{AB},\ \overrightarrow{AC}) + \mu|\overrightarrow{AC}|^2 = x$$

これを連立してλ，μの行列の方程式

$$\begin{pmatrix} AB^2 & (\overrightarrow{AB},\ \overrightarrow{AC}) \\ (\overrightarrow{AB},\ \overrightarrow{AC}) & AC^2 \end{pmatrix} \begin{pmatrix} \lambda \\ \mu \end{pmatrix} = \begin{pmatrix} x \\ x \end{pmatrix} \qquad \cdots(7)$$

を得る．**命題9．5**からの$x = (\overrightarrow{AB},\ \overrightarrow{AC})$，$AB^2 = x + y$，$AC^2 = x + z$を

代入して

$$\begin{pmatrix} x+y & x \\ x & x+z \end{pmatrix}\begin{pmatrix} \lambda \\ \mu \end{pmatrix} = \begin{pmatrix} x \\ x \end{pmatrix} \quad \cdots(8)$$

$$\begin{vmatrix} x+y & x \\ x & x+z \end{vmatrix} = (x+y)(x+z) - x^2 = yz + xz + xy > 0$$

だからクラーメルの公式より

$$\lambda = \frac{\begin{vmatrix} x & x \\ x & x+z \end{vmatrix}}{\begin{vmatrix} x+y & x \\ x & x+z \end{vmatrix}} = \frac{xz}{yz+xz+xy},$$

$$\mu = \frac{\begin{vmatrix} x+y & x \\ x & x \end{vmatrix}}{\begin{vmatrix} x+y & x \\ x & x+z \end{vmatrix}} = \frac{xy}{yz+xz+xy}$$

これを(2)に代入して

$$\overrightarrow{AH} = \frac{xz}{yz+xz+xy}\overrightarrow{AB} + \frac{xy}{yz+xz+xy}\overrightarrow{AC}$$

よって

$$\overrightarrow{PH} = \frac{yz\overrightarrow{PA} + xz\overrightarrow{PB} + xy\overrightarrow{PC}}{yz+xz+xy} = \frac{yz\overrightarrow{PA} + xz\overrightarrow{PB} + xy\overrightarrow{PC}}{4{S_2}^2} \quad \cdots(9)$$

ゆえに「垂心H」の重心座標の比は $yz:xz:xy$ となる．**補題9．7** より，この比は3辺 a，b，c の比で表せる．(図9．1参照)

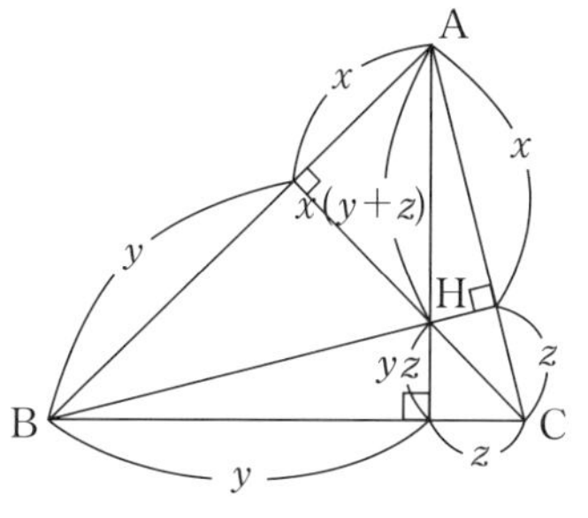

図9.1

9.3 直辺四面体の垂心の重心座標

命題9.10 四面体ABCDに対して次の条件は同値である.

(1) AB ⊥ CD かつ AC ⊥ BD かつ AD ⊥ BC

⇔(2) $AB^2+CD^2=AC^2+BD^2=AD^2+BC^2$

⇔(3) $(\overrightarrow{AB},\ \overrightarrow{AC})=(\overrightarrow{AB},\ \overrightarrow{AD})=(\overrightarrow{AC},\ \overrightarrow{AD})$

⇔(4) $(\overrightarrow{BA},\ \overrightarrow{BC})=(\overrightarrow{BA},\ \overrightarrow{BD})=(\overrightarrow{BC},\ \overrightarrow{BD})$

⇔(5) $(\overrightarrow{CA},\ \overrightarrow{CB})=(\overrightarrow{CA},\ \overrightarrow{CD})=(\overrightarrow{CB},\ \overrightarrow{CD})$

⇔(6) $(\overrightarrow{DA},\ \overrightarrow{DB})=(\overrightarrow{DA},\ \overrightarrow{DC})=(\overrightarrow{DB},\ \overrightarrow{DC})$

証明 (1)⇔(3)⇔(4)⇔(5)⇔(6)は例えば
AB ⊥ CD ⇔ $(\overrightarrow{AB},\ \overrightarrow{CD})=0$ ⇔ $(\overrightarrow{AB},\ \overrightarrow{AC}-\overrightarrow{AD})=0$ ⇔ $(\overrightarrow{AB},\ \overrightarrow{AC})=(\overrightarrow{AB},\ \overrightarrow{AD})$ などより明らか.

(2)⇔(3)を示す.「内積」の定義より(**補題8.7**の**証明**のようにして)

$$(\overrightarrow{AB},\ \overrightarrow{AC})=\frac{AB^2+AC^2-BC^2}{2},$$

$$(\overrightarrow{AB},\ \overrightarrow{AD})=\frac{AB^2+AD^2-BD^2}{2},$$

$$(\overrightarrow{AC},\ \overrightarrow{AD})=\frac{AC^2+AD^2-CD^2}{2}$$

よって

$$(\overrightarrow{AB},\ \overrightarrow{AC})=(\overrightarrow{AB},\ \overrightarrow{AD})=(\overrightarrow{AC},\ \overrightarrow{AD})$$

$$\Leftrightarrow \frac{AB^2+AC^2-BC^2}{2}=\frac{AB^2+AD^2-BD^2}{2}=\frac{AC^2+AD^2-CD^2}{2}$$

$$\Leftrightarrow AB^2+CD^2=AC^2+BD^2=AD^2+BC^2$$

(証明終わり)

定理9.11 四面体ABCDの「垂心」が存在するための条件は

AB ⊥ CD かつ AC ⊥ BD かつ AD ⊥ BC

である．そのとき，

$$x=(\overrightarrow{AB},\ \overrightarrow{AC})=(\overrightarrow{AB},\ \overrightarrow{AD})=(\overrightarrow{AC},\ \overrightarrow{AD}),$$
$$y=(\overrightarrow{BA},\ \overrightarrow{BC})=(\overrightarrow{BA},\ \overrightarrow{BD})=(\overrightarrow{BC},\ \overrightarrow{BD}),$$
$$z=(\overrightarrow{CA},\ \overrightarrow{CB})=(\overrightarrow{CA},\ \overrightarrow{CD})=(\overrightarrow{CB},\ \overrightarrow{CD}),$$
$$w=(\overrightarrow{DA},\ \overrightarrow{DB})=(\overrightarrow{DA},\ \overrightarrow{DC})=(\overrightarrow{DB},\ \overrightarrow{DC})$$

とおけば，

(ア)　$x+y=AB^2$，$x+z=AC^2$，$x+w=AD^2$，$y+z=BC^2$，$y+w=BD^2$，$z+w=CD^2$

(イ)　$\overrightarrow{AB}=\vec{b}$，$\overrightarrow{AC}=\vec{c}$，$\overrightarrow{AD}=\vec{d}$ とおき，

$$J_3=\begin{pmatrix}(\vec{b},\ \vec{b}) & (\vec{b},\ \vec{c}) & (\vec{b},\ \vec{d})\\ (\vec{c},\ \vec{b}) & (\vec{c},\ \vec{c}) & (\vec{c},\ \vec{d})\\ (\vec{d},\ \vec{b}) & (\vec{d},\ \vec{c}) & (\vec{d},\ \vec{d})\end{pmatrix}\text{とおく．}$$

（第８話で用いた J_3）$\det J_3$ はグラムの行列式であって $\det J_3>0$ だが，

$$J_3=\begin{pmatrix}x+y & x & x\\ x & x+z & x\\ x & x & x+w\end{pmatrix} \tag{1}$$

となる．これより，

$$\det J_3=yzw+xzw+xyw+xyz>0 \tag{2}$$

(ウ)「垂心H」の「ベクトルによる重心座標表現」は

$$\overrightarrow{PH}=\frac{yzw\overrightarrow{PA}+xzw\overrightarrow{PB}+xyw\overrightarrow{PC}+xyz\overrightarrow{PD}}{yzw+xzw+xyw+xyz}$$
$$=\frac{yzw\overrightarrow{PA}+xzw\overrightarrow{PB}+xyw\overrightarrow{PC}+xyz\overrightarrow{PD}}{\det J_3}$$
$$\text{for}\quad \forall P\in E^m\,(m\geq 3) \tag{3}$$

証明

(I) 四面体 ABCD を考える．「垂心 H が存在する」とは，「点 H であって，$\overrightarrow{AH}\perp\triangle BCD$，$\overrightarrow{BH}\perp\triangle ACD$，$\overrightarrow{CH}\perp\triangle ABD$，$\overrightarrow{DH}\perp\triangle ABC$ を満たす

ものが唯一つ存在する」ということである．そこで

$$\overrightarrow{AH} \perp \triangle BCD,\quad \overrightarrow{BH} \perp \triangle ACD,\quad \overrightarrow{CH} \perp \triangle ABD,\quad \overrightarrow{DH} \perp \triangle ABC \qquad \cdots(4)$$

としよう．

すると(4)は順に

$$(\overrightarrow{AH},\ \overrightarrow{BC}) = (\overrightarrow{AH},\ \overrightarrow{BD}) = 0 \qquad \cdots①$$

$$(\overrightarrow{BH},\ \overrightarrow{AC}) = (\overrightarrow{BH},\ \overrightarrow{AD}) = 0 \qquad \cdots②$$

$$(\overrightarrow{CH},\ \overrightarrow{AB}) = (\overrightarrow{CH},\ \overrightarrow{AD}) = 0 \qquad \cdots③$$

$$(\overrightarrow{DH},\ \overrightarrow{AB}) = (\overrightarrow{DH},\ \overrightarrow{AC}) = 0 \qquad \cdots④$$

となる．

①は $(\overrightarrow{AH},\ \vec{c} - \vec{b}) = (\overrightarrow{AH},\ \vec{d} - \vec{b}) = 0$

ゆえに

$$(\overrightarrow{AH},\ \vec{b}) = (\overrightarrow{AH},\ \vec{c}) = (\overrightarrow{AH},\ \vec{d}) \qquad \cdots⑤$$

となる．

②は $(\overrightarrow{BH},\ \vec{c}) = (\overrightarrow{BH},\ \vec{d}) = 0 \qquad \cdots⑥$

③は $(\overrightarrow{CH},\ \vec{b}) = (\overrightarrow{CH},\ \vec{d}) = 0 \qquad \cdots⑦$

④は $(\overrightarrow{DH},\ \vec{b}) = (\overrightarrow{DH},\ \vec{c}) = 0 \qquad \cdots⑧$

となる．

⑥，⑦から $(\overrightarrow{BC},\ \vec{d}) = (\overrightarrow{BH} - \overrightarrow{CH},\ \vec{d}) = 0$

よって

$$\mathrm{AD} \perp \mathrm{BC}$$

⑦，⑧から $(\overrightarrow{CD},\ \vec{b}) = (\overrightarrow{CH} - \overrightarrow{DH},\ \vec{b}) = 0$

よって

$$\mathrm{AB} \perp \mathrm{CD}$$

⑥，⑧から $(\overrightarrow{BD},\ \vec{c}) = (\overrightarrow{BH} - \overrightarrow{DH},\ \vec{c}) = 0$

よって

$$\mathrm{AC} \perp \mathrm{BD}$$

こうして

$$\mathrm{AB} \perp \mathrm{CD},\quad \mathrm{AC} \perp \mathrm{BD},\quad \mathrm{AD} \perp \mathrm{BC} \qquad \cdots(5)$$

でまずなければならない．そしてこのとき，⑥から

$$(\overrightarrow{AB},\ \vec{c}) = (\overrightarrow{AH} - \overrightarrow{BH},\ \vec{c}) = (\overrightarrow{AH},\ \vec{c}) - 0 = (\overrightarrow{AH},\ \vec{c})$$

すなわち

$$(\overrightarrow{AH},\ \vec{c}) = (\vec{b},\ \vec{c}) \qquad \cdots(6)$$

また

$$(\overrightarrow{AB},\ \vec{d}) = (\overrightarrow{AH} - \overrightarrow{BH},\ \vec{d}) = (\overrightarrow{AH},\ \vec{d}) - (\overrightarrow{BH},\ \vec{d}) = (\overrightarrow{AH},\ \vec{d})$$

よって

$$(\overrightarrow{AH},\ \vec{d}) = (\vec{b},\ \vec{d}) \qquad \cdots(7)$$

⑦より

$$(\overrightarrow{AC},\ \vec{b}) = (\overrightarrow{AH} - \overrightarrow{CH},\ \vec{b}) = (\overrightarrow{AH},\ \vec{b}) - (\overrightarrow{CH},\ \vec{b}) = (\overrightarrow{AH},\ \vec{b})$$

よって

$$(\overrightarrow{AH},\ \vec{b}) = (\vec{b},\ \vec{c}) \qquad \cdots(8)$$

また

$$(\overrightarrow{AC},\ \vec{d}) = (\overrightarrow{AH} - \overrightarrow{CH},\ \vec{d}) = (\overrightarrow{AH},\ \vec{d}) - (\overrightarrow{CH},\ \vec{d}) = (\overrightarrow{AH},\ \vec{d})$$

よって

$$(\overrightarrow{AH},\ \vec{d}) = (\vec{c},\ \vec{d}) \qquad \cdots(9)$$

⑧より

$$(\overrightarrow{AD},\ \vec{b}) = (\overrightarrow{AH} - \overrightarrow{DH},\ \vec{b}) = (\overrightarrow{AH},\ \vec{b}) - (\overrightarrow{DH},\ \vec{b}) = (\overrightarrow{AH},\ \vec{b})$$

よって

$$(\overrightarrow{AH},\ \vec{b}) = (\vec{b},\ \vec{d}) \qquad \cdots(10)$$

また

$$(\overrightarrow{AD},\ \vec{c}) = (\overrightarrow{AH} - \overrightarrow{DH},\ \vec{c}) = (\overrightarrow{AH},\ \vec{c}) - (\overrightarrow{DH},\ \vec{c}) = (\overrightarrow{AH},\ \vec{c})$$

よって

$$(\overrightarrow{AH},\ \vec{c}) = (\vec{c},\ \vec{d}) \qquad \cdots(11)$$

(6)，(7)，(8)，(9)，(10)，(11)及び $(\overrightarrow{AH},\ \vec{b}) = (\overrightarrow{AH},\ \vec{c}) = (\overrightarrow{AH},\ \vec{d})$ …⑤により，

$$(\overrightarrow{AH},\ \vec{b}) = (\overrightarrow{AH},\ \vec{c}) = (\overrightarrow{AH},\ \vec{d}) = (\vec{b},\ \vec{c}) = (\vec{b},\ \vec{d}) = (\vec{c},\ \vec{d}) \qquad \cdots(12)$$

こうして

$$\overrightarrow{AH} \perp \triangle BCD,\quad \overrightarrow{BH} \perp \triangle ACD,\quad \overrightarrow{CH} \perp \triangle ABD,\quad \overrightarrow{DH} \perp \triangle ABC \qquad \cdots(4)$$

$$\Rightarrow \boxed{\begin{array}{l}(\vec{b},\ \vec{c})=(\vec{b},\ \vec{d})=(\vec{c},\ \vec{d})\text{ で,}\\ (\overrightarrow{AH},\ \vec{b})=(\overrightarrow{AH},\ \vec{c})=(\overrightarrow{AH},\ \vec{d})\\ =(\vec{b},\ \vec{c})=(\vec{b},\ \vec{d})=(\vec{c},\ \vec{d})\end{array}} \quad \cdots(13)$$

でなければならない.

逆に(13)ならば,

$(\overrightarrow{AH},\ \overrightarrow{BC})=(\overrightarrow{AH},\ \vec{c}-\vec{b})=0$, $(\overrightarrow{AH},\ \overrightarrow{CD})=(\overrightarrow{AH},\ \vec{d}-\vec{c})=0$

がまずいえる. さらに,

$$(\overrightarrow{BH},\ \vec{c})=(\overrightarrow{AH}-\overrightarrow{AB},\ \vec{c})=(\overrightarrow{AH},\ \vec{c})-(\vec{b},\ \vec{c})=0,$$
$$(\overrightarrow{BH},\ \vec{d})=(\overrightarrow{AH}-\overrightarrow{AB},\ \vec{d})=(\overrightarrow{AH},\ \vec{d})-(\vec{b},\ \vec{d})=0,$$
$$(\overrightarrow{CH},\ \vec{b})=(\overrightarrow{AH}-\overrightarrow{AC},\ \vec{b})=(\overrightarrow{AH},\ \vec{b})-(\vec{c},\ \vec{b})=0,$$
$$(\overrightarrow{CH},\ \vec{d})=(\overrightarrow{AH}-\overrightarrow{AC},\ \vec{d})=(\overrightarrow{AH},\ \vec{d})-(\vec{c},\ \vec{d})=0,$$
$$(\overrightarrow{DH},\ \vec{b})=(\overrightarrow{AH}-\overrightarrow{AD},\ \vec{b})=(\overrightarrow{AH},\ \vec{b})-(\vec{d},\ \vec{b})=0,$$
$$(\overrightarrow{DH},\ \vec{c})=(\overrightarrow{AH}-\overrightarrow{AD},\ \vec{c})=(\overrightarrow{AH},\ \vec{c})-(\vec{d},\ \vec{c})=0$$

が導かれるので $\overrightarrow{AH}\perp\triangle BCD$, $\overrightarrow{BH}\perp\triangle ACD$, $\overrightarrow{CH}\perp\triangle ABD$, $\overrightarrow{DH}\perp\triangle ABC$ …(4)が導かれる.

したがって点Hが「垂心」であるためには$(\vec{b},\ \vec{c})=(\vec{b},\ \vec{d})=(\vec{c},\ \vec{d})$が必要で点Hは $(\overrightarrow{AH},\ \vec{b})=(\overrightarrow{AH},\ \vec{c})=(\overrightarrow{AH},\ \vec{d})=(\vec{b},\ \vec{c})=(\vec{b},\ \vec{d})=(\vec{c},\ \vec{d})$…(13)の唯一つの解であることが必要十分であることが分かった.

そこで直辺四面体だけが, この条件を満たすことを言えばよい. 上で述べたことより

(Ⅱ) 四面体ABCDに垂心が存在する

$$\Rightarrow(\vec{b},\ \vec{c})=(\vec{b},\ \vec{d})=(\vec{c},\ \vec{d})$$

⇒**命題9.10**より

$$\mathrm{AB}\perp\mathrm{CD}\ \text{かつ}\ \mathrm{AC}\perp\mathrm{BD}\ \text{かつ}\ \mathrm{AD}\perp\mathrm{BC}$$

よってこの四面体は「直辺四面体」である. 逆に

(Ⅲ) 四面体ABCDが「直辺四面体」

⇒**命題9.10**より

$$(\vec{b},\ \vec{c})=(\vec{b},\ \vec{d})=(\vec{c},\ \vec{d})$$

であるから方程式(13)が考えられる. この解Hが一意的でありさえすれば,

「点H」は「垂心」となる．これは以下のようにクラーメルの公式で解いてゆくことにより導かれる．
そこで $\overrightarrow{AH}=\lambda\overrightarrow{AB}+\mu\overrightarrow{AC}+\nu\overrightarrow{AD}$ とおいて，(13)の条件より λ，μ，ν が一意的に求まればよい．その前に準備として**定理9.11**の(ア)を示しておこう．
垂心Hが存在するとき，AB⊥CD，AC⊥BD，AD⊥BCでこれは $(\vec{b},\ \vec{c})=(\vec{b},\ \vec{d})=(\vec{c},\ \vec{d})$
つまり

$$\begin{aligned}
&(\overrightarrow{AB},\ \overrightarrow{AC})=(\overrightarrow{AB},\ \overrightarrow{AD})=(\overrightarrow{AC},\ \overrightarrow{AD})\\
\Leftrightarrow&(\overrightarrow{BA},\ \overrightarrow{BC})=(\overrightarrow{BA},\ \overrightarrow{BD})=(\overrightarrow{BC},\ \overrightarrow{BD})\\
\Leftrightarrow&(\overrightarrow{CA},\ \overrightarrow{CB})=(\overrightarrow{CA},\ \overrightarrow{CD})=(\overrightarrow{CB},\ \overrightarrow{CD})\\
\Leftrightarrow&(\overrightarrow{DA},\ \overrightarrow{DB})=(\overrightarrow{DA},\ \overrightarrow{DC})=(\overrightarrow{DB},\ \overrightarrow{DC})
\end{aligned}$$

と同値であった(∵**命題9.10**)．△ABCの場合と同様であるから，$x+w=AD^2$，$z+w=CD^2$ だけ示しておく．

$$\begin{aligned}
x+w&=(\overrightarrow{AB},\ \overrightarrow{AC})+(\overrightarrow{DA},\ \overrightarrow{DC})=(\overrightarrow{AB},\ \overrightarrow{AD})+(\overrightarrow{DA},\ \overrightarrow{DB})\\
&=(\overrightarrow{AB},\ \overrightarrow{AD})-(\overrightarrow{DB},\ \overrightarrow{AD})=(\overrightarrow{AB}+\overrightarrow{BD},\ \overrightarrow{AD})=AD^2\\
z+w&=(\overrightarrow{CA},\ \overrightarrow{CD})+(\overrightarrow{DA},\ \overrightarrow{DC})=(\overrightarrow{CA},\ \overrightarrow{CD})-(\overrightarrow{DA},\ \overrightarrow{CD})\\
&=(\overrightarrow{CA}+\overrightarrow{AD},\ \overrightarrow{CD})=CD^2
\end{aligned}$$

さて「垂心H」の「重心座標」を求めよう．

$$\overrightarrow{AH}=\lambda\overrightarrow{AB}+\mu\overrightarrow{AC}+\nu\overrightarrow{AD} \qquad \cdots(14)$$

とおいて(13)の条件 $(\overrightarrow{AH},\ \vec{b})=(\overrightarrow{AH},\ \vec{c})=(\overrightarrow{AH},\ \vec{d})=(\vec{b},\ \vec{c})=(\vec{b},\ \vec{d})=(\vec{c},\ \vec{d})=x$ に代入して，

$$\begin{aligned}
&(\lambda\overrightarrow{AB}+\mu\overrightarrow{AC}+\nu\overrightarrow{AD},\ \vec{b})=x,\\
&(\lambda\overrightarrow{AB}+\mu\overrightarrow{AC}+\nu\overrightarrow{AD},\ \vec{c})=x,\\
&(\lambda\overrightarrow{AB}+\mu\overrightarrow{AC}+\nu\overrightarrow{AD},\ \vec{d})=x
\end{aligned}$$

つまり

$$\begin{pmatrix}(\vec{b},\ \vec{b}) & (\vec{b},\ \vec{c}) & (\vec{b},\ \vec{d})\\ (\vec{c},\ \vec{b}) & (\vec{c},\ \vec{c}) & (\vec{c},\ \vec{d})\\ (\vec{d},\ \vec{b}) & (\vec{d},\ \vec{c}) & (\vec{d},\ \vec{d})\end{pmatrix}\begin{pmatrix}\lambda\\ \mu\\ \nu\end{pmatrix}=x\begin{pmatrix}1\\ 1\\ 1\end{pmatrix} \qquad \cdots(15)$$

$(\vec{b},\ \vec{c})=(\vec{b},\ \vec{d})=(\vec{c},\ \vec{d})=x$，また $(\vec{b},\ \vec{b})=|\overrightarrow{AB}|^2=AB^2=x+y$，$(\vec{c},\ \vec{c})=AC^2=x+z$，$(\vec{d},\ \vec{d})=AD^2=x+w$

だから $J_3=\begin{pmatrix} x+y & x & x \\ x & x+z & x \\ x & x & x+w \end{pmatrix}$ となり，

(15)は

$$\begin{pmatrix} x+y & x & x \\ x & x+z & x \\ x & x & x+w \end{pmatrix}\begin{pmatrix} \lambda \\ \mu \\ \nu \end{pmatrix}=x\begin{pmatrix} 1 \\ 1 \\ 1 \end{pmatrix} \qquad \cdots(16)$$

となる．

$|J_3|=\begin{vmatrix} x+y & x & x \\ x & x+z & x \\ x & x & x+w \end{vmatrix}$ を計算しよう．第1列，第3列から第2列を引いて，

$$|J_3|=\begin{vmatrix} y & x & 0 \\ -z & x+z & -z \\ 0 & x & w \end{vmatrix}=y(x+z)w+xzw+xyz$$

$$=yzw+xzw+xyw+xyz$$

$\det J_3=|J_3|>0$ だからクラーメルの公式より一意的に

$$(\det J_3)\lambda=x\begin{vmatrix} 1 & x & x \\ 1 & x+z & x \\ 1 & x & x+w \end{vmatrix}=x\begin{vmatrix} 1 & 0 & 0 \\ 1 & z & 0 \\ 1 & 0 & w \end{vmatrix}=xzw,$$

$$(\det J_3)\mu=x\begin{vmatrix} x+y & 1 & x \\ x & 1 & x \\ x & 1 & x+w \end{vmatrix}=x\begin{vmatrix} y & 1 & 0 \\ 0 & 1 & 0 \\ 0 & 1 & w \end{vmatrix}=xyw,$$

$$(\det J_3)\nu=x\begin{vmatrix} x+y & x & 1 \\ x & x+z & 1 \\ x & x & 1 \end{vmatrix}=x\begin{vmatrix} y & 0 & 1 \\ 0 & z & 1 \\ 0 & 0 & 1 \end{vmatrix}=xyz$$

こうして $\det J_3=yzw+xzw+xyw+xyz>0$ で

$$\overrightarrow{AH}=\frac{xzw\overrightarrow{AB}+xyw\overrightarrow{AC}+xyz\overrightarrow{AD}}{\det J_3}=\frac{xzw\overrightarrow{AB}+xyw\overrightarrow{AC}+xyz\overrightarrow{AD}}{yzw+xzw+xyw+xyz}$$

これより

$$\overrightarrow{PH}=\frac{yzw\overrightarrow{PA}+xzw\overrightarrow{PB}+xyw\overrightarrow{PC}+xyz\overrightarrow{PD}}{yzw+xzw+xyw+xyz}$$

つまり

$$\overrightarrow{PH}=\frac{yzw\overrightarrow{PA}+xzw\overrightarrow{PB}+xyw\overrightarrow{PC}+xyz\overrightarrow{PD}}{\det J_3}$$

$$\text{for}\quad \forall P\in E^m\,(m\geq 3)$$

ここに $\det J_3=yzw+xzw+xyw+xyz>0$ となり，「垂心H」は唯一つに定まる．（証明終わり）

系9.12　直辺四面体の「垂心H」の「重心座標」の比は $yzw:xzw:xyw:xyz$ である．

以下第8話のように，四面体ABCDの6辺の長さを $BC=a$，$AC=b$，$AB=c$，$DA=d$，$DB=e$，$DC=f$（図9.2参照）とおき，以後これを標準とする．

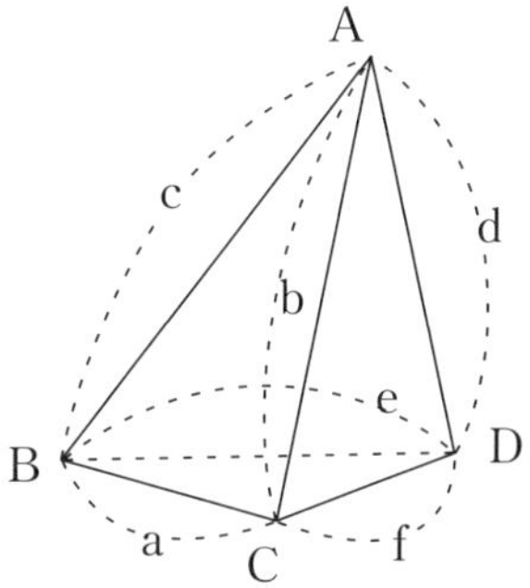

図9.2

命題9.13　上記の約束の基に x，y，z，w を a，b，c，d，e，f で表してみよう．

直辺四面体ABCDに対して

(1) $x=\dfrac{b^2+c^2-a^2}{2}=\dfrac{c^2+d^2-e^2}{2}=\dfrac{d^2+b^2-f^2}{2}$

(2) $y=\dfrac{c^2+a^2-b^2}{2}=\dfrac{e^2+c^2-d^2}{2}=\dfrac{a^2+e^2-f^2}{2}$

(3) $z=\dfrac{a^2+b^2-c^2}{2}=\dfrac{b^2+f^2-d^2}{2}=\dfrac{f^2+a^2-e^2}{2}$

(4) $w=\dfrac{d^2+e^2-c^2}{2}=\dfrac{f^2+d^2-b^2}{2}=\dfrac{e^2+f^2-a^2}{2}$

証明　一般の四面体ABCDに対して

$$(\overrightarrow{AB},\ \overrightarrow{AC})=\frac{b^2+c^2-a^2}{2},\quad (\overrightarrow{AB},\ \overrightarrow{AD})=\frac{c^2+d^2-e^2}{2},$$

$$(\overrightarrow{AC},\ \overrightarrow{AD})=\frac{d^2+b^2-f^2}{2},$$

$$(\overrightarrow{BA},\ \overrightarrow{BC})=\frac{c^2+a^2-b^2}{2},\quad (\overrightarrow{BA},\ \overrightarrow{BD})=\frac{e^2+c^2-d^2}{2},$$

$$(\overrightarrow{BC},\ \overrightarrow{BD})=\frac{a^2+e^2-f^2}{2},$$

$$(\overrightarrow{CA},\ \overrightarrow{CB})=\frac{a^2+b^2-c^2}{2},\quad (\overrightarrow{CA},\ \overrightarrow{CD})=\frac{b^2+f^2-d^2}{2},$$

$$(\overrightarrow{CB},\ \overrightarrow{CD})=\frac{f^2+a^2-e^2}{2},$$

$$(\overrightarrow{DA},\ \overrightarrow{DB})=\frac{d^2+e^2-c^2}{2},\quad (\overrightarrow{DA},\ \overrightarrow{DC})=\frac{f^2+d^2-b^2}{2},$$

$$(\overrightarrow{DB},\ \overrightarrow{DC})=\frac{e^2+f^2-a^2}{2}$$

が成り立つからである．（証明終わり）

9.4　直辺四面体の体積公式

命題9.10で述べた直辺四面体では

(2)の $AB^2+CD^2=AC^2+BD^2=AD^2+BC^2$ は $c^2+f^2=b^2+e^2=a^2+d^2$ となる．

そこで

定義9.14 一般の四面体ABCDにおいて，その体積をV_3，4頂点 A，B，C，Dの対面$\triangle BCD$，$\triangle ACD$，$\triangle ABD$，$\triangle ABC$の面積をそれぞれ S_A，S_B，S_C，S_Dで表す．

また直辺四面体ABCDで正の数k（ケー）を

$$a^2+d^2=b^2+e^2=c^2+f^2=k^2 \qquad \cdots(1)$$

を満たすものと定める．

x，y，z，wを**定理9.11**のようにおく．$\det J_3=(6V_3)^2=yzw+xzw+xyw+xyz>0$であった．(一般に $\det J_n=(n!V_n)^2$ であった．第8話参照)

このとき，次の重要な**命題**と**定理**が成り立つ．

命題9.15　直辺四面体ABCDにおいて

(1)　$4{S_A}^2=zw+yw+yz$　　(2) $4{S_B}^2=zw+xw+xz$

(3)　$4{S_C}^2=yw+xw+xy$　　(4) $4{S_D}^2=yz+xz+xy$

証明

$$x=(\overrightarrow{AB},\ \overrightarrow{AC})=(\overrightarrow{AB},\ \overrightarrow{AD})=(\overrightarrow{AC},\ \overrightarrow{AD}),$$
$$y=(\overrightarrow{BA},\ \overrightarrow{BC})=(\overrightarrow{BA},\ \overrightarrow{BD})=(\overrightarrow{BC},\ \overrightarrow{BD}),$$
$$z=(\overrightarrow{CA},\ \overrightarrow{CB})=(\overrightarrow{CA},\ \overrightarrow{CD})=(\overrightarrow{CB},\ \overrightarrow{CD}),$$
$$w=(\overrightarrow{DA},\ \overrightarrow{DB})=(\overrightarrow{DA},\ \overrightarrow{DC})=(\overrightarrow{DB},\ \overrightarrow{DC})$$

であった．例えば $S_D=\triangle ABC$ の面積であって，3辺に関する内積は $x=(\overrightarrow{AB},\ \overrightarrow{AC})$，$y=(\overrightarrow{BA},\ \overrightarrow{BC})$，$z=(\overrightarrow{CA},\ \overrightarrow{CB})$であるから，**命題9.5**の(2)

より$4S_D{}^2 = yz + xz + xy$となる．また$S_A = \triangle BCD$の面積で，3辺に関する内積は$y = (\overrightarrow{BC}, \overrightarrow{BD})$，$z = (\overrightarrow{CB}, \overrightarrow{CD})$，$w = (\overrightarrow{DB}, \overrightarrow{DC})$であるから**命題9．5**の(2)の考え方で$4S_A{}^2 = zw + yw + yz$（$y$，$z$，$w$から造りだす）となる．他も同様である．$4S_A{}^2$の$y$，$z$，$w$は$\triangle BCD$の頂点$B$，$C$，$D$に対応している．$y \leftrightarrow B$，$z \leftrightarrow C$，$w \leftrightarrow D$という具合である．（証明終わり）

直辺四面体ABCDの体積について$4S_D{}^2$などを用いれば

定理9．16 直辺四面体ABCDにおいて

$$\det J_3 = (6V_3)^2 = (4S_D{}^2)DA^2 - BC^2x^2 = (4S_D{}^2)DB^2 - AC^2y^2$$
$$= (4S_D{}^2)DC^2 - AB^2z^2 \qquad \cdots(1)$$
$$\det J_3 = (6V_3)^2 = (4S_A{}^2)AB^2 - CD^2y^2 = (4S_A{}^2)AC^2 - BD^2z^2$$
$$= (4S_A{}^2)AD^2 - BC^2w^2 \qquad \cdots(2)$$

などが成り立つ．

証明 たくさん覚えても意味がないので，(1)の$\det J_3 = (6V_3)^2 = (4S_D{}^2)DA^2 - BC^2x^2$ …①だけ証明して覚えておこう．

$\det J_3 = (6V_3)^2 = yzw + xzw + xyw + xyz$ を使う．**命題9．15**より，

$$4S_D{}^2 = yz + xz + xy.$$

また，

$$DA^2 = AD^2 = x + w,\quad BC^2 = y + z$$

よって

$$(4S_D{}^2)DA^2 - BC^2x^2 = (yz + xz + xy)(x + w) - (y + z)x^2$$
$$= yz(x + w) + xw(z + y) + (y + z)x^2 - (y + z)x^2$$
$$= yzw + xzw + xyw + xyz = \det J_3$$

ゆえに①が成り立つ．（証明終わり）

系9．17 直辺四面体ABCDの体積V_3について次のことが言える．

例えば

$$4\det J_3 = (12V_3)^2 = 4b^2c^2d^2 - (a^2 + d^2)(b^2 + c^2 - a^2)^2$$

と表せる．

ここに，a，b，c，d，e，f は直辺四面体の 6 辺である．（図9.3参照）

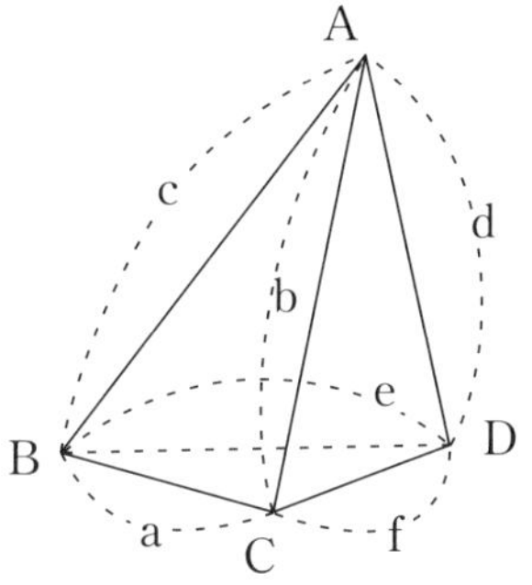

図 9.3

証明　$4S_D{}^2 = AB^2AC^2 - (\overrightarrow{AB},\ \overrightarrow{AC})^2 = b^2c^2 - x^2$，　$BC = a$，$AD = d$ を上の①に適用して，

$$\det J_3 = (6V_3)^2 = (b^2c^2 - x^2)d^2 - a^2x^2$$
$$= b^2c^2d^2 - (a^2 + d^2)x^2 = b^2c^2d^2 - k^2x^2$$

これを 4 倍して，$x = (\overrightarrow{AB},\ \overrightarrow{AC})$ からの $2x = b^2 + c^2 - a^2$ を代入すればよい．（証明終わり）

補題9.18　x，y，z，w を不定元とするとき，次の恒等式が成立する．

(1)　$yzw + xzw + xyw + xyz = (x + y + z + w)(yz + xz + xy) - (y + z)(x + z)(x + y)$

(2)　$yzw + xzw + xyw + xyz = (x + y + z + w)(zw + yw + yz) - (z + w)(y + w)(y + z)$

(3)　$yzw + xzw + xyw + xyz = (x + y + z + w)(zw + xw + xz) - (z + w)(x + w)(x + z)$

(4)　$yzw + xzw + xyw + xyz = (x + y + z + w)(yw + xw + xy) - (y + w)(x + w)(x + y)$

証明　(1)が成り立てば，(1)の両辺で x と w を交換すれば(2)が，(1)の両辺で y と w を交換すれば(3)が，(1)の両辺で z と w を交換すれば(4)が導かれので(1)だけ証明する．

∵(1)の右辺 $=(y+z)(yz+xz+xy)+(x+w)(yz+xz+xy)$
$-(y+z)(x+z)(x+y)$
$=(y+z)\{(yz+xz+xy)-(x+z)(x+y)\}+(x+w)\{yz+x(y+z)\}$
$=-x^2(y+z)+(x+w)yz+x^2(y+z)+xw(y+z)$
$=(x+w)yz+xw(y+z)=yzw+xzw+xyw+xyz$

よって証明された．

定理9.19 直辺四面体ABCDでは

$$\det J_3=(6V_3)^2=(4S_D{}^2)k^2-(abc)^2=(4S_A{}^2)k^2-(aef)^2$$
$$=(4S_B{}^2)k^2-(bdf)^2=(4S_C{}^2)k^2-(cde)^2$$

(覚え方は$(4S_D{}^2)k^2$ときたら，頂点Dの対面$\triangle ABC$の3辺a，b，cの積の2乗を引く．$(4S_A{}^2)k^2$だったら頂点Aの対面$\triangle BCD$の3辺a，e，fの2乗を引く，という具合である．)

証明 上の**補題9.18**において，$x+y=AB^2=c^2$，$x+z=AC^2=b^2$，$y+z=BC^2=a^2$，$x+w=AD^2=d^2$，$y+w=BD^2=e^2$，$z+w=CD^2=f^2$，$x+y+z+w=(x+y)+(z+w)=c^2+f^2=k^2$ 及び**命題9.15**の(1)～(4)を使う．（証明終わり）

9.5 補足

実は，4つの実数x，y，z，wから直辺四面体ABCDを構成するには，

$$x+y>0,\ x+z>0,\ x+w>0,\ y+z>0,\ y+w>0,\ z+w>0$$

かつ$yzw+xzw+xyw+xyz>0$となるようにx，y，z，wを決めて，

$$AB=\sqrt{x+y},\quad AC=\sqrt{x+z},\quad AD=\sqrt{x+w},$$
$$BC=\sqrt{y+z},\quad BD=\sqrt{y+w},\quad CD=\sqrt{z+w}$$

とおけばよい．（∵ **補題9.18**と**命題9.6**などによる）

第10話

直辺四面体の外心の重心座標と四面体の四線座標

10.1 今回の内容

前回は直辺四面体 ABCDの「垂心」を扱い，第8話では一般の四面体の「外心」を扱いました．今回は直辺四面体 ABCDの「外心の重心座標」を第9話で導入した x，y，z，wを用いて簡潔に表示し，それにより四面体での「オイラー線の関係」を示したりします．また一般の四面体を使った「四線座標」を導入し，「内心・傍心」の重心座標などを求めます．

10.2 直辺四面体の外心の重心座標

直辺四面体ABCDではAB ⊥ CD，AC ⊥ BD，AD ⊥ BCだから，前回のように

$$x=(\overrightarrow{AB},\ \overrightarrow{AC})=(\overrightarrow{AB},\ \overrightarrow{AD})=(\overrightarrow{AC},\ \overrightarrow{AD}),$$
$$y=(\overrightarrow{BA},\ \overrightarrow{BC})=(\overrightarrow{BA},\ \overrightarrow{BD})=(\overrightarrow{BC},\ \overrightarrow{BD}),$$
$$z=(\overrightarrow{CA},\ \overrightarrow{CB})=(\overrightarrow{CA},\ \overrightarrow{CD})=(\overrightarrow{CB},\ \overrightarrow{CD}),$$
$$w=(\overrightarrow{DA},\ \overrightarrow{DB})=(\overrightarrow{DA},\ \overrightarrow{DC})=(\overrightarrow{DB},\ \overrightarrow{DC}) \quad \cdots(1)$$

とおく．
四面体ABCDの外心をO_3とし，$\overrightarrow{AO_3}=\vec{s}$ とおき，

$$\overrightarrow{AB}=\vec{b},\ \overrightarrow{AC}=\vec{c},\ \overrightarrow{AD}=\vec{d} \quad \cdots(2)$$

とする．

補題10.1　上の記号のもとで O_3 が四面体 ABCD の「外心」であるための

必要十分条件は

$$(\vec{s},\ \vec{b}) = \frac{|\vec{b}|^2}{2},\ (\vec{s},\ \vec{c}) = \frac{|\vec{c}|^2}{2},\ (\vec{s},\ \vec{d}) = \frac{|\vec{d}|^2}{2} \qquad \cdots(3)$$

証明　O_3が

$$\text{外心} \Leftrightarrow |\overrightarrow{O_3A}| = |\overrightarrow{O_3B}| = |\overrightarrow{O_3C}| = |\overrightarrow{O_3D}|$$

$$\Leftrightarrow |\vec{s}|^2 = |\vec{s} - \vec{b}|^2 = |\vec{s} - \vec{c}|^2 = |\vec{s} - \vec{d}|^2$$

$$\Leftrightarrow (\vec{s},\ \vec{b}) = \frac{|\vec{b}|^2}{2},\ (\vec{s},\ \vec{c}) = \frac{|\vec{c}|^2}{2},\ (\vec{s},\ \vec{d}) = \frac{|\vec{d}|^2}{2}$$

（証明終わり）

定理10.2　直辺四面体ABCDの外心O_3の「ベクトルによる重心座標表現」は
直辺四面体ABCD $\subseteq E^3 \subseteq E^m$，$m$は$m \geq 3$の整数とするとき，

$$\overrightarrow{PO_3} = \frac{\det J_3 - 2yzw}{2\det J_3}\overrightarrow{PA} + \frac{\det J_3 - 2xzw}{2\det J_3}\overrightarrow{PB}$$

$$+ \frac{\det J_3 - 2xyw}{2\det J_3}\overrightarrow{PC} + \frac{\det J_3 - 2xyz}{2\det J_3}\overrightarrow{PD}$$

$$\text{for} \quad \forall P \in E^m \qquad \cdots(4)$$

ここに$\det J_3 = yzw + xzw + xyw + xyz > 0$は第8・9話のもの．

証明

$$\overrightarrow{AO_3} = \vec{s} = \lambda\overrightarrow{AB} + \mu\overrightarrow{AC} + \nu\overrightarrow{AD} \qquad \cdots(5)$$

とおき，**補題10.1**に代入して

$$(\lambda\overrightarrow{AB} + \mu\overrightarrow{AC} + \nu\overrightarrow{AD},\ \overrightarrow{AB}) = \frac{|\vec{b}|^2}{2},$$

$$(\lambda\overrightarrow{AB} + \mu\overrightarrow{AC} + \nu\overrightarrow{AD},\ \overrightarrow{AC}) = \frac{|\vec{c}|^2}{2},$$

$$(\lambda\overrightarrow{AB} + \mu\overrightarrow{AC} + \nu\overrightarrow{AD},\ \overrightarrow{AD}) = \frac{|\vec{d}|^2}{2}$$

すなわち

$$\begin{pmatrix} AB^2 & (\overrightarrow{AB},\ \overrightarrow{AC}) & (\overrightarrow{AB},\ \overrightarrow{AD}) \\ (\overrightarrow{AC},\ \overrightarrow{AB}) & AC^2 & (\overrightarrow{AC},\ \overrightarrow{AD}) \\ (\overrightarrow{AD},\ \overrightarrow{AB}) & (\overrightarrow{AD},\ \overrightarrow{AC}) & AD^2 \end{pmatrix} \begin{pmatrix} \lambda \\ \mu \\ \nu \end{pmatrix} = \frac{1}{2} \begin{pmatrix} |\vec{b}|^2 \\ |\vec{c}|^2 \\ |\vec{d}|^2 \end{pmatrix} \qquad \cdots(6)$$

$$\begin{vmatrix} AB^2 & (\overrightarrow{AB},\ \overrightarrow{AC}) & (\overrightarrow{AB},\ \overrightarrow{AD}) \\ (\overrightarrow{AC},\ \overrightarrow{AB}) & AC^2 & (\overrightarrow{AC},\ \overrightarrow{AD}) \\ (\overrightarrow{AD},\ \overrightarrow{AB}) & (\overrightarrow{AD},\ \overrightarrow{AC}) & AD^2 \end{vmatrix} = \det J_3$$ はグラムの行列式で

$\det J_3 > 0$ そして x, y, z, w の性質より $AB^2 = |\vec{b}|^2 = x + y$, $AC^2 = |\vec{c}|^2 = x + z$, $AD^2 = |\vec{d}|^2 = x + w$ だから

$$J_3 = \begin{pmatrix} x+y & x & x \\ x & x+z & x \\ x & x & x+w \end{pmatrix}$$

であって，クラーメルの公式より λ, μ, ν は一意的に求まり，

$$\begin{vmatrix} x+y & x & x \\ x & x+z & x \\ x & x & x+w \end{vmatrix} \lambda = \frac{1}{2} \begin{vmatrix} x+y & x & x \\ x+z & x+z & x \\ x+w & x & x+w \end{vmatrix}$$

$$\begin{vmatrix} x+y & x & x \\ x & x+z & x \\ x & x & x+w \end{vmatrix} \mu = \frac{1}{2} \begin{vmatrix} x+y & x+y & x \\ x & x+z & x \\ x & x+w & x+w \end{vmatrix} \qquad \cdots(7)$$

$$\begin{vmatrix} x+y & x & x \\ x & x+z & x \\ x & x & x+w \end{vmatrix} \nu = \frac{1}{2} \begin{vmatrix} x+y & x & x+y \\ x & x+z & x+z \\ x & x & x+w \end{vmatrix}$$

ここで

$$\begin{vmatrix} x+y & x & x \\ x+z & x+z & x \\ x+w & x & x+w \end{vmatrix} = \begin{vmatrix} y & x & 0 \\ 0 & x+z & -z \\ w & x & w \end{vmatrix}$$

$$= yzw - xzw + xyw + xyz = \det J_3 - 2xzw,$$

$$\begin{vmatrix} x+y & x+y & x \\ x & x+z & x \\ x & x+w & x+w \end{vmatrix} = \det J_3 - 2xyw,$$

$$\begin{vmatrix} x+y & x & x+y \\ x & x+z & x+z \\ x & x & x+w \end{vmatrix} = \det J_3 - 2xyz,$$

$$\det J_3 = \begin{vmatrix} x+y & x & x \\ x & x+z & x \\ x & x & x+w \end{vmatrix} = yzw + xzw + xyw + xyz$$

だから

$$\overrightarrow{AO_3} = \vec{s} = \frac{(\det J_3 - 2xzw)\overrightarrow{AB} + (\det J_3 - 2xyw)\overrightarrow{AC} + (\det J_3 - 2xyz)\overrightarrow{AD}}{2\det J_3}$$

ゆえに

$$\overrightarrow{PO_3} = \frac{(2\det J_3 - 3\det J_3 + 2\det J_3 - 2yzw)\overrightarrow{PA} + (\det J_3 - 2xzw)\overrightarrow{PB} + (\det J_3 - 2xyw)\overrightarrow{PC} + (\det J_3 - 2xyz)\overrightarrow{PD}}{2\det J_3}$$

$$\overrightarrow{PO_3} = \frac{(\det J_3 - 2yzw)\overrightarrow{PA} + (\det J_3 - 2xzw)\overrightarrow{PB} + (\det J_3 - 2xyw)\overrightarrow{PC} + (\det J_3 - 2xyz)\overrightarrow{PD}}{2\det J_3}$$

（証明終わり）

10.3 オイラー線の関係

直辺四面体では「外心 O_3 」だけでなく「垂心H」も存在するのであった．直辺四面体では次の定理が成り立つ．

定理10.3 直辺四面体では，「重心 G」は「外心 O_3」と「垂心 H」との中点である．よって，三角形の場合のように「外心 O_3」「重心 G」「垂心 H」はこの順に一直線上にある．

証明　この直辺四面体ABCDの「外心 O_3」の「ベクトルによる重心座標表現」は**定理10. 2**の(4)より

$$\overrightarrow{PO_3} = \frac{\det J_3 - 2yzw}{2\det J_3}\overrightarrow{PA} + \frac{\det J_3 - 2xzw}{2\det J_3}\overrightarrow{PB} + \frac{\det J_3 - 2xyw}{2\det J_3}\overrightarrow{PC} + \frac{\det J_3 - 2xyz}{2\det J_3}\overrightarrow{PD}$$

これを変形すれば

$$\overrightarrow{PO_3} + \frac{yzw\overrightarrow{PA} + xzw\overrightarrow{PB} + xyw\overrightarrow{PC} + xyz\overrightarrow{PD}}{\det J_3} = \frac{\overrightarrow{PA} + \overrightarrow{PB} + \overrightarrow{PC} + \overrightarrow{PD}}{2} \quad \cdots(1)$$

ここで「垂心 H」の「ベクトルによる重心座標表現」は第9話の**定理9. 11**の(ウ)の(3)式より,

$$\overrightarrow{PH} = \frac{yzw\overrightarrow{PA} + xzw\overrightarrow{PB} + xyw\overrightarrow{PC} + xyz\overrightarrow{PD}}{\det J_3}$$

よって(1)は

$$\frac{\overrightarrow{PO_3} + \overrightarrow{PH}}{2} = \frac{\overrightarrow{PA} + \overrightarrow{PB} + \overrightarrow{PC} + \overrightarrow{PD}}{4}$$

$$\text{for} \quad \forall P \in E^m$$

となる．右辺の $\dfrac{\overrightarrow{PA} + \overrightarrow{PB} + \overrightarrow{PC} + \overrightarrow{PD}}{4}$ は四面体ABCDの「重心 G」の「ベクトルによる重心座標表現」だから証明された．（証明終わり）

10. 4　直辺四面体の外接球面の半径

一般の四面体の外接球面の半径を与える式は第8話で与えた．ここでは直辺四面体ABCDの外接球面の半径を表す式をやはり，x，y，z，wを用いて与える．まず直辺四面体ABCDの性質として，$AB^2 + CD^2 = AC^2 + BD^2 = AD^2 + BC^2$ というのがあった．（前回の**命題9. 10**の(2)参照）そこでこの共通量を$AB^2+CD^2=AC^2+BD^2=AD^2+BC^2=k^2$(ケー２乗)$(k>0)$とおく．四面体ABCDで$BC=a$，$CA=b$，$AB=c$，$DA=d$，$DB=e$，$DC=f$としているから

$$k^2=a^2+d^2=b^2+e^2=c^2+f^2 \qquad \cdots(1)$$

である．

定理10.4 直辺四面体ABCDの外接球面の半径をR_3とするとき，

$$R_3{}^2=\frac{k^2}{4}-\frac{xyzw}{\det J_3}=\frac{k^2}{4}-\frac{xyzw}{yzw+xzw+xyw+xyz} \qquad \cdots(2)$$

ここにk^2(ケー２乗)は直辺四面体ABCDの共通量$k^2=a^2+d^2=b^2+e^2=c^2+f^2$である．

証明 **定理10.2**で$\overrightarrow{PO_3}=\kappa\overrightarrow{PA}+\lambda\overrightarrow{PB}+\mu\overrightarrow{PC}+\nu\overrightarrow{PD}$ $(\kappa+\lambda+\mu+\nu=1)$とし，**定理10.2**から

$$\begin{aligned}\overrightarrow{AO_3}&=\lambda\vec{b}+\mu\vec{c}+\nu\vec{d}\\&=\frac{(\det J_3-2xzw)\vec{b}+(\det J_3-2xyw)\vec{c}+(\det J_3-2xyz)\vec{d}}{2\det J_3}\end{aligned} \qquad \cdots(3)$$

よって

$$\begin{aligned}R_3{}^2&=|\lambda\vec{b}+\mu\vec{c}+\nu\vec{d}|^2=\lambda^2|\vec{b}|^2+\mu^2|\vec{c}|^2+\nu^2|\vec{d}|^2\\&\qquad+x(2\lambda\mu+2\mu\nu+2\nu\lambda)\\&(\because x=(\vec{b},\ \vec{c})=(\vec{b},\ \vec{d})=(\vec{c},\ \vec{d}))\\&=\lambda^2(x+y)+\mu^2(x+z)+\nu^2(x+w)+x(2\lambda\mu+2\mu\nu+2\nu\lambda)\\&=x(\lambda+\mu+\nu)^2+y\lambda^2+z\mu^2+w\nu^2\\&=x(1-\kappa)^2+y\lambda^2+z\mu^2+w\nu^2\\&\quad(\because \kappa+\lambda+\mu+\nu=1)\\&=x\kappa^2+y\lambda^2+z\mu^2+w\nu^2+x(1-2\kappa)\end{aligned} \qquad \cdots(4)$$

そこで

$$\alpha=yzw,\ \beta=xzw,\ \gamma=xyw,\ \delta=xyz,\ \det J_3=U \qquad \cdots(5)$$

とおくと

$$1-2\kappa=\frac{2\alpha}{U}\quad\left(\kappa=\frac{U-2\alpha}{2U}\text{ による}\right)$$

ゆえに

$$R_3{}^2=x\kappa^2+y\lambda^2+z\mu^2+w\nu^2+\frac{2xyzw}{U}\qquad\cdots(6)\ (\because\ (5))$$

これに $\kappa=\dfrac{U-2\alpha}{2U}$, $\lambda=\dfrac{U-2\beta}{2U}$, $\mu=\dfrac{U-2\gamma}{2U}$, $\nu=\dfrac{U-2\delta}{2U}$ を代入して(6)の両辺を$4U^2$倍すると $x+y+z+w=AB^2+CD^2=k^2$ だから

$$\begin{aligned}4U^2R_3{}^2&=(x+y+z+w)U^2-4(\alpha x+\beta y+\gamma z+\delta w)U\\&\quad+4(\alpha^2x+\beta^2y+\gamma^2z+\delta^2w)+8xyzwU\\&=k^2U^2-4\{(yzw)x+(xzw)y+(xyw)z+(xyz)w\}U\\&\quad+4\{(yzw)^2x+(xzw)^2y+(xyw)^2z+(xyz)^2w\}+8xyzwU\\&=k^2U^2-16xyzwU+4(xyzw)(yzw+xzw+xyw+xyz)\\&\quad+8xyzwU\\&=k^2U^2-16xyzwU+4(xyzw)U+8xyzwU\\&\quad(\because U=\det J_3=yzw+xzw+xyw+xyz)\\&=k^2U^2-4xyzwU\end{aligned}$$

よって

$$R_3{}^2=\frac{k^2}{4}-\frac{xyzw}{U}=\frac{k^2}{4}-\frac{xyzw}{\det J_3}$$

(証明終わり)

10.5 四面体の四線座標と重心座標

三角形での三線座標をまねして四面体ABCDを用いて「四線座標」なるものを定義しよう．四面体ABCD$\subseteq E^3$(3次元ユークリッド空間)としておく．図のように頂点Aが上方に来るようにしておく．(図10.1参照)

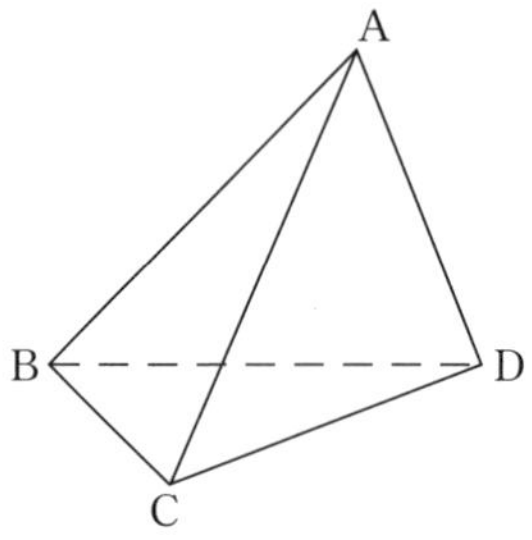

図10.1　四面体ABCD

少し準備をしよう．四面体ABCDの体積をVとし，$\triangle BCD$，$\triangle ACD$，$\triangle ABD$，$\triangle ABC$の面積をそれぞれ順にS_A，S_B，S_C，S_Dとする．また頂点Aから対面の$\triangle BCD$に下した垂線の足をH_Aとし，その長さ(高さ)をh_Aとする．($h_A = AH_A$)同様に頂点B，C，Dからの垂線を考えて$\triangle ACD$上に点H_B，$\triangle ABD$上に点H_C，$\triangle ABC$上に点H_Dをとり，

$$h_B = BH_B,\ h_C = CH_C,\ h_D = DH_D \qquad \cdots(1)$$

とおく．

四面体の体積の公式より次のことが分かる．

補題10．5

$$h_A = \frac{3V}{S_A},\ h_B = \frac{3V}{S_B},\ h_C = \frac{3V}{S_C},\ h_D = \frac{3V}{S_D} \qquad \cdots(2)$$

さてE^3内の任意の点Tを考える．点Tから頂点Aの対面$\triangle BCD$に下した垂線の足をT^Aとする．$\alpha = TT^A$の「符号つき長さ」とおく．同様に点Tから$\triangle ACD$，$\triangle ABD$，$\triangle ABC$に下した垂線の足をそれぞれT^B，T^C，T^Dとして，$\beta = TT^B$，$\gamma = TT^C$，$\delta = TT^D$の「符号つき長さ」とし，(α，β，γ，δ)を点Tの四面体ABCDに関する「**四線座標**」と呼びたいのである．ただし，α，β，γ，δの「符号つき長さ」の符号，正・負・0のつけ方は次のようにする．例えばαの符号の付け方は次のようにする．$\overrightarrow{AH_A}$は零ベクトルでないから，この向きを正の向きと決めるのである．$\overrightarrow{TT^A} /\!/ \overrightarrow{AH_A}$である．そこで(図10.2参照)

(1)　$\overrightarrow{TT^A} \neq \overrightarrow{0}$が$\overrightarrow{AH_A}$と同じ向きのとき，$\alpha = TT^A$の長さ$> 0$とする．

(2)　$\overrightarrow{TT^A} \neq \vec{0}$が$\overrightarrow{AH_A}$と反対向きのとき，$\alpha = TT^A$の長さ$< 0$とする．

(3)　$\overrightarrow{TT^A} = \vec{0}$つまり，$T = T^A$のとき，$\alpha = TT^A$の長さ$= 0$とする．

このような4つの実数の組$(\alpha,\ \beta,\ \gamma,\ \delta)$は$E^3$内の点Tによって「一意的」にきまる．このようにして符号まで考えた4つの対面までの長さの組$(\alpha, \beta, \gamma, \delta)$を「**四線座標**」とよぶのである．

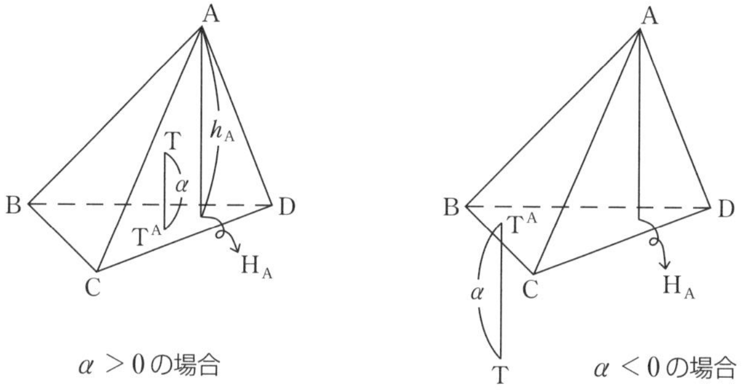

図10.2　四線座標

次に四線座標と重心座標との関係を調べよう．

命題10. 6　四面体ABCDを考え，点Pを四面体ABCDを含むE^mの基準点としておく．Tは四面体ABCDを含むE^3内の点，Wは四面体ABCDの一つの面△BCDを含むE^2内の点とし，$E^2 \subseteq E^3 \subseteq E^m$としておく．$T$の「四面体ABCD」に関する「ベクトルによる重心座標表現」及び，Wの「△BCD」に関する「ベクトルによる重心座標表現」が次のようであるとする．

$$\overrightarrow{PT} = \kappa\overrightarrow{PA} + \lambda\overrightarrow{PB} + \mu\overrightarrow{PC} + \nu\overrightarrow{PD} \qquad \cdots①$$

$$\overrightarrow{PW} = l\overrightarrow{PB} + m\overrightarrow{PC} + n\overrightarrow{PD} \qquad \cdots②$$

$$\kappa + \lambda + \mu + \nu = 1 \qquad \cdots③$$

$$l + m + n = 1 \qquad \cdots④$$

今A，T，Wの間に

$$\overrightarrow{AT} = (1 - t)\overrightarrow{AW} \qquad \cdots(1)$$

(ただしtは実数)の関係がある．

$$\Rightarrow\ t = \kappa,\ \ \lambda = (1-\kappa)l,\ \ \mu = (1-\kappa)m,\ \ \nu = (1-\kappa)n \qquad \cdots(2)$$

となり,

$\overrightarrow{AT}=(1-t)\overrightarrow{AW}$は

$$\overrightarrow{AT}=(1-\kappa)\overrightarrow{AW} \quad \cdots(3)$$

となる.

証明

$$(1)\Leftrightarrow \overrightarrow{PT}-\overrightarrow{PA}=(1-t)(\overrightarrow{PW}-\overrightarrow{PA})$$
$$\Leftrightarrow \overrightarrow{PT}=(1-t)\overrightarrow{PW}+t\overrightarrow{PA} \quad \cdots(4)$$

よってTはAWを$1-t:t$に分ける点である. ②を(4)に代入して

$$\overrightarrow{PT}=t\overrightarrow{PA}+(1-t)l\overrightarrow{PB}+(1-t)m\overrightarrow{PC}+(1-t)n\overrightarrow{PD} \quad \cdots(5)$$

ここで

$$t+(1-t)l+(1-t)m+(1-t)n=t+(1-t)(l+m+n)=1 \quad (\because ④)$$

よって(5)も点Tの「四面体ABCD」に関する「ベクトルによる重心座標表現」となり, ①と比較して$t=\kappa$, $\lambda=(1-t)l$, $\mu=(1-t)m$, $\nu=(1-t)n$

つまり, $t=\kappa$, $\lambda=(1-\kappa)l$, $\mu=(1-\kappa)m$, $\nu=(1-\kappa)n$となる. また

$$AT:TW=(1-t):t=(1-\kappa):\kappa \quad \cdots(6)$$

(証明終わり)

命題10. 7 四面体ABCD$\subseteq E^3$とする. E^3内の点Tの正規化された「重心座標」を$(\kappa, \lambda, \mu, \nu)$とするとき, 点Tが「頂点Aを通って対面$\triangle BCD$に平行な平面」上にある

$$\Leftrightarrow \kappa=1$$

証明

$$\overrightarrow{PT}=\kappa\overrightarrow{PA}+\lambda\overrightarrow{PB}+\mu\overrightarrow{PC}+\nu\overrightarrow{PD} \quad \cdots(1)$$

かつ

$$\kappa+\lambda+\mu+\nu=1 \quad \cdots(2)$$

としておく. $T=A$ならよい. そこで以下$T\neq A$としておく.

必要性：$\overrightarrow{AT} /\!/ \triangle BCD$としよう．

$$\overrightarrow{AT} = l\,\overrightarrow{DB} + m\,\overrightarrow{DC} \qquad \cdots(3)$$

とおける．

$$(3) \Leftrightarrow \overrightarrow{PT} - \overrightarrow{PA} = l(\overrightarrow{PB} - \overrightarrow{PD}) + m(\overrightarrow{PC} - \overrightarrow{PD})$$

$$\Leftrightarrow \overrightarrow{PT} = \overrightarrow{PA} + l\,\overrightarrow{PB} + m\,\overrightarrow{PC} - (l + m)\overrightarrow{PD} \qquad \cdots(4)$$

(1)(4)共に点Tの「ベクトルによる重心座標表現」（$\because$(4)において $1 + l + m - (l + m) = 1$）だから比較して $\kappa = 1$

十分性：$\kappa = 1$のとき，(1)(2)は

$$\overrightarrow{PT} = \overrightarrow{PA} + \lambda\overrightarrow{PB} + \mu\overrightarrow{PC} + \nu\overrightarrow{PD} \qquad \cdots(5)$$

かつ

$$\lambda + \mu + \nu = 0 \qquad \cdots(6)$$

となる．(5)は

$$\overrightarrow{AT} = \lambda\,\overrightarrow{PB} + \mu\,\overrightarrow{PC} - (\lambda + \mu)\overrightarrow{PD} \Leftrightarrow \overrightarrow{AT} = \lambda\,\overrightarrow{DB} + \mu\,\overrightarrow{DC}$$

よって$\overrightarrow{AT} /\!/ \triangle BCD$となり，点Tは「頂点Aを通って対面$\triangle BCD$に平行な平面」上にある．（証明終わり）

命題10.8　E^3の点Tの正規化された「重心座標」を$(\kappa,\ \lambda,\ \mu,\ \nu)$とするとき，$\kappa \neq 1$ならば直線$AT$は$\triangle BCD$と一点$T_A$で交わる．

$\kappa \neq 1$のときに限り

$$AT : TT_A = 1 - \kappa : \kappa \qquad \cdots(1)$$

かつ

$$AT_A : TT_A = 1 : \kappa \qquad \cdots(2)$$

証明　$\kappa \neq 1$だから**命題10.7**より直線ATは$\triangle BCD$と交わる．そこで

$$\overrightarrow{AT} = (1 - t)\,\overrightarrow{AT_A} \qquad \cdots(3)$$

となる実数$t(t \neq 1)$がある．すると**命題10.6**より

$$t = \kappa$$

かつ

$$AT : TT_A = (1 - t) : t = (1 - \kappa) : \kappa$$

となり，これより

$$AT_A : TT_A = 1 : \kappa$$

（証明終わり）

命題10. 9　四面体 ABCD $\subseteq E^3 \subseteq E^m$ $(m \geq 3)$としておく．E^3の任意の点 Tの重心座標を

$$(\kappa,\ \lambda,\ \mu,\ \nu),\quad \kappa+\lambda+\mu+\nu=1 \qquad \cdots(1)$$

とし，「四線座標」を$(\alpha,\ \beta,\ \gamma,\ \delta)$とすれば，

$$\alpha = \frac{3V}{S_A}\kappa,\quad \beta = \frac{3V}{S_B}\lambda,\quad \gamma = \frac{3V}{S_C}\mu,\quad \delta = \frac{3V}{S_D}\nu \qquad \cdots(2)$$

また

$$S_A\alpha + S_B\beta + S_C\gamma + S_D\delta = 3V \qquad \cdots(3)$$

証明

（Ⅰ）$\kappa \neq 1$のときは**命題10. 8**の(2)から

$$AT_A : TT_A = 1 : \kappa \qquad \cdots(4)$$

そこでTが平面$\triangle BCD$上になく$\overrightarrow{AT}$が「平面$\triangle BCD$に垂直でない場合」だけ証明しておく．

$\triangle AT_AH_A \backsim \triangle TT_AT^A$ より

$$AH_A : TT^A = AT_A : TT_A = 1 : \kappa$$

つまり

$$h_A : \alpha = 1 : \kappa \qquad \text{（図10.3参照）}$$

$$\Rightarrow \quad \alpha = h_A\kappa \qquad \cdots(5)$$

ここで**補題10. 5**の(2)から(5)は $\alpha = \dfrac{3V}{S_A}\kappa$ となる．

（Ⅱ）$\kappa = 1$のときは$\overrightarrow{AT}$は「頂点Aを通って$\triangle BCD$に平行な平面上」にあり，したがって

$$\alpha = TT^A = h_A$$

また$\kappa = 1$なので$\alpha = h_A\kappa$がやはり成り立つ．

よって**補題10. 5**の(2)からこれは$\alpha = \dfrac{3V}{S_A}\kappa$となる．

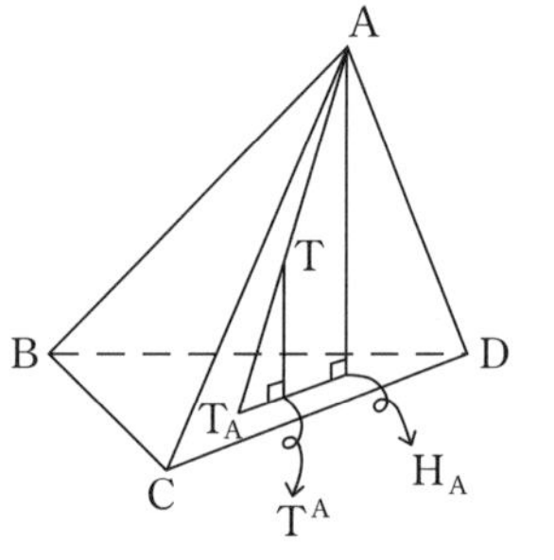

図10.3

（Ⅲ）同様に $\beta=\frac{3V}{S_B}\lambda$，$\gamma=\frac{3V}{S_C}\mu$，$\delta=\frac{3V}{S_D}\nu$ も成り立つ.

（Ⅳ）次に(1)(2)から

$$S_A\alpha+S_B\beta+S_C\gamma+S_D\delta=S_A\times\frac{3V\kappa}{S_A}+S_B\times\frac{3V\lambda}{S_B}$$

$$+S_C\times\frac{3V\mu}{S_C}+S_D\times\frac{3V\nu}{S_D}=3V(\kappa+\lambda+\mu+\nu)=3V$$

（証明終わり）

10.6 四面体の内心・傍心の重心座標

四面体ABCDの「**内心 I**」の重心座標を求めよう.

定理10.10 四面体ABCD$\subseteq E^3\subseteq E^m$ $(m\geq 3)$とする.「**内心 I**」の「ベクトルによる重心座標表現」は

$$\overrightarrow{PI}=\frac{S_A\overrightarrow{PA}+S_B\overrightarrow{PB}+S_C\overrightarrow{PC}+S_D\overrightarrow{PD}}{S_A+S_B+S_C+S_D}$$

$$\text{for }\ \forall P\in E^m \qquad \cdots(1)$$

また「**内接球面**」の半径を r とすれば

$$r=\frac{3V}{S_A+S_B+S_C+S_D}=\frac{\sqrt{\det J_3}}{2(S_A+S_B+S_C+S_D)} \qquad \cdots(2)$$

証明 「内心 I」から面$\triangle BCD$，$\triangle ACD$，$\triangle ABD$，$\triangle ABC$に下した垂線の足をI^A，I^B，I^C，I^Dとおく.「内心 I」の四線座標を$(\alpha,\ \beta,\ \gamma,\ \delta)$とおけば，$\alpha=II^A>0$，$\beta=II^B>0$，$\gamma=II^C>0$，$\delta=II^D>0$である. また「内心 I」の「ベクトルによる重心座標表現」を

$$\overrightarrow{PT}=\kappa\overrightarrow{PA}+\lambda\overrightarrow{PB}+\mu\overrightarrow{PC}+\nu\overrightarrow{PD} \qquad \cdots(3)$$

かつ

$$\kappa+\lambda+\mu+\nu=1 \qquad \cdots(4)$$

とおくと「内心 I」は四面体ABCDの内部にあるから

$$\kappa > 0,\ \lambda > 0,\ \mu > 0,\ \nu > 0 \qquad \cdots(5)$$

かつ

$$II^A = II^B = II^C = II^D = r$$

すなわち

$$\alpha = \beta = \gamma = \delta = r \qquad \cdots(6)$$

これに**命題10. 9**の(2)を代入して

$$\frac{3V\kappa}{S_A} = \frac{3V\lambda}{S_B} = \frac{3V\mu}{S_C} = \frac{3V\nu}{S_D} = r \qquad \cdots(7)$$

このκ，λ，μ，νとrの連立方程式を(4)かつ(5)の基で解けばよい．そこでいわゆる「加比の理」を用いて

$$r = \frac{3V\kappa}{S_A} = \frac{3V\lambda}{S_B} = \frac{3V\mu}{S_C} = \frac{3V\nu}{S_D} = \frac{3V(\kappa+\lambda+\mu+\nu)}{S_A+S_B+S_C+S_D}$$
$$= \frac{3V}{S_A+S_B+S_C+S_D} \qquad (\because (4))$$

ゆえに

$$r = \frac{3V}{S_A+S_B+S_C+S_D}，\quad かつ$$

$$\kappa = \frac{S_A}{S_A+S_B+S_C+S_D},\quad \lambda = \frac{S_B}{S_A+S_B+S_C+S_D},$$

$$\mu = \frac{S_C}{S_A+S_B+S_C+S_D},\quad \nu = \frac{S_D}{S_A+S_B+S_C+S_D},$$

となる．なお(2)は$6V = \sqrt{\det J_3}$からでる．（証明終わり）

次に四面体ABCDの**傍接球面**を考えよう．例えば「頂点Aの角内にある**傍接球面**」とは四面体ABCDの対面の$\triangle BCD$の外面と四面体ABCDの外部で1点で接し，さらに他の3面とは，例えば$\triangle ABC$とは「$\triangle ABC$を頂点Aを中心として相似拡大したもの」とも内面で接するような球面である．このような傍接球面は4頂点に応じて4つできる．ここでは「頂点Aの角内にある傍接球面」の中心である「**傍心 E_A** 」の重心座標と半径を求めよう．

定理10.11 四面体ABCD $\subseteq E^3 \subseteq E^m$ $(m \geq 3)$とする．四面体ABCDの「**傍心 E_A**」の「ベクトルによる重心座標表現」は

$$\overrightarrow{PE_A} = \frac{-S_A\overrightarrow{PA}+S_B\overrightarrow{PB}+S_C\overrightarrow{PC}+S_D\overrightarrow{PD}}{-S_A+S_B+S_C+S_D} \quad \text{for } \forall P \in E^m \qquad \cdots(1)$$

また「**傍接球面**」の半径をr_Aとすれば

$$r_A = \frac{3V}{-S_A+S_B+S_C+S_D} = \frac{\sqrt{\det J_3}}{2(-S_A+S_B+S_C+S_D)} \qquad \cdots(2)$$

証明 「傍心E_A」から面$\triangle BCD$，$\triangle ACD$，$\triangle ABD$，$\triangle ABC$に下した垂線の足を${E_A}^A$，${E_A}^B$，${E_A}^C$，${E_A}^D$とおく．傍心E_Aの四線座標を$(\alpha, \beta, \gamma, \delta)$とおけば，$\alpha = E_A{E_A}^A < 0$，$\beta = E_A{E_A}^B > 0$，$\gamma = E_A{E_A}^C > 0$，$\delta = E_A{E_A}^D > 0$である．また「傍心$E_A$」の「ベクトルによる重心座標表現」を

$$\overrightarrow{PT} = \kappa\overrightarrow{PA} + \lambda\overrightarrow{PB} + \mu\overrightarrow{PC} + \nu\overrightarrow{PD} \qquad \cdots(3)$$

かつ

$$\kappa + \lambda + \mu + \nu = 1 \qquad \cdots(4)$$

とおくとE_Aは四面体ABCDの外部にあり，平面に関して頂点Aと反対側にあり，角A内にあるから

$$\kappa < 0,\ \lambda > 0,\ \mu > 0,\ \nu > 0 \qquad \cdots(5)$$

傍接球面が4面と接するから$\alpha = E_A{E_A}^A < 0$に注意して

$$-\alpha = \beta = \gamma = \delta = r_A \qquad \cdots(6)$$

これに**命題10. 9**の(2)を代入して

$$-\frac{3V\kappa}{S_A} = \frac{3V\lambda}{S_B} = \frac{3V\mu}{S_C} = \frac{3V\nu}{S_D} = r_A$$

これを $\dfrac{3V\kappa}{-S_A} = \dfrac{3V\lambda}{S_B} = \dfrac{3V\mu}{S_C} = \dfrac{3V\nu}{S_D} = r_A$ と変形し「加比の理」を用いれば

$$r_A = \frac{3V\kappa}{-S_A} = \frac{3V\lambda}{S_B} = \frac{3V\mu}{S_C} = \frac{3V\nu}{S_D}$$

$$= \frac{3V(\kappa+\lambda+\mu+\nu)}{-S_A+S_B+S_C+S_D} = \frac{3V}{-S_A+S_B+S_C+S_D}$$

ゆえに

$$r_A = \frac{3V}{-S_A + S_B + S_C + S_D}$$

また

$$\kappa = \frac{-S_A}{-S_A + S_B + S_C + S_D}, \quad \lambda = \frac{S_B}{-S_A + S_B + S_C + S_D},$$

$$\mu = \frac{S_C}{-S_A + S_B + S_C + S_D}, \quad \nu = \frac{S_D}{-S_A + S_B + S_C + S_D}$$

なお，$-S_A + S_B + S_C + S_D > 0$である．これについては[第12話**命題12.19**参照]　(証明終わり)

10.7 内接球面と傍接球面との半径の関係

命題10.12　四面体ABCDの4つの傍心E_A，E_B，E_C，E_Dに対する傍接球面の半径r_A，r_B，r_C，r_Dと内接球面の半径rとの関係は

$$\frac{1}{r_A} + \frac{1}{r_B} + \frac{1}{r_C} + \frac{1}{r_D} = \frac{2}{r}$$

証明

$$\frac{1}{r_A} = \frac{-S_A + S_B + S_C + S_D}{3V}, \quad \frac{1}{r_B} = \frac{S_A - S_B + S_C + S_D}{3V},$$

$$\frac{1}{r_C} = \frac{S_A + S_B - S_C + S_D}{3V}, \quad \frac{1}{r_D} = \frac{S_A + S_B + S_C - S_D}{3V}$$

$$\frac{1}{r} = \frac{S_A + S_B + S_C + S_D}{3V}$$ より

$$\frac{1}{r_A} + \frac{1}{r_B} + \frac{1}{r_C} + \frac{1}{r_D} = \frac{2(S_A + S_B + S_C + S_D)}{3V} = \frac{2}{r}$$

(証明終わり)

第11話

直辺四面体の七平方の定理と四面体の具体例

11.1 今回の内容

今回は**直辺四面体ABCD**における「**七平方の定理**」を紹介することがまず一つです．また四面体の6辺の長さを具体的に与えて四面体を構成し，その「五心」などの重心座標を求めます．直辺四面体の例として「3直角四面体」を取り上げ，よく知られた「**四平方の定理**」が「**七平方の定理**」の**特殊な場合**であることを見てみます．

11.2 準　備

四面体ABCDの6辺の長さを$BC=a$，$CA=b$，$AB=c$，$DA=d$，$DB=e$，$DC=f$とおき，$\triangle BCD$, $\triangle ACD$, $\triangle ABD$, $\triangle ABC$の面積をS_A，S_B，S_C，S_Dとし，これを基準としておく．
直辺四面体ABCDでは第9話**定理9.11**のように

$$
\begin{aligned}
x &= (\overrightarrow{AB},\ \overrightarrow{AC}) = (\overrightarrow{AB},\ \overrightarrow{AD}) = (\overrightarrow{AC},\ \overrightarrow{AD}),\\
y &= (\overrightarrow{BA},\ \overrightarrow{BC}) = (\overrightarrow{BA},\ \overrightarrow{BD}) = (\overrightarrow{BC},\ \overrightarrow{BD}),\\
z &= (\overrightarrow{CA},\ \overrightarrow{CB}) = (\overrightarrow{CA},\ \overrightarrow{CD}) = (\overrightarrow{CB},\ \overrightarrow{CD}),\\
w &= (\overrightarrow{DA},\ \overrightarrow{DB}) = (\overrightarrow{DA},\ \overrightarrow{DC}) = (\overrightarrow{DB},\ \overrightarrow{DC}) \qquad \cdots(1)
\end{aligned}
$$

としておく．また四面体ABCDが直辺四面体である条件は第9話**命題9.10**より，

$$AB^2 + CD^2 = AC^2 + BD^2 = AD^2 + BC^2$$

とも同値であった．

そこで

$$a^2+d^2=b^2+e^2=c^2+f^2=k^2 \text{（ケー2乗）} \qquad \cdots(2)$$

とおいておく．以下これらを用いる．

11.3　直辺四面体の七平方の定理

まず前に証明しておくべきだった次の命題を示しておく．

命題11.1　直辺四面体ABCDの頂点Aから対面へ下した垂線の足をH_AとすればH_Aはその対面の三角形$\triangle BCD$の**垂心**である．他の頂点についても同様である．

証明　$BH_A \perp CD$を示そう．H_Aは頂点Aから$\triangle BCD$へ下した垂線の足であるから$AH_A \perp \triangle BCD$.

ゆえに

$$AH_A \perp CD \qquad \cdots(1)$$

また四面体ABCDは直辺四面体であるから

$$AB \perp CD \qquad \cdots(2)$$

(1) (2) より$\triangle BAH_A \perp CD$よって$BH_A \perp CD$がいえる．同様に$CH_A \perp BD$，$DH_A \perp AB$となり，H_Aは$\triangle BCD$の「垂心」であることが分かった．

（証明終わり）

定理11.2　**［七平方の定理］**　**直辺四面体**ABCDの6辺の長さを$BC=a$，$CA=b$，$AB=c$，$DA=d$，$DB=e$，$DC=f$とし，$\triangle BCD$，$\triangle ACD$，$\triangle ABD$，$\triangle ABC$の面積をS_A，S_B，S_C，S_Dとしたとき，

$$4(S_A{}^2+S_B{}^2+S_C{}^2+S_D{}^2)=a^2d^2+b^2e^2+c^2f^2$$

つまり

$$(2S_A)^2+(2S_B)^2+(2S_C)^2+(2S_D)^2=(ad)^2+(be)^2+(cf)^2 \qquad \cdots(1)$$

が成り立つ．

証明　直辺四面体ABCDについての第9話**命題9.15**の(1)～(4)から

$$4S_A{}^2 = zw + yw + yz,\quad 4S_B{}^2 = zw + xw + xz,$$
$$4S_C{}^2 = yw + xw + xy,\quad 4S_D{}^2 = yz + xz + xy \qquad \cdots(2)$$

よって

$$\begin{aligned}
&4(S_A{}^2 + S_B{}^2 + S_C{}^2 + S_D{}^2)\\
&\quad = 2(xy + xz + xw + yz + yw + zw)\\
&\quad = 2\{x(z + w) + y(x + w) + z(y + w)\}\\
&\quad = 2xCD^2 + 2yAD^2 + 2zBD^2\\
&\quad = 2xf^2 + 2yd^2 + 2ze^2\\
&\qquad (\because x + w = AD^2,\ y + w = BD^2,\ z + w = CD^2)\\
&\quad = 2x(k^2 - c^2) + 2y(k^2 - a^2) + 2z(k^2 - b^2)\\
&\qquad (\because a^2 + d^2 = b^2 + e^2 = c^2 + f^2 = k^2)
\end{aligned}$$

ここで，第9話**命題9.13**の $2x = b^2 + c^2 - a^2$，$2y = c^2 + a^2 - b^2$，$2z = a^2 + b^2 - c^2$ を代入して

$$\begin{aligned}
&4(S_A{}^2 + S_B{}^2 + S_C{}^2 + S_D{}^2)\\
&= 2x(k^2 - c^2) + 2y(k^2 - a^2) + 2z(k^2 - b^2)\\
&= (b^2 + c^2 - a^2)(k^2 - c^2) + (c^2 + a^2 - b^2)(k^2 - a^2)\\
&\qquad\qquad + (a^2 + b^2 - c^2)(k^2 - b^2)\\
&= (a^2 + b^2 + c^2)k^2 - a^2(c^2 + a^2 - b^2) - b^2(a^2 + b^2 - c^2)\\
&\qquad\qquad - c^2(b^2 + c^2 - a^2)\\
&= (a^2 + b^2 + c^2)k^2 - a^4 - b^4 - c^4\\
&= a^2(k^2 - a^2) + b^2(k^2 - b^2) + c^2(k^2 - c^2)\\
&= a^2d^2 + b^2e^2 + c^2f^2\\
&\quad (\because a^2 + d^2 = b^2 + e^2 = c^2 + f^2 = k^2)
\end{aligned}$$

（証明終わり）

x，y，z，w について $x + y = AB^2$，$x + z = AC^2$，$x + w = AD^2$，$y + z = BC^2$，$y + w = BD^2$，$z + w = CD^2$ だから

$$x + y > 0,\quad x + z > 0,\quad x + w > 0,$$
$$y + z > 0,\quad y + w > 0,\quad z + w > 0$$

これより次の補題が成立する．

補題11．3　直辺四面体 ABCDについて次が成立．

$$x \leqq 0 \Rightarrow y > 0,\ z > 0,\ w > 0$$

よって次の**命題11．4**が言える．

命題11．4　直辺四面体ABCDについて，x，y，z，wの内，0以下となるものはあったとしてもただ一つである．

例えばxについて分類しようとすれば次の3通りを考えればよい．

命題11．5

(ア)　$x > 0,\ y > 0,\ z > 0,\ w > 0$

(イ)　$x = 0,\ y > 0,\ z > 0,\ w > 0$

(ウ)　$x < 0,\ y > 0,\ z > 0,\ w > 0$

(ア)は直辺四面体ABCDを構成している各面の三角形がみな**鋭角三角形**であることを示している．

(∵**11．2の準備**の(1)より)

(ウ)は$\angle BAC$，$\angle BAD$，$\angle CAD$だけが鈍角で残りの角はみな鋭角であることを示している．

(∵ $x = (\overrightarrow{AB},\ \overrightarrow{AC}) = (\overrightarrow{AB},\ \overrightarrow{AD}) = (\overrightarrow{AC},\ \overrightarrow{AD})$)

(イ)　$x = 0 \Leftrightarrow 0 = (\overrightarrow{AB},\ \overrightarrow{AC}) = (\overrightarrow{AB},\ \overrightarrow{AD}) = (\overrightarrow{AC},\ \overrightarrow{AD})$

$$\Leftrightarrow \angle BAC = 90^\circ,\ \angle BAD = 90^\circ,\ \angle CAD = 90^\circ$$

これは頂点Aに集まる3つの角がみな直角の特殊な直辺四面体ABCDである．

定義11．6　$\angle BAC = 90^\circ$，$\angle BAD = 90^\circ$，$\angle CAD = 90^\circ$の四面体を**A－3直角四面体**とよぶことにする．

命題11．7　A－3直角四面体ABCDは直辺四面体である．

証明 $\angle BAC = 90^\circ$，$\angle BAD = 90^\circ$，$\angle CAD = 90^\circ$ なので図11.1のような四面体である．

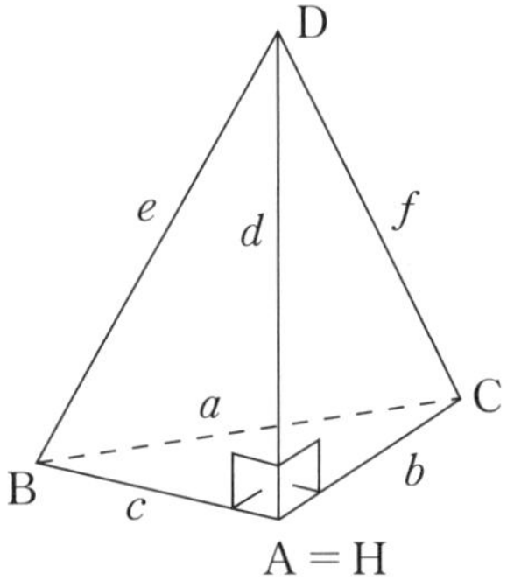

図11.1　A－3直角四面体

$AB \perp CD$を証明しよう．$AB \perp AC$かつ$AB \perp AD$より

$$AB \perp \Delta ACD$$

これより$AB \perp CD$が成り立つ．同様に$AC \perp BD$，$AD \perp BC$が成り立つ．よって成り立つ．　（証明終わり）

11.4 直辺四面体の具体例

例11.8　A－3直角四面体 ABCDは上に見たように直辺四面体であった．A－3直角四面体ABCDについて調べる．

（I）まず「**垂心H**」を考えてみよう．頂点B，C，Dから各対面に下した3垂線は頂点Aで交わる．よって頂点Aから対面ΔBCDに下した垂線も頂点Aで交わり，「**垂心H**」**は頂点A**であることが分かる．（図11.1）

これは計算でも分かる．

$$x = (\overrightarrow{AB},\ \overrightarrow{AC}) = (\overrightarrow{AB},\ \overrightarrow{AD}) = (\overrightarrow{AC},\ \overrightarrow{AD}) = 0$$

なので

$$\det J_3 = yzw + xzw + xyw + xyz = yzw > 0$$

「**垂心H**」の「ベクトルによる重心座標表現」は

$$\overrightarrow{PH} = \frac{yzw\overrightarrow{PA} + xzw\overrightarrow{PB} + xyw\overrightarrow{PC} + xyz\overrightarrow{PD}}{\det J_3}$$

$$= \frac{yzw\overrightarrow{PA}}{yzw} = \overrightarrow{PA} \quad \text{for} \quad \forall P \in E^m \ (m \geq 3)$$

よって　$H = A$

(Ⅱ) 次に「**外心** O」の**重心座標**を求めよう．四面体のオイラー線の関係(第10話参照)より，

$$\overrightarrow{PO} = 2\overrightarrow{PG} - \overrightarrow{PH} = 2 \times \frac{\overrightarrow{PA} + \overrightarrow{PB} + \overrightarrow{PC} + \overrightarrow{PD}}{4} - \overrightarrow{PA}$$

$$= \frac{-\overrightarrow{PA} + \overrightarrow{PB} + \overrightarrow{PC} + \overrightarrow{PD}}{2}$$

となる．即ち「**外心** $\boldsymbol{O}$」**の重心座標**は $\left(-\frac{1}{2}, \frac{1}{2}, \frac{1}{2}, \frac{1}{2}\right)$

(Ⅲ) 外接球面の半径をR_3とすると第10話**定理10.4**より

$$R_3{}^2 = \frac{k^2}{4} - \frac{xyzw}{\det J_3} = \frac{k^2}{4} \quad (\because x = 0)$$

ここで$\triangle ABC$，$\triangle ABD$，$\triangle ACD$は角$A = 90^\circ$の直角三角形なので

$$b^2 + c^2 = a^2, \quad c^2 + d^2 = e^2, \quad b^2 + d^2 = f^2 \qquad \cdots(1)$$

が成立している．(図11.1)

よって

$$R_3{}^2 = \frac{k^2}{4} = \frac{a^2 + d^2}{4} = \frac{b^2 + c^2 + d^2}{4}$$

ゆえに

$$R_3 = \frac{\sqrt{b^2 + c^2 + d^2}}{2}$$

なお**A－3直角四面体**ABCDは関係(1)より3辺b，c，dにより決定されることが分かる．

(Ⅳ) **定理11．2**の**七平方の定理**が**A－3直角四面体**ABCDでどうなるかみてみよう．

まず七平方の定理

$$4({S_A}^2+{S_B}^2+{S_C}^2+{S_D}^2)=a^2d^2+b^2e^2+c^2f^2 \qquad \cdots(1)$$

は(Ⅲ)の関係(1)を代入して

$$\begin{aligned}右辺&=a^2d^2+b^2e^2+c^2f^2\\&=(b^2+c^2)d^2+b^2(c^2+d^2)+c^2(b^2+d^2)\\&=2\{(bd)^2+(cd)^2+(bc)^2\}\end{aligned}$$

よって(1)は

$$4({S_A}^2+{S_B}^2+{S_C}^2+{S_D}^2)=2\{(bd)^2+(cd)^2+(bc)^2\} \qquad \cdots(2)$$

となる．ところが

$$S_B=\frac{1}{2}bd \ \Rightarrow\ bd=2S_B \qquad \cdots①$$

$$S_C=\frac{1}{2}cd \ \Rightarrow\ cd=2S_C \qquad \cdots②$$

$$S_D=\frac{1}{2}bc \ \Rightarrow\ bc=2S_D \qquad \cdots③$$

だから①②③を(2)の右辺に代入して

$$4({S_A}^2+{S_B}^2+{S_C}^2+{S_D}^2)=8({S_B}^2+{S_C}^2+{S_D}^2)$$

よって

$${S_A}^2={S_B}^2+{S_C}^2+{S_D}^2 \qquad \cdots(3)$$

となってよく知られた「**四平方の定理**」が導かれた．

(Ⅴ)「**内心 I**」の「**重心座標**」を求めてみよう．まず(Ⅳ)の①②③と(3)より

$${S_A}^2=\frac{(bd)^2+(cd)^2+(bc)^2}{4}$$

ゆえに

$$S_A=\frac{\sqrt{(bd)^2+(cd)^2+(bc)^2}}{2}$$

よって「**内心 I**」の重心座標の比は$(S_A,\ S_B,\ S_C,\ S_D)$の比で$\left(\sqrt{(bd)^2+(cd)^2+(bc)^2},\ bd,\ cd,\ bc\right)$となる．

(Ⅵ) **内接球面の半径** rを求めよう．

まず　$x+y=AB^2=c^2$，$x+z=AC^2=b^2$，$x+w=AD^2=d^2$

かつ$x=0$より，

$$y=c^2,\ \ z=b^2,\ \ w=d^2$$

ゆえに

$$\det J_3=yzw=b^2c^2d^2$$

よって

$$r=\frac{\sqrt{\det J_3}}{2(S_A+S_B+S_C+S_D)}$$

$$=\frac{bcd}{\sqrt{(bd)^2+(cd)^2+(bc)^2}+bd+cd+bc}$$

なお$V=\dfrac{1}{6}bcd$から導いてもよい．

例11．9　直辺四面体ABCDの**2番目の例**をあげる．

直辺四面体の条件の$a^2+d^2=b^2+e^2=c^2+f^2$ …(1)を用いる．

a，b，c，dを与えればe，fは$e^2=(a^2+d^2)-b^2$，$f^2=(a^2+d^2)-c^2$

としてa，b，c，dより決まる．

そこで

$$a=BC=\sqrt{2},\ \ b=AC=2,\ \ c=AB=\sqrt{3},\ \ d=AD=\sqrt{7}$$

…①

とおく．すると

$$e^2=(a^2+d^2)-b^2=9-2^2=5,$$

$$f^2=(a^2+d^2)-c^2=9-3=6$$

よって

$$e=\sqrt{5},\ \ f=\sqrt{6}$$

としてみる．

つまり

$$a=BC=\sqrt{2},\quad b=AC=2,\quad c=AB=\sqrt{3},$$

$$d=AD=\sqrt{7},\quad e=BD=\sqrt{5},\quad f=CD=\sqrt{6}$$

…②

とおいてみる．このとき，各面に三角形ができ，四面体ができればよい．（図11.2）

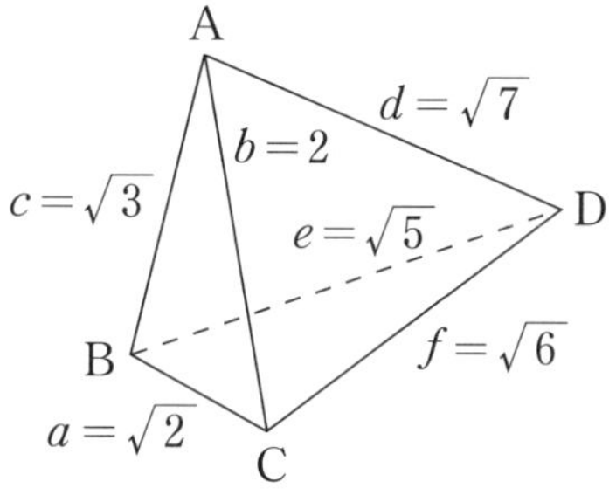

図11.2　直辺四面体の第２例

（Ⅰ）

（1）$\triangle ABC$は鋭角三角形である．実際 $a = BC = \sqrt{2}$，$b = AC = 2$，$c = AB = \sqrt{3}$ で

$\sqrt{2} < \sqrt{3} < 2$ で $\sqrt{2} + \sqrt{3} > 2$，

$$(\sqrt{2})^2 + (\sqrt{3})^2 > 2^2$$

（2）$\triangle ACD$は鋭角三角形である．実際 $d = AD = \sqrt{7}$，$b = AC = 2$，$f = CD = \sqrt{6}$ で

$2 < \sqrt{6} < \sqrt{7}$ で $2 + \sqrt{6} > \sqrt{7}$，

$$2^2 + (\sqrt{6})^2 > (\sqrt{7})^2$$

（3）$\triangle ABD$は鋭角三角形である．実際 $c = AB = \sqrt{3}$，$e = BD = \sqrt{5}$，$d = AD = \sqrt{7}$ で

$\sqrt{3} < \sqrt{5} < \sqrt{7}$ で $\sqrt{3} + \sqrt{5} > \sqrt{7}$，

$$(\sqrt{3})^2 + (\sqrt{5})^2 > (\sqrt{7})^2$$

（4）$\triangle BCD$は鋭角三角形である．実際 $a = BC = \sqrt{2}$，$e = BD = \sqrt{5}$，$f = CD = \sqrt{6}$ で

$\sqrt{2} < \sqrt{5} < \sqrt{6}$ で $\sqrt{2} + \sqrt{5} > \sqrt{6}$，

$$(\sqrt{2})^2 + (\sqrt{5})^2 > (\sqrt{6})^2$$

(II) x, y, z, wと$\det J_3 > 0$を計算する.

$$x = (\overrightarrow{AB}, \overrightarrow{AC}) = \frac{c^2 + b^2 - a^2}{2} = \frac{(\sqrt{3})^2 + 2^2 - (\sqrt{2})^2}{2} = \frac{5}{2} \quad \cdots①$$

$$y = AB^2 - x = (\sqrt{3})^2 - \frac{5}{2} = \frac{1}{2} \quad \cdots②$$

$$z = AC^2 - x = 2^2 - \frac{5}{2} = \frac{3}{2} \quad \cdots③$$

$$w = AD^2 - x = (\sqrt{7})^2 - \frac{5}{2} = \frac{9}{2} \quad \cdots④$$

$(\because x + y = AB^2,\ x + z = AC^2,\ x + w = AD^2)$

$$\begin{aligned} \det J_3 &= yzw + xzw + xyw + xyz \\ &= (x + w)yz + (y + z)xw \\ &= AD^2 yz + BC^2 xw \\ &= (\sqrt{7})^2 \times \frac{1}{2} \times \frac{3}{2} + (\sqrt{2})^2 \times \frac{5}{2} \times \frac{9}{2} \\ &= \frac{3 \times 37}{4} = \frac{111}{4} > 0 \end{aligned}$$

よって$\overrightarrow{AB}$, $\overrightarrow{AC}$, $\overrightarrow{AD}$は一次独立で**6辺が皆異なり，4面がすべて鋭角三角形**の直辺四面体ABCDができた.

なお**体積**V_3は$\det J_3 = \dfrac{3 \times 37}{4} = (6V_3)^2$から$V_3 = \dfrac{\sqrt{111}}{12}$である.

(III)

$$yzw = \frac{1}{2} \times \frac{3}{2} \times \frac{9}{2} = \frac{3 \times 9}{8} \quad \cdots①$$

$$xzw = \frac{5}{2} \times \frac{3}{2} \times \frac{9}{2} = \frac{3 \times 45}{8} \quad \cdots②$$

$$xyw = \frac{5}{2} \times \frac{1}{2} \times \frac{9}{2} = \frac{3 \times 15}{8} \quad \cdots③$$

$$xyz = \frac{5}{2} \times \frac{1}{2} \times \frac{3}{2} = \frac{3 \times 5}{8} \quad \cdots④$$

以上によりこの四面体の「**垂心H**」の「**ベクトルによる重心座標表現**」は

$$\overrightarrow{PH}=\frac{yzw\overrightarrow{PA}+xzw\overrightarrow{PB}+xyz\overrightarrow{PC}+xyz\overrightarrow{PD}}{\det J_3}$$

$$=\frac{4}{3\times 37}\left(\frac{3\times 9}{8}\overrightarrow{PA}+\frac{3\times 45}{8}\overrightarrow{PB}+\frac{3\times 15}{8}\overrightarrow{PC}+\frac{3\times 5}{8}\overrightarrow{PD}\right)$$

$$=\frac{1}{74}(9\overrightarrow{PA}+45\overrightarrow{PB}+15\overrightarrow{PC}+5\overrightarrow{PD})$$

即ち

$$\overrightarrow{PH}=\frac{9\overrightarrow{PA}+45\overrightarrow{PB}+15\overrightarrow{PC}+5\overrightarrow{PD}}{74} \qquad \cdots(1)$$

特に「**垂心H**」はこれと同値な

$$9\overrightarrow{HA}+45\overrightarrow{HB}+15\overrightarrow{HC}+5\overrightarrow{HD}=\vec{0} \qquad \cdots(2)$$

という等式を満たす.

(Ⅳ) 「**外心** $\boldsymbol{O}$」の「**ベクトルによる重心座標表現**」を求めよう.

$$\frac{\det J_3-2yzw}{2\det J_3}=\frac{\frac{3\times 37}{4}-2\times\frac{3\times 9}{8}}{2\times\frac{3\times 37}{4}}=\frac{14}{37} \qquad \cdots①$$

$$\frac{\det J_3-2xzw}{2\det J_3}=\frac{\frac{3\times 37}{4}-2\times\frac{3\times 45}{8}}{2\times\frac{3\times 37}{4}}=-\frac{4}{37} \qquad \cdots②$$

$$\frac{\det J_3-2xyw}{2\det J_3}=\frac{\frac{3\times 37}{4}-2\times\frac{3\times 15}{8}}{2\times\frac{3\times 37}{4}}=\frac{11}{37} \qquad \cdots③$$

$$\frac{\det J_3-2xyz}{2\det J_3}=\frac{\frac{3\times 37}{4}-2\times\frac{3\times 5}{8}}{2\times\frac{3\times 37}{4}}=\frac{16}{37} \qquad \cdots④$$

ゆえに

$$\overrightarrow{PO}=\frac{(\det J_3-2yzw)\overrightarrow{PA}+(\det J_3-2xzw)\overrightarrow{PB}+(\det J_3-2xyw)\overrightarrow{PC}+(\det J_3-2xyz)\overrightarrow{PD}}{2\det J_3}$$

は
$$\overrightarrow{PO}=\frac{14\overrightarrow{PA}-4\overrightarrow{PB}+11\overrightarrow{PC}+16\overrightarrow{PD}}{37} \quad \cdots(3)$$

この $\overrightarrow{PB}$ の係数だけ負ということは，「**外心** O」は直辺四面体ABCDの**外部**にあり，頂点Bとは面$\triangle ACD$に関して**反対の側**にある．特に「**外心** O」はこれと同値な

$$14\overrightarrow{OA}-4\overrightarrow{OB}+11\overrightarrow{OC}+16\overrightarrow{OD}=\vec{0} \quad \cdots(4)$$

という等式を満たしている．

(Ⅴ) **外接球面の半径** R_3を求めよう．

$$R_3{}^2=\frac{k^2}{4}-\frac{xyzw}{\det J_3}=\frac{a^2+d^2}{4}-\frac{\frac{5}{2}\times\frac{1}{2}\times\frac{3}{2}\times\frac{9}{2}}{\frac{3\times 37}{4}}$$

$$=\frac{\left(\sqrt{2}\right)^2+\left(\sqrt{7}\right)^2}{4}-\frac{5\times 9}{4\times 37}=\frac{72}{37}$$

よって

$$R_3=\frac{6\sqrt{2}}{\sqrt{37}} \quad \cdots(5)$$

(Ⅵ) 「**内心 I**」の「**ベクトルによる重心座標表現**」を求めよう．第9話**命題9．15**より，

$$4S_A{}^2=zw+yw+yz,\quad 4S_B{}^2=zw+xw+xz,$$
$$4S_C{}^2=yw+xw+xy,\quad 4S_D{}^2=yz+xz+xy$$

よって

$$4S_A{}^2=zw+yw+yz=\frac{3}{2}\times\frac{9}{2}+\frac{1}{2}\times\frac{9}{2}+\frac{1}{2}\times\frac{3}{2}$$

$$=\frac{39}{4}\Rightarrow S_A=\frac{\sqrt{39}}{4}$$

$$4{S_B}^2 = zw + xw + xz = \frac{3}{2} \times \frac{9}{2} + \frac{5}{2} \times \frac{9}{2} + \frac{5}{2} \times \frac{3}{2}$$
$$= \frac{87}{4} \Rightarrow S_B = \frac{\sqrt{87}}{4}$$
$$4{S_C}^2 = yw + xw + xy = \frac{1}{2} \times \frac{9}{2} + \frac{5}{2} \times \frac{9}{2} + \frac{5}{2} \times \frac{1}{2}$$
$$= \frac{59}{4} \Rightarrow S_C = \frac{\sqrt{59}}{4}$$
$$4{S_D}^2 = yz + xz + xy = \frac{1}{2} \times \frac{3}{2} + \frac{5}{2} \times \frac{3}{2} + \frac{5}{2} \times \frac{1}{2}$$
$$= \frac{23}{4} \Rightarrow S_D = \frac{\sqrt{23}}{4}$$

よって

$$\overrightarrow{PI} = \frac{S_A\overrightarrow{PA} + S_B\overrightarrow{PB} + S_C\overrightarrow{PC} + S_D\overrightarrow{PD}}{S_A + S_B + S_C + S_D}$$
$$= \frac{\sqrt{39}\,\overrightarrow{PA} + \sqrt{87}\,\overrightarrow{PB} + \sqrt{59}\,\overrightarrow{PC} + \sqrt{23}\,\overrightarrow{PD}}{\sqrt{39} + \sqrt{87} + \sqrt{59} + \sqrt{23}} \quad \cdots(6)$$

特に「**内心 I**」はこれと同値な

$$\sqrt{39}\,\overrightarrow{IA} + \sqrt{87}\,\overrightarrow{IB} + \sqrt{59}\,\overrightarrow{IC} + \sqrt{23}\,\overrightarrow{ID} = \vec{0} \quad \cdots(7)$$

という等式を満たしている．

内接球面の**半径**を r とすると

$$r = \frac{\sqrt{\det J_3}}{2(S_A+S_B+S_C+S_D)} = \frac{\sqrt{\dfrac{3\times 37}{4}}}{\dfrac{1}{2}\left(\sqrt{39} + \sqrt{87} + \sqrt{59} + \sqrt{23}\right)}$$
$$= \frac{\sqrt{111}}{\sqrt{39} + \sqrt{87} + \sqrt{59} + \sqrt{23}} \quad \cdots(8)$$

(Ⅶ)「**傍心** E_B」と**半径** r_B については

$$\overrightarrow{PE_B} = \frac{S_A\overrightarrow{PA} - S_B\overrightarrow{PB} + S_C\overrightarrow{PC} + S_D\overrightarrow{PD}}{S_A - S_B + S_C + S_D}$$

$$= \frac{\sqrt{39}\,\overrightarrow{PA} - \sqrt{87}\,\overrightarrow{PB} + \sqrt{59}\,\overrightarrow{PC} + \sqrt{23}\,\overrightarrow{PD}}{\sqrt{39} - \sqrt{87} + \sqrt{59} + \sqrt{23}} \qquad \cdots(9)$$

特に「**傍心 $\boldsymbol{E_B}$**」はこれと同値な

$$\sqrt{39}\,\overrightarrow{E_BA} - \sqrt{87}\,\overrightarrow{E_BB} + \sqrt{59}\,\overrightarrow{E_BC} + \sqrt{23}\,\overrightarrow{E_BD} = \vec{0} \qquad \cdots(10)$$

という等式を満たしている．

$$r_B = \frac{\sqrt{\det J_3}}{2(S_A - S_B + S_C + S_D)} = \frac{\sqrt{111}}{\sqrt{39} - \sqrt{87} + \sqrt{59} + \sqrt{23}} \qquad \cdots(11)$$

例11.10　直辺四面体ABCDの**3番目の例**をあげる．

次は $x<0$，$y>0$，$z>0$，$w>0$ の例である．$a=BC=\sqrt{6}$，$b=AC=1$，$c=AB=\sqrt{3}$ をまず与え，$d=AD$ は $\det J_3>0$ となるようにして与える．このとき e，f は決まる．$a=BC=\sqrt{6}$，$b=AC=1$，$c=AB=\sqrt{3}$，$d=AD$ で直辺四面体ABCDができたとして，

(1) まず

$$x = \frac{b^2+c^2-a^2}{2} = \frac{1^2+(\sqrt{3})^2-(\sqrt{6})^2}{2} = -1 < 0$$

よって

$$y = AB^2 - x = (\sqrt{3})^2 - (-1) = 4,$$
$$z = AC^2 - x = 1^2 - (-1) = 2 > 0,$$
$$w = AD^2 - x = d^2 - (-1) = d^2 + 1 > 0$$

このとき，

$$\det J_3 = AD^2yz + BC^2xw$$
$$= d^2 \times 4 \times 2 + 6 \times (-1) \times (d^2+1) = 2d^2 - 6$$

そこで $2d^2-6>0$ となる例として $d=AD=2$ とすれば $\det J_3=2>0$，$w=5>0$ となる．

このとき，

$$e = \sqrt{(a^2+d^2)-b^2} = 3,\quad f = \sqrt{(a^2+d^2)-c^2} = \sqrt{7}$$

そこで

$$a = BC = \sqrt{6},\quad b = AC = 1,\quad c = AB = \sqrt{3},$$
$$d = AD = 2,\quad e = BD = 3,\quad f = CD = \sqrt{7} \qquad \cdots①$$

とする．（図11.3）

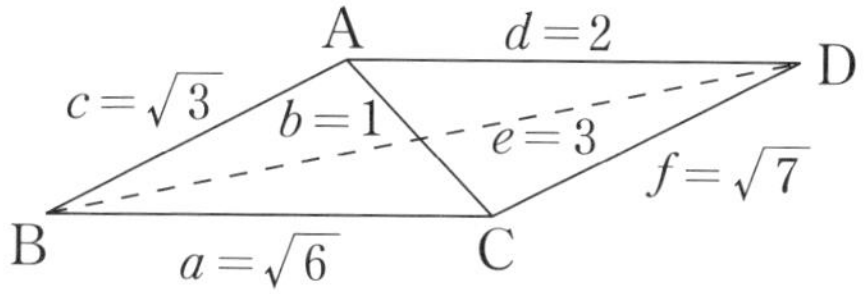

図11.3　直辺四面体の第３例

（Ⅰ）

（1）$\triangle ABC$ は $\angle BAC$ が鈍角の**鈍角三角形**である．実際 $a=BC=\sqrt{6}$，$b=AC=1$，$c=AB=\sqrt{3}$ で $1<\sqrt{3}<\sqrt{6}$ で $1+\sqrt{3}>\sqrt{6}$，

$$1^2+(\sqrt{3})^2<(\sqrt{6})^2 \quad (\Leftrightarrow x<0)$$

（2）$\triangle ACD$ は $\angle CAD$ が鈍角の**鈍角三角形**である．実際 $d=AD=2$，$b=AC=1$，$f=CD=\sqrt{7}$ で $1<2<\sqrt{7}$ で $1+2>\sqrt{7}$，

$$1^2+2^2<(\sqrt{7})^2 \quad (\Leftrightarrow x=(\overrightarrow{AC},\ \overrightarrow{AD})<0)$$

（3）$\triangle ABD$ は $\angle BAD$ が鈍角の**鈍角三角形**である．実際 $c=AB=\sqrt{3}$，$e=BD=3$，$d=AD=2$ で $\sqrt{3}<2<3$ で $\sqrt{3}+2>3$，

$$(\sqrt{3})^2+2^2<3^2 \quad (\Leftrightarrow x=(\overrightarrow{AB},\ \overrightarrow{AD})<0)$$

（4）$\triangle BCD$ は**鋭角三角形**である．実際 $a=BC=\sqrt{6}$，$e=BD=3$，$f=CD=\sqrt{7}$ で $\sqrt{6}<\sqrt{7}<3$ で $\sqrt{6}+\sqrt{7}>3$，

$$(\sqrt{6})^2+(\sqrt{7})^2>3^2$$

（Ⅱ）$yzw=40$，$xzw=-10$，$xyw=-20$，$xyz=-8$ となるので

$$\overrightarrow{PH}=\frac{yzw\overrightarrow{PA}+xzw\overrightarrow{PB}+xyz\overrightarrow{PC}+xyz\overrightarrow{PD}}{\det J_3}$$
$$=\frac{1}{2}(40\overrightarrow{PA}-10\overrightarrow{PB}-20\overrightarrow{PC}-8\overrightarrow{PD})$$

つまり，この四面体の「**垂心H**」の「**ベクトルによる重心座標表現**」は

$$\overrightarrow{PH}=20\overrightarrow{PA}-5\overrightarrow{PB}-10\overrightarrow{PC}-4\overrightarrow{PD} \qquad \cdots(1)$$

特に「**垂心H**」はこれと同値な

$$20\overrightarrow{HA}-5\overrightarrow{HB}-10\overrightarrow{HC}-4\overrightarrow{HD}=\vec{0} \qquad \cdots(2)$$

を満たす．

(Ⅲ) 「**外心 $\boldsymbol{O}$**」の「**ベクトルによる重心座標表現**」は

$$\overrightarrow{PO} = 2\overrightarrow{PG} - \overrightarrow{PH} = 2 \times \frac{\overrightarrow{PA} + \overrightarrow{PB} + \overrightarrow{PC} + \overrightarrow{PD}}{4}$$

$$-\left(20\overrightarrow{PA} - 5\overrightarrow{PB} - 10\overrightarrow{PC} - 4\overrightarrow{PD}\right)$$

$$= \frac{-39\overrightarrow{PA} + 11\overrightarrow{PB} + 21\overrightarrow{PC} + 9\overrightarrow{PD}}{2}$$

である．特に「**外心 $\boldsymbol{O}$**」はこれと同値な

$$-39\overrightarrow{OA} + 11\overrightarrow{OB} + 21\overrightarrow{OC} + 9\overrightarrow{OD} = \vec{0} \quad \cdots(3)$$

を満たす．

外接球面の半径は

$$R_3{}^2 = \frac{k^2}{4} - \frac{xyzw}{\det J_3} = \frac{a^2 + d^2}{4} - \frac{(-1) \times 4 \times 2 \times 5}{2}$$

$$= \frac{90}{4} \Rightarrow R_3 = \frac{3\sqrt{10}}{2} \quad \cdots(4)$$

11.5 一般的な四面体の具体例

例11.11 直辺四面体でない一般的と思える四面体ABCDの例をあげる．

$$a = BC = \sqrt{2}, \quad b = AC = \sqrt{3}, \quad c = AB = 2,$$
$$d = AD = \sqrt{6}, \quad e = BD = 2\sqrt{2}, \quad f = CD = \sqrt{5} \quad \cdots①$$

とおいてみる．このとき，各面に三角形ができ，四面体ができればよい．（図11.4）

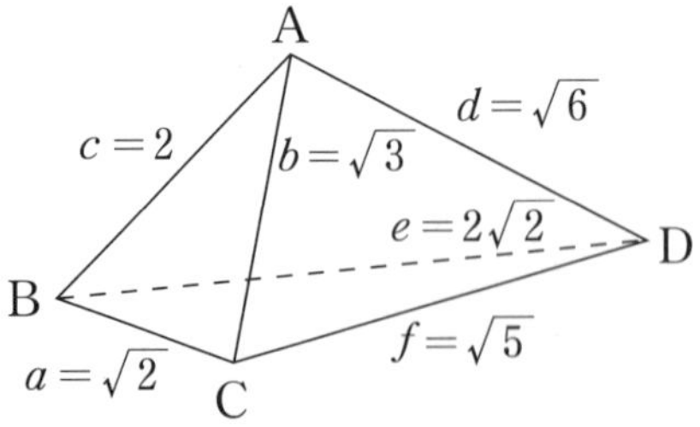

図11.4 一般的な四面体

(I)

(1) $\triangle ABC$は鋭角三角形である．実際 $a=BC=\sqrt{2}$， $b=AC=\sqrt{3}$， $c=AB=2$ で

$$\sqrt{2}<\sqrt{3}<2 \text{ で } \sqrt{2}+\sqrt{3}>2,$$
$$(\sqrt{2})^2+(\sqrt{3})^2>2^2$$

(2) $\triangle ACD$は鋭角三角形である．実際 $d=AD=\sqrt{6}$， $b=AC=\sqrt{3}$， $f=CD=\sqrt{5}$ で

$$\sqrt{3}<\sqrt{5}<\sqrt{6} \text{ で } \sqrt{3}+\sqrt{5}>\sqrt{6},$$
$$(\sqrt{3})^2+(\sqrt{5})^2>(\sqrt{6})^2$$

(3) $\triangle ABD$は鋭角三角形である．実際 $c=AB=2$， $e=BD=2\sqrt{2}$， $d=AD=\sqrt{6}$ で

$$2<\sqrt{6}<2\sqrt{2} \text{ で } 2+\sqrt{6}>2\sqrt{2},$$
$$2^2+(\sqrt{6})^2>(2\sqrt{2})^2$$

(4) $\triangle BCD$は$\angle BCD$が**鈍角**の**鈍角三角形**である．実際 $a=BC=\sqrt{2}$， $e=BD=2\sqrt{2}$， $f=CD=\sqrt{5}$ で

$$\sqrt{2}<\sqrt{5}<2\sqrt{2} \text{ で } \sqrt{2}+\sqrt{5}>2\sqrt{2},$$
$$(\sqrt{2})^2+(\sqrt{5})^2<(2\sqrt{2})^2$$

$\det J_3>0$であることを示そう．第8話**命題8.11**(2)より，

$$\begin{aligned}4\det J_3&=144(V_3)^2\\&=a^2d^2(b^2+e^2+c^2+f^2-a^2-d^2)\\&\quad+b^2e^2(c^2+f^2+a^2+d^2-b^2-e^2)\\&\quad+c^2f^2(a^2+d^2+b^2+e^2-c^2-f^2)\\&\quad-(a^2e^2f^2+b^2d^2f^2+c^2d^2e^2+a^2b^2c^2)\end{aligned}$$

は①より

$$\begin{aligned}4\det J_3&=2\times6\{(3+8)+(4+5)-(2+6)\}\\&\quad+3\times8\{(4+5)+(2+6)-(3+8)\}\\&\quad+4\times5\{(2+6)+(3+8)-(4+5)\}\\&\quad-(2\times8\times5+3\times6\times5+4\times6\times8+2\times3\times4)\\&=488-386=102>0\end{aligned}$$

つまり

$$\det J_3 > 0$$

よって $\overrightarrow{AB}$, $\overrightarrow{AC}$, $\overrightarrow{AD}$ は一次独立で四面体ＡＢＣＤが構成できる．なお $4(6V_3)^2 = 102$ より

$$V_3 = \frac{\sqrt{102}}{12} \qquad \cdots(1)$$

（Ⅱ）第８話**命題８.１０**(2)～(5)より

$$-\det\Theta_3^0 = a^2d^2(e^2+f^2-a^2)+b^2e^2(f^2+a^2-e^2) + c^2f^2(a^2+e^2-f^2)-2a^2e^2f^2 \quad \cdots①$$

$$-\det\Theta_3^1 = a^2d^2(b^2+f^2-d^2)+b^2e^2(f^2+d^2-b^2) + c^2f^2(d^2+b^2-f^2)-2d^2b^2f^2 \quad \cdots②$$

$$-\det\Theta_3^2 = a^2d^2(e^2+c^2-d^2)+b^2e^2(c^2+d^2-e^2) + c^2f^2(d^2+e^2-c^2)-2d^2e^2c^2 \quad \cdots③$$

$$-\det\Theta_3^3 = a^2d^2(b^2+c^2-a^2)+b^2e^2(c^2+a^2-b^2) + c^2f^2(a^2+b^2-c^2)-2a^2b^2c^2 \quad \cdots④$$

これを計算．

$$\begin{aligned}-\det\Theta_3^0 &= 2\times 6(8+5-2)+3\times 8(5+2-8) \\ &\quad +4\times 5(2+8-5)-2(2\times 8\times 5) \\ &= 4\times 12\end{aligned}$$

$$\begin{aligned}-\det\Theta_3^1 &= 2\times 6(3+5-6)+3\times 8(5+6-3) \\ &\quad +4\times 5(6+3-5)-2(6\times 3\times 5) \\ &= 4\times 29\end{aligned}$$

$$\begin{aligned}-\det\Theta_3^2 &= 2\times 6(8+4-6)+3\times 8(4+6-8) \\ &\quad +4\times 5(6+8-4)-2(6\times 8\times 4) \\ &= 4\times(-16)\end{aligned}$$

$$\begin{aligned}-\det\Theta_3^3 &= 2\times 6(3+4-2)+3\times 8(4+2-3) \\ &\quad +4\times 5(2+3-4)-2(2\times 3\times 4) \\ &= 4\times 26,\end{aligned}$$

$\det \Xi_3 = -(-2)^3 \det J_3 = 8 \det J_3$ と第 8 話**8.4のまとめ**(1)より，「**外心 O**」の「**ベクトルによる重心座標表現**」は

$$\overrightarrow{PO} = \frac{-\det\Theta_3^0\overrightarrow{PA} - \det\Theta_3^1\overrightarrow{PB} - \det\Theta_3^2\overrightarrow{PC} - \det\Theta_3^3\overrightarrow{PD}}{\det\Xi_3}$$

$$= \frac{4\times 12\overrightarrow{PA} + 4\times 29\overrightarrow{PB} - 4\times 16\overrightarrow{PC} + 4\times 26\overrightarrow{PD}}{2\times 102}$$

$$= \frac{12\overrightarrow{PA} + 29\overrightarrow{PB} - 16\overrightarrow{PC} + 26\overrightarrow{PD}}{51}$$

つまり

$$\overrightarrow{PO} = \frac{12\overrightarrow{PA} + 29\overrightarrow{PB} - 16\overrightarrow{PC} + 26\overrightarrow{PD}}{51} \qquad \cdots(2)$$

特に「**外心** O」に対してこれと同値な等式

$$12\overrightarrow{OA} + 29\overrightarrow{OB} - 16\overrightarrow{OC} + 26\overrightarrow{OD} = \overrightarrow{0} \qquad \cdots(3)$$

が成立する．「外心 O」は四面体ABCDの**外部**にあり，頂点Cと$\triangle ABD$に関して**反対の側**にある．

(Ⅲ) **外接球面の半径** R_3を求めよう．第 8 話**命題8.11**の(3)より，

$$R_3{}^2 = -\frac{\det\Theta_3}{2\det\Xi_3}$$

$$= \frac{(ad+be+cf)(ad+be-cf)(be+cf-ad)(cf+ad-be)}{16\det J_3}$$

この分子 $=\left(\sqrt{2}\cdot\sqrt{6}+\sqrt{3}\cdot 2\sqrt{2}+2\sqrt{5}\right)\left(\sqrt{2}\cdot\sqrt{6}+\sqrt{3}\cdot 2\sqrt{2}-2\sqrt{5}\right)$

$$\cdot\left(\sqrt{3}\cdot 2\sqrt{2}+2\sqrt{5}-\sqrt{2}\cdot\sqrt{6}\right)\left(2\sqrt{5}+\sqrt{2}\cdot\sqrt{6}-\sqrt{3}\cdot 2\sqrt{2}\right)$$

$$=\left\{\left(\sqrt{2}\cdot\sqrt{6}+\sqrt{3}\cdot 2\sqrt{2}\right)^2-\left(2\sqrt{5}\right)^2\right\}$$

$$\cdot\left\{\left(2\sqrt{5}\right)^2-\left(\sqrt{3}\cdot 2\sqrt{2}-\sqrt{2}\cdot\sqrt{6}\right)^2\right\}$$

$$= \left(16+24\sqrt{2}\right)\left(-16+24\sqrt{2}\right)$$

$$= 8^2\left(3\sqrt{2}+2\right)\left(3\sqrt{2}-2\right)$$

$$= 8^2 \times 14$$

ゆえに

$$R_3{}^2 = \frac{8^2 \times 14}{4 \times 102} = \frac{8 \times 14}{51} \Rightarrow R_3 = \frac{4\sqrt{7}}{\sqrt{51}} \qquad \cdots(4)$$

第12話

四面体の十平方の定理と余弦定理

12.1　今回の内容

前回は**直辺四面体**の「**七平方の定理**」を紹介しました．今回は**一般の四面体**に対して「**十平方の定理**」が成立することを示し，その特別な場合として**直辺四面体**の「**七平方の定理**」が出てくることなどをみます．一般の四面体及び「直辺四面体」を平面へ射影して三角形における「**十平方の定理**」及び「**七平方の定理**」を導いてみます．また四面体における3つの余弦定理及び四面体における二面角の大きさの余弦公式を紹介します．

12.2　四面体における十平方の定理

四面体における「十平方の定理」とは次のものをさす．

定理12.1　四面体における十平方の定理

任意の四面体ABCDに対し，頂点Aの対面$\triangle BCD$の面積をS_A，頂点Bの対面$\triangle ACD$の面積をS_B，頂点Cの対面$\triangle ABD$の面積をS_C，頂点Dの対面$\triangle ABC$の面積をS_Dとしたとき，

$$\begin{aligned}&(AB\cdot CD)^2+(AC\cdot DB)^2+(AD\cdot BC)^2\\&=(2S_A)^2+(2S_B)^2+(2S_C)^2+(2S_D)^2\\&\qquad+(\overrightarrow{AB},\ \overrightarrow{CD})^2+(\overrightarrow{AC},\ \overrightarrow{DB})^2+(\overrightarrow{AD},\ \overrightarrow{BC})^2\end{aligned}\qquad\cdots(1)$$

が成り立つ．

ここに$AB \cdot CD$は「線分ABの長さ」と「線分CDの長さ」との積などを表し，$(\overrightarrow{AC},\ \overrightarrow{DB})$は「$\overrightarrow{AC}$と$\overrightarrow{DB}$との内積」などを表す．

系12．2　任意の四面体ABCDに対し，不等式

$$(AB \cdot CD)^2 + (AC \cdot DB)^2 + (AD \cdot BC)^2 \geqq (2S_A)^2 + (2S_B)^2 + (2S_C)^2 + (2S_D)^2 \quad \cdots(2)$$

が成立する．

(2)において等号「＝」の成立は

$$(\overrightarrow{AB},\ \overrightarrow{CD})^2 = (\overrightarrow{AC},\ \overrightarrow{DB})^2 = (\overrightarrow{AD},\ \overrightarrow{BC})^2 = 0$$

$\Leftrightarrow AB \perp CD$ かつ $AC \perp DB$ かつ $AD \perp BC$

$\Leftrightarrow$ 四面体ABCDが直辺四面体のときに限ることが分かる．

系12．3　よってまた四面体ABCDが「**直辺四面体**」であるための必要十分条件は，次の「**七平方の定理**」

$$(AB \cdot CD)^2 + (AC \cdot DB)^2 + (AD \cdot BC)^2 = (2S_A)^2 + (2S_B)^2 + (2S_C)^2 + (2S_D)^2 \quad \cdots(3)$$

が成立することである．

表題の十平方の定理の証明のため「準備」をいくつかして順番に述べてゆこう．

第９話でも述べたように

命題12．4　$\triangle ABC$において $x = (\overrightarrow{AB},\ \overrightarrow{AC})$，$y = (\overrightarrow{BA},\ \overrightarrow{BC})$，$z = (\overrightarrow{CA},\ \overrightarrow{CB})$とおくと

$$x + y = AB^2,\quad x + z = AC^2,\quad y + z = BC^2$$

かつ$\triangle ABC$の面積をSとすると，

$$(2S)^2 = yz + xz + xy$$

が成り立つのであった．

この**命題12．4**を四面体ABCDのそれぞれの面の三角形に適用するため，次のようにする．

まず，例えば面$\triangle ABC$は頂点はA，B，Cの３つ，$\triangle BCD$は頂点がB，C，

Dの３つなどである．そこで四面体 ABCDにおいて[頂点Aが始点]で終点が異なる[辺をたどるような]「ベクトル」は$\overrightarrow{AB}$と$\overrightarrow{AC}$と$\overrightarrow{AD}$の３つある．この内の２つのベクトルの内積は${}_3C_2=3$通りある．

定義12.5

（Ⅰ）Aが始点なので終点を明示するために$x(\cdots,\ \cdots)$として

$$x(B,\ C)=(\overrightarrow{AB},\ \overrightarrow{AC}),\quad x(B,\ D)=(\overrightarrow{AB},\ \overrightarrow{AD}),$$
$$x(C,\ D)=(\overrightarrow{AC},\ \overrightarrow{AD}) \qquad \cdots(1)$$

と表そう．

$x(\cdots,\ \cdots)$は始点がAで始まるベクトルの内積で(　,　)の中に終点を２つずつ書く．なおこのとき，(　,　)の中にはA以外の３文字B，C，Dの内２つしか入れない．もちろん$x(B,\ C)=x(C,\ B)$などが成立する．

（Ⅱ）同様にBが始点である異なる辺をたどるベクトル同士の内積は$y(\cdots,\ \cdots)$で表し

$$y(A,\ C)=(\overrightarrow{BA},\ \overrightarrow{BC}),\quad y(A,\ D)=(\overrightarrow{BA},\ \overrightarrow{BD}),$$
$$y(C,\ D)=(\overrightarrow{BC},\ \overrightarrow{BD}) \qquad \cdots(2)$$

とする．

（Ⅲ）Cが始点の内積３つはzを用いて

$$z(A,\ B)=(\overrightarrow{CA},\ \overrightarrow{CB}),\quad z(A,\ D)=(\overrightarrow{CA},\ \overrightarrow{CD}),$$
$$z(B,\ D)=(\overrightarrow{CB},\ \overrightarrow{CD}) \qquad \cdots(3)$$

とする．

（Ⅳ）Dが始点の内積３つはwを用いて

$$w(A,\ B)=(\overrightarrow{DA},\ \overrightarrow{DB}),\quad w(A,\ C)=(\overrightarrow{DA},\ \overrightarrow{DC}),$$
$$w(B,\ C)=(\overrightarrow{DB},\ \overrightarrow{DC}) \qquad \cdots(4)$$

とする．

このようにすれば四面体 ABCDの各辺はただ２つの面の三角形だけの交線の作る線分であるから，$(\text{各辺})^2$は２通りの和の表現だけある．例えば辺ADについては$\triangle ABD$と$\triangle ACD$との交線の作る辺なので，$\triangle ABD$の方からは頂点 A $\Leftrightarrow x(\cdots,\ \cdots)$，頂点 B $\Leftrightarrow y(\cdots,\ \cdots)$，頂点 C $\Leftrightarrow z(\cdots,\ \cdots)$，頂点

D ⇔ $w(\cdots, \cdots)$などと対応することに注意して$AD^2 = x(B, D) + w(A, B)$と書ける．$\triangle ACD$の方からは$x(C, D)$と$z(A, D)$と$w(A, C)$の3つで$\triangle ACD$の諸量は書くことができて

$$AD^2 = x(C, D) + w(A, C)$$

となる．

こうして次の**命題12. 6**を得る．つまり

命題12. 6

$$y(C, D) + z(B, D) = BC^2 = y(A, C) + z(A, B) \quad \cdots(1)$$
$$x(B, C) + y(A, C) = AB^2 = x(B, D) + y(A, D) \quad \cdots(2)$$
$$x(B, C) + z(A, B) = AC^2 = x(C, D) + z(A, D) \quad \cdots(3)$$
$$x(B, D) + w(A, B) = AD^2 = x(C, D) + w(A, C) \quad \cdots(4)$$
$$y(A, D) + w(A, B) = BD^2 = y(C, D) + w(B, C) \quad \cdots(5)$$
$$z(B, D) + w(B, C) = CD^2 = z(A, D) + w(A, C) \quad \cdots(6)$$

が成り立つ．

命題12. 7　四面体の対辺同士の内積を考え，$(\overrightarrow{AB}, \overrightarrow{CD}) = \alpha$，$(\overrightarrow{AC}, \overrightarrow{DB}) = \beta$，$(\overrightarrow{AD}, \overrightarrow{BC}) = \gamma$とおくと，

$$(\overrightarrow{AB}, \overrightarrow{CD}) + (\overrightarrow{AC}, \overrightarrow{DB}) + (\overrightarrow{AD}, \overrightarrow{BC}) = 0 \quad \cdots(1)$$

すなわち

$$\alpha + \beta + \gamma = 0 \quad \cdots(2)$$

（βは$(\overrightarrow{AC}, \overrightarrow{BD})$ではなく$(\overrightarrow{AC}, \overrightarrow{DB})$としたことに注意．）

実は空間内の**任意の4点に対し**このことは成り立つ．

証明

$$(\overrightarrow{AB}, \overrightarrow{CD}) = (\overrightarrow{AB}, \overrightarrow{AD} - \overrightarrow{AC}) = (\overrightarrow{AB}, \overrightarrow{AD}) - (\overrightarrow{AB}, \overrightarrow{AC}) \quad \cdots①$$
$$(\overrightarrow{AC}, \overrightarrow{DB}) = (\overrightarrow{AC}, \overrightarrow{AB} - \overrightarrow{AD}) = (\overrightarrow{AB}, \overrightarrow{AC}) - (\overrightarrow{AC}, \overrightarrow{AD}) \quad \cdots②$$
$$(\overrightarrow{AD}, \overrightarrow{BC}) = (\overrightarrow{AD}, \overrightarrow{AC} - \overrightarrow{AB}) = (\overrightarrow{AC}, \overrightarrow{AD}) - (\overrightarrow{AB}, \overrightarrow{AD}) \quad \cdots③$$

①＋②＋③により，

$$(\overrightarrow{AB}, \overrightarrow{CD}) + (\overrightarrow{AC}, \overrightarrow{DB}) + (\overrightarrow{AD}, \overrightarrow{BC}) = 0$$

（証明終わり）

命題12. 8

$$x(B,\ D) - x(B,\ C) = \alpha \qquad \cdots①$$
$$x(B,\ C) - x(C,\ D) = \beta \qquad \cdots②$$
$$x(C,\ D) - x(B,\ D) = \gamma \qquad \cdots③$$
$$y(A,\ C) - y(A,\ D) = \alpha \qquad \cdots④$$
$$y(A,\ D) - y(C,\ D) = \beta \qquad \cdots⑤$$
$$y(C,\ D) - y(A,\ C) = \gamma \qquad \cdots⑥$$
$$z(B,\ D) - z(A,\ D) = \alpha \qquad \cdots⑦$$
$$z(A,\ D) - z(A,\ B) = \beta \qquad \cdots⑧$$
$$z(A,\ B) - z(B,\ D) = \gamma \qquad \cdots⑨$$
$$w(A,\ C) - w(B,\ C) = \alpha \qquad \cdots⑩$$
$$w(B,\ C) - w(A,\ B) = \beta \qquad \cdots⑪$$
$$w(A,\ B) - w(A,\ C) = \gamma \qquad \cdots⑫$$

証明　例えば⑤は次のようにして証明できる.

$$y(A,\ D) - y(C,\ D) = (\overrightarrow{BA},\ \overrightarrow{BD}) - (\overrightarrow{BC},\ \overrightarrow{BD})$$
$$= (\overrightarrow{BA} - \overrightarrow{BC},\ \overrightarrow{BD}) = (\overrightarrow{CA},\ \overrightarrow{BD}) = (\overrightarrow{AC},\ \overrightarrow{DB})$$
$$= \beta$$

また⑫は次のようである.

$$w(A,\ B) - w(A,\ C) = (\overrightarrow{DA},\ \overrightarrow{DB}) - (\overrightarrow{DA},\ \overrightarrow{DC})$$
$$= (\overrightarrow{DA},\ \overrightarrow{DB} - \overrightarrow{DC}) = (\overrightarrow{DA},\ \overrightarrow{CB}) = (\overrightarrow{AD},\ \overrightarrow{BC})$$
$$= \gamma$$

他も同様である.（証明終わり）

定理12.1（**十平方の定理**）の証明

証明　**命題12. 4**の$(2S)^2 = yz + xz + xy$を四面体ABCDの4つの面の三角形に適用する.

$\triangle BCD$に適用して

$$(2S_A)^2 = z(B,\ D)w(B,\ C) + y(C,\ D)w(B,\ C) + y(C,\ D)z(B,\ D) \qquad \cdots(1)$$

$\triangle ACD$に適用して

$$(2S_B)^2 = z(A, D)\,w(A, C) + x(C, D)\,w(A, C) + x(C, D)\,z(A, D) \quad \cdots(2)$$

$\triangle ABD$に適用して

$$(2S_C)^2 = y(A, D)\,w(A, B) + x(B, D)\,w(A, B) + x(B, D)\,y(A, D) \quad \cdots(3)$$

$\triangle ABC$に適用して

$$(2S_D)^2 = y(A, C)\,z(A, B) + x(B, C)\,z(A, B) + x(B, C)\,y(A, C) \quad \cdots(4)$$

ゆえに$x(\cdots, \cdots)$, $y(\cdots, \cdots)$, $z(\cdots, \cdots)$, $w(\cdots, \cdots)$の順に書くと

$$\begin{aligned}
&(2S_A)^2 + (2S_B)^2 + (2S_C)^2 + (2S_D)^2 \\
&\quad = x(B, C)\,y(A, C) + x(B, D)\,y(A, D) \\
&\qquad + x(B, C)\,z(A, B) + x(C, D)\,z(A, D) \\
&\qquad + x(B, D)\,w(A, B) + x(C, D)\,w(A, C) \\
&\qquad + y(A, C)\,z(A, B) + y(C, D)\,z(B, D) \\
&\qquad + y(A, D)\,w(A, B) + y(C, D)\,w(B, C) \\
&\qquad + z(A, D)\,w(A, C) + z(B, D)\,w(B, C) \qquad \cdots(5)
\end{aligned}$$

と書ける．

一方

$$\begin{aligned}
&(AB \cdot CD)^2 + (AC \cdot DB)^2 + (AD \cdot BC)^2 \\
&\quad = AB^2CD^2 + AC^2DB^2 + AD^2BC^2
\end{aligned}$$

は**命題12. 6**の(1)～(6)より，たとえば

$$\begin{aligned}
&(AB \cdot CD)^2 + (AC \cdot DB)^2 + (AD \cdot BC)^2 \\
&\quad = AB^2CD^2 + AC^2DB^2 + AD^2BC^2 \\
&\quad = \{x(B, D) + y(A, D)\}\{z(A, D) + w(A, C)\} \\
&\qquad + \{x(C, D) + z(A, D)\}\{y(C, D) + w(B, C)\} \\
&\qquad + \{x(B, D) + w(A, B)\}\{y(A, C) + z(A, B)\} \\
&\quad = x(B, D)\,z(A, D) + x(B, D)\,w(A, C) \\
&\qquad + y(A, D)\,z(A, D) + y(A, D)\,w(A, C) \\
&\qquad + x(C, D)\,y(C, D) + x(C, D)\,w(B, C)
\end{aligned}$$

$$
\begin{aligned}
&+ y(C,D)z(A,D) + z(A,D)w(B,C)\\
&+ x(B,D)y(A,C) + x(B,D)z(A,B)\\
&+ y(A,C)w(A,B) + z(A,B)w(A,B)\\
= {}& x(B,D)y(A,C) + x(C,D)y(C,D)\\
&+ x(B,D)z(A,B) + x(B,D)z(A,D)\\
&+ x(B,D)w(A,C) + x(C,D)w(B,C)\\
&+ y(A,D)z(A,D) + y(C,D)z(A,D)\\
&+ y(A,C)w(A,B) + y(A,D)w(A,C)\\
&+ z(A,B)w(A,B) + z(A,D)w(B,C) \qquad \cdots(6)
\end{aligned}
$$

となる．

(5)，(6)共に項数は12である．(5)の方は整然としているが(6)は$x(\cdots,\cdots)$，$y(\cdots,\cdots)$，$z(\cdots,\cdots)$，$w(\cdots,\cdots)$について「整然」としていない．そこで**命題12．8**を用いて(6)を(5)に近づくように変形してゆこう．(6)は**命題12．8**より

$$
\begin{aligned}
&AB^2CD^2 + AC^2DB^2 + AD^2BC^2\\
&= \{x(B,C)+\alpha\}y(A,C) + \{x(B,D)+\gamma\}\{y(A,D)-\beta\}\\
&\quad + \{x(B,C)+\alpha\}z(A,B) + \{x(C,D)-\gamma\}z(A,D)\\
&\quad + x(B,D)\{w(A,B)-\gamma\} + x(C,D)\{w(A,C)-\alpha\}\\
&\quad + \{y(A,C)-\alpha\}\{z(A,B)+\beta\} + y(C,D)\{z(B,D)-\alpha\}\\
&\quad + \{y(A,D)+\alpha\}w(A,B) + \{y(C,D)+\beta\}\{w(B,C)+\alpha\}\\
&\quad + \{z(A,D)-\beta\}\{w(A,C)+\gamma\} + \{z(B,D)-\alpha\}w(B,C)\\
&= x(B,C)y(A,C) + x(B,D)y(A,D) + x(B,C)z(A,B)\\
&\quad + x(C,D)z(A,D) + x(B,D)w(A,B) + x(C,D)w(A,C)\\
&\quad + y(A,C)z(A,B) + y(C,D)z(B,D) + y(A,D)w(A,B)\\
&\quad + y(C,D)w(B,C) + z(A,D)w(A,C) + z(B,D)w(B,C)\\
&\quad + \alpha y(A,C) + \gamma y(A,D) - \beta x(B,D) - \beta\gamma + \alpha z(A,B)\\
&\quad - \gamma z(A,D) - \gamma x(B,D) - \alpha x(C,D) - \alpha z(A,B)\\
&\quad + \beta y(A,C) - \alpha\beta - \alpha y(C,D) + \alpha w(A,B) + \alpha y(C,D)\\
&\quad + \beta w(B,C) + \alpha\beta + \gamma z(A,D) - \beta w(A,C) - \beta\gamma\\
&\quad - \alpha w(B,C)
\end{aligned}
$$

$$= (2S_A)^2 + (2S_B)^2 + (2S_C)^2 + (2S_D)^2 \quad (\because (5)\text{から})$$
$$+ (\alpha + \beta) y(A,\, C) + \gamma y(A,\, D) - (\beta + \gamma) x(B,\, D)$$
$$+ \alpha\{w(A,\, B) - w(B,\, C)\} + \beta\{w(B,\, C) - w(A,\, C)\}$$
$$- \alpha x(C,\, D) - 2\beta\gamma \qquad \cdots(7)$$

となる.

ここで**命題12. 8**より

$$w(A,\, B) - w(B,\, C) = -\beta \qquad (\because ⑪\text{より})$$

また

$$w(B,\, C) - w(A,\, C) = -\alpha$$

であって，さらに**命題12. 7**より

$$\alpha + \beta + \gamma = 0$$

であるから(7)式，つまり

$$(AB \cdot CD)^2 + (AC \cdot DB)^2 + (AD \cdot BC)^2$$
$$= (2S_A)^2 + (2S_B)^2 + (2S_C)^2 + (2S_D)^2 - \gamma y(A,\, C) + \gamma y(A,\, D)$$
$$+ \alpha x(B,\, D) - \alpha\beta - \alpha\beta - \alpha x(C,\, D) - 2\beta\gamma$$
$$= (2S_A)^2 + (2S_B)^2 + (2S_C)^2 + (2S_D)^2 + \alpha\{x(B,\, D) - x(C,\, D)\}$$
$$+ \gamma\{y(A,\, D) - y(A,\, C)\} - 2\alpha\beta - 2\beta\gamma$$
$$= (2S_A)^2 + (2S_B)^2 + (2S_C)^2 + (2S_D)^2 + \alpha(-\gamma) + \gamma(-\alpha)$$
$$- 2\alpha\beta - 2\beta\gamma \qquad (\because \textbf{命題12. 8}\text{の③④より})$$
$$= (2S_A)^2 + (2S_B)^2 + (2S_C)^2 + (2S_D)^2 - 2\alpha\beta - 2\beta\gamma - 2\gamma\alpha \qquad \cdots(8)$$

即ち

$$(AB \cdot CD)^2 + (AC \cdot DB)^2 + (AD \cdot BC)^2$$
$$= (2S_A)^2 + (2S_B)^2 + (2S_C)^2 + (2S_D)^2 - 2\alpha\beta - 2\beta\gamma - 2\gamma\alpha \qquad \cdots(9)$$

が導かれた. ここで**命題12. 7**の$\alpha + \beta + \gamma = 0$より2乗して

$$-2\alpha\beta - 2\beta\gamma - 2\gamma\alpha = \alpha^2 + \beta^2 + \gamma^2 \qquad \cdots(10)$$

よって(9)は

$$(AB \cdot CD)^2 + (AC \cdot DB)^2 + (AD \cdot BC)^2$$
$$= (2S_A)^2 + (2S_B)^2 + (2S_C)^2 + (2S_D)^2 + \alpha^2 + \beta^2 + \gamma^2$$

となり，

$$\alpha=(\overrightarrow{AB},\overrightarrow{CD}),\quad \beta=(\overrightarrow{AC},\overrightarrow{DB}),\quad \gamma=(\overrightarrow{AD},\overrightarrow{BC})$$

であったから

$$\begin{aligned}&(AB\cdot CD)^2+(AC\cdot DB)^2+(AD\cdot BC)^2\\&\quad=(2S_A)^2+(2S_B)^2+(2S_C)^2+(2S_D)^2\\&\qquad+(\overrightarrow{AB},\overrightarrow{CD})^2+(\overrightarrow{AC},\overrightarrow{DB})^2+(\overrightarrow{AD},\overrightarrow{BC})^2\end{aligned}\qquad\cdots(11)$$

となり，**定理12. 1**が証明された．（証明終わり）

12. 3　三角形における十平方、七平方の定理

一般の四面体ABCDを考え，頂点Dが上方，$\triangle ABC$が底面に来るように置く．（図12. 1参照）

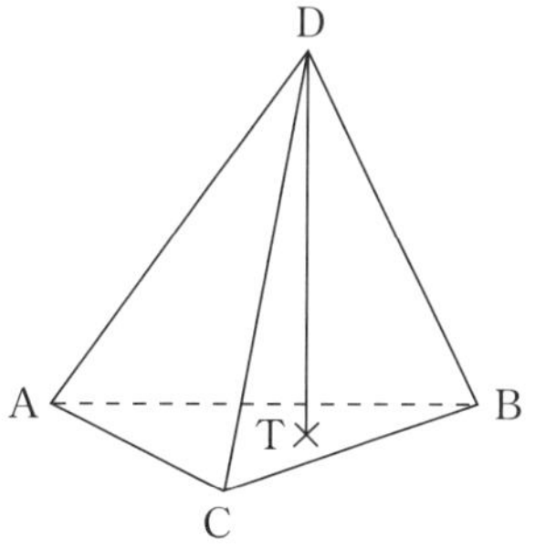

図12.1

そうして四面体ABCDを３次元空間E^3から２次元平面E^2へ正射影して頂点Dが$\triangle ABC$上の点Tに写ったとすれば辺AD，BD，CDは線分AT，BT，CTへ写り，線分BC，CA，ABはそのままBC，CA，ABへ，S_A，S_B，S_Cはそれぞれ$\triangle TBC$，$\triangle TCA$，$\triangle TAB$の面積にS_Dは$\triangle ABC$の面積Sに写るだろう．また内積$(\overrightarrow{AB},\overrightarrow{CD})$，$(\overrightarrow{AC},\overrightarrow{DB})$，$(\overrightarrow{AD},\overrightarrow{BC})$はそれぞれ内積$(\overrightarrow{AB},\overrightarrow{CT})$，$(\overrightarrow{CA},\overrightarrow{BT})$，$(\overrightarrow{BC},\overrightarrow{AT})$に写るだろう．こうして一般の四面体の「十平方の定理」は$\triangle ABC$では

$$(BC\cdot AT)^2+(CA\cdot BT)^2+(AB\cdot CT)^2$$

$$=(2\triangle ABC)^2+(2\triangle TBC)^2+(2\triangle TCA)^2+(2\triangle TAB)^2$$
$$+(\overrightarrow{BC},\ \overrightarrow{AT})^2+(\overrightarrow{CA},\ \overrightarrow{BT})^2+(\overrightarrow{AB},\ \overrightarrow{CT})^2 \quad \cdots(1)$$

となるだろう．

また直辺四面体では，頂点Dから$\triangle ABC$に下した垂線の足は$\triangle ABC$の垂心になるから直辺四面体での「七平方の定理」は

$$(BC\cdot AH)^2+(CA\cdot BH)^2+(AB\cdot CH)^2$$
$$=(2\triangle ABC)^2+(2\triangle HBC)^2+(2\triangle HCA)^2+(2\triangle HAB)^2 \quad \cdots(2)$$

となるだろう．ここにHは$\triangle ABC$の「垂心」である．この予想を定理として述べ**証明**をつけておこう．

定理12.9　$\triangle ABC$ **での十平方の定理及び垂心での七平方の定理**

$\triangle ABC \subseteq E^2 \subseteq E^m$とする．ここに$m$は$m \geq 2$の自然数とし，$E^m$で$m$次元ユークリッド空間を表すものとする．$BC=a$，$CA=b$，$AB=c$とし，$\forall T \in E^2$に対し$\triangle ABC$，$\triangle TBC$，$\triangle TCA$，$\triangle TAB$の(符号付)面積をそれぞれ$S$，$S_A$，$S_B$，$S_C$とすれば，次の式が成り立つ．(図12.2参照)

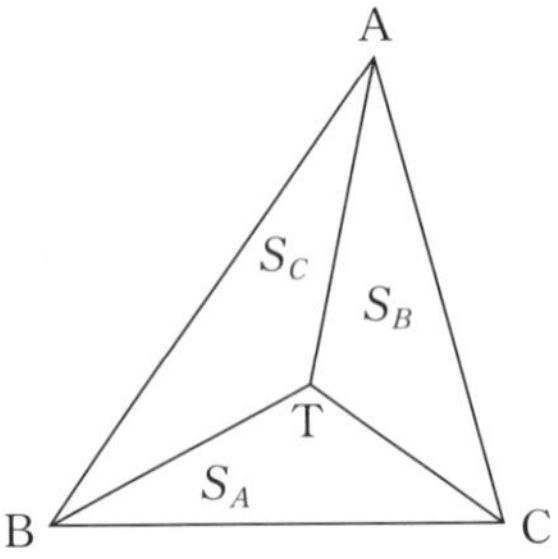

図12.2

$$(aAT)^2+(bBT)^2+(cCT)^2$$
$$=(2S)^2+(2S_A)^2+(2S_B)^2+(2S_C)^2$$
$$+(\overrightarrow{AT},\ \overrightarrow{BC})^2+(\overrightarrow{BT},\ \overrightarrow{CA})^2+(\overrightarrow{CT},\ \overrightarrow{AB})^2 \quad \cdots(1)$$

特に

$$(aAT)^2+(bBT)^2+(cCT)^2 \geqq (2S)^2+(2S_A)^2+(2S_B)^2+(2S_C)^2 \quad \cdots(2)$$

等号「＝」は点Tが「垂心H」のときに限る．すなわち$\triangle ABC$の「垂心H」に対

して

$$(aAH)^2 + (bBH)^2 + (cCH)^2 = (2S)^2 + (2S_A)^2 + (2S_B)^2 + (2S_C)^2 \quad \cdots(3)$$

が成り立つ.

補題12.10　$\forall T \in E^2$の「$\triangle ABC$に関する重心座標」を$(\lambda,\ \mu,\ \nu)$, $\lambda + \mu + \nu = 1$とし，ベクトルの内積を$x = (\overrightarrow{AB},\ \overrightarrow{AC})$, $y = (\overrightarrow{BA},\ \overrightarrow{BC})$, $z = (\overrightarrow{CA},\ \overrightarrow{CB})$とおくと,

$$(\overrightarrow{AT},\ \overrightarrow{BC}) = \nu z - \mu y,\quad (\overrightarrow{BT},\ \overrightarrow{CA}) = \lambda x - \nu z,$$
$$(\overrightarrow{CT},\ \overrightarrow{AB}) = \mu y - \lambda x \quad \cdots(1)$$

が成り立つ．よって

$$(\overrightarrow{AT},\ \overrightarrow{BC})^2 + (\overrightarrow{BT},\ \overrightarrow{CA})^2 + (\overrightarrow{CT},\ \overrightarrow{AB})^2$$
$$= (\nu z - \mu y)^2 + (\lambda x - \nu z)^2 + (\mu y - \lambda x)^2 \quad \cdots(2)$$

となる.

証明　$T \in E^2$の「$\triangle ABC$に関する重心座標」が$(\lambda,\ \mu,\ \nu)$, $\lambda + \mu + \nu = 1$であるから,

$$\overrightarrow{PT} = \lambda\overrightarrow{PA} + \mu\overrightarrow{PB} + \nu\overrightarrow{PC}$$
$$\text{for}\quad \forall P \in E^m \Rightarrow \overrightarrow{AT} = \mu\overrightarrow{AB} + \nu\overrightarrow{AC}$$

ゆえに

$$(\overrightarrow{AT},\ \overrightarrow{BC}) = (\mu\overrightarrow{AB} + \nu\overrightarrow{AC},\ \overrightarrow{BC})$$
$$= \nu(\overrightarrow{CA},\ \overrightarrow{CB}) - \mu(\overrightarrow{BA},\ \overrightarrow{BC}) = \nu z - \mu y$$

となる．他も同様である．（証明終わり）

補題12.11

$$(x + y)(x + z) = (2S)^2 + x^2,$$
$$(x + y)(y + z) = (2S)^2 + y^2,$$
$$(x + z)(y + z) = (2S)^2 + z^2,$$
$$x(y + z) = (2S)^2 - yz,$$
$$y(x + z) = (2S)^2 - xz,$$

$$z(x+y)=(2S)^2-xy \qquad \cdots(1)$$

証明　$yz+xz+xy=(2S)^2$より明らかである．（証明終わり）

補題12.12　点$T\in E^2$の「ベクトルによる重心座標表現」が

$$\overrightarrow{PT}=\lambda\overrightarrow{PA}+\mu\overrightarrow{PB}+\nu\overrightarrow{PC}$$
$$\text{for}\ \ \forall P\in E^m \qquad \cdots(1)$$

かつ

$$\lambda+\mu+\nu=1 \qquad \cdots(2)$$

であるとき，

$$AT^2=\mu^2(x+y)+2\mu\nu x+\nu^2(x+z),$$
$$BT^2=\lambda^2(x+y)+2\lambda\nu y+\nu^2(y+z),$$
$$CT^2=\lambda^2(x+z)+2\lambda\mu z+\mu^2(y+z) \qquad \cdots(3)$$
$$\lambda S=\triangle TBC=S_A,\ \ \mu S=\triangle TCA=S_B,\ \ \nu S=\triangle TAB=S_C \qquad \cdots(4)$$

証明

$$\overrightarrow{AT}=\mu\overrightarrow{AB}+\nu\overrightarrow{AC},\quad \overrightarrow{BT}=\lambda\overrightarrow{BA}+\nu\overrightarrow{BC},\quad \overrightarrow{CT}=\lambda\overrightarrow{CA}+\mu\overrightarrow{CB}$$

だからx，y，zの定義を用いて

$$|\overrightarrow{AT}|^2=\mu^2AB^2+2\mu\nu(\overrightarrow{AB},\ \overrightarrow{AC})+\nu^2AC^2$$
$$=\mu^2(x+y)+2\mu\nu x+\nu^2(x+z),$$
$$|\overrightarrow{BT}|^2=\lambda^2BA^2+2\lambda\nu(\overrightarrow{BA},\ \overrightarrow{BC})+\nu^2BC^2$$
$$=\lambda^2(x+y)+2\lambda\nu y+\nu^2(y+z),$$
$$|\overrightarrow{CT}|^2=\lambda^2CA^2+2\lambda\mu(\overrightarrow{CA},\ \overrightarrow{CB})+\mu^2CB^2$$
$$=\lambda^2(x+z)+2\lambda\mu z+\nu^2(y+z)$$

となる．(1)から

(ア)　$\triangle ABC$において$\overrightarrow{AT}$がBCと平行でない，すなわち$\lambda\neq1$のとき，ATと直線BCとの交点をT_Aとしたとき，$AT:TT_A=(\mu+\nu):\lambda$であるから

$$\triangle TBC:\triangle ABC=\lambda:(\lambda+\mu+\nu)=\lambda:1=\lambda S:S$$

よって

$$S_A=\triangle TBC=\lambda S$$

となる．（図12.3参照）

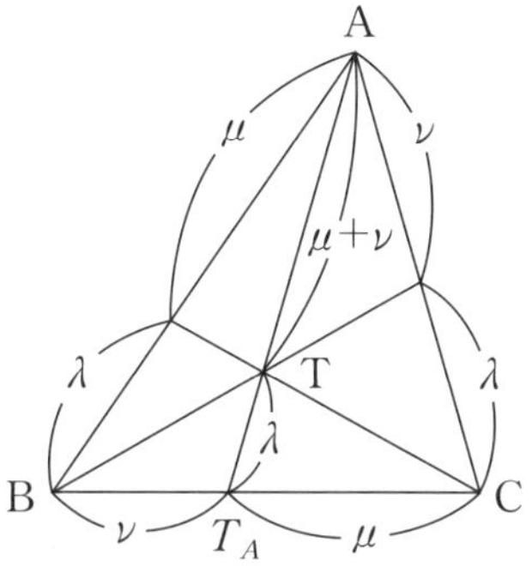

図12.3

（イ） $\lambda = 1$のとき，$\triangle TBC$の高さ $= \triangle ABC$ の高さ．

ゆえに

$$\triangle TBC = S_A = S = \lambda S$$

よって（ア）（イ）いずれにしても$S_A = \lambda S$が成り立つ．他も同様である．

（証明終わり）

定理12．9の**証明**の実行

補題12．12の（3）より

$$\begin{aligned} a^2 AT^2 &= a^2\{\mu^2(x+y) + 2\mu\nu x + \nu^2(x+z)\} \\ &= (y+z)\{\mu^2(x+y) + 2\mu\nu x + \nu^2(x+z)\} \\ &\qquad\qquad (\because a^2 = BC^2 = y+z) \\ &= \mu^2(x+y)(y+z) + 2\mu\nu x(y+z) + \nu^2(x+z)(y+z) \\ &= \mu^2\{(2S)^2 + y^2\} + 2\mu\nu\{(2S)^2 - yz\} + \nu^2\{(2S)^2 + z^2\} \\ &= (2S)^2(\mu+\nu)^2 + (\nu z - \mu y)^2 \qquad (\because \textbf{補題12.11}) \end{aligned}$$

すなわち

$$(aAT)^2 = (2S)^2(\mu+\nu)^2 + (\nu z - \mu y)^2 \qquad \cdots(1)$$

次に

$$\begin{aligned} b^2 BT^2 &= (x+z)\{\lambda^2(x+y) + 2\lambda\nu y + \nu^2(y+z)\} \\ &= \lambda^2(x+y)(x+z) + 2\lambda\nu y(x+z) + \nu^2(x+z)(y+z) \end{aligned}$$

$$= \lambda^2\{(2S)^2 + x^2\} + 2\lambda\nu\{(2S)^2 - xz\} + \nu^2\{(2S)^2 + z^2\}$$
$$= (2S)^2(\lambda + \nu)^2 + (\lambda x - \nu z)^2$$

すなわち

$$(bBT)^2 = (2S)^2(\lambda + \nu)^2 + (\lambda x - \nu z)^2 \quad \cdots(2)$$

同様にして

$$(cCT)^2 = (2S)^2(\lambda + \mu)^2 + (\mu y - \lambda x)^2 \quad \cdots(3)$$

よって(1)〜(3)から

$$\begin{aligned}
&(aAT)^2 + (bBT)^2 + (cCT)^2\\
&\quad = (2S)^2(2\lambda^2 + 2\mu^2 + 2\nu^2 + 2\lambda\mu + 2\mu\nu + 2\nu\lambda)\\
&\qquad + (\nu z - \mu y)^2 + (\lambda x - \nu z)^2 + (\mu y - \lambda x)^2\\
&\quad = (2S)^2\{\lambda^2 + \mu^2 + \nu^2 + (\lambda + \mu + \nu)^2\}\\
&\qquad + (\nu z - \mu y)^2 + (\lambda x - \nu z)^2 + (\mu y - \lambda x)^2\\
&\quad = (2S)^2(\lambda^2 + \mu^2 + \nu^2 + 1) + (\nu z - \mu y)^2\\
&\qquad + (\lambda x - \nu z)^2 + (\mu y - \lambda x)^2 \qquad (\because \lambda + \mu + \nu = 1)\\
&\quad = (2S)^2 + (2\lambda S)^2 + (2\mu S)^2 + (2\nu S)^2\\
&\qquad + (\nu z - \mu y)^2 + (\lambda x - \nu z)^2 + (\mu y - \lambda x)^2\\
&\quad = (2S)^2 + (2S_A)^2 + (2S_B)^2 + (2S_C)^2\\
&\qquad + (\nu z - \mu y)^2 + (\lambda x - \nu z)^2 + (\mu y - \lambda x)^2\\
&\qquad\qquad (\because \text{補題12.12})\\
&\quad = (2S)^2 + (2S_A)^2 + (2S_B)^2 + (2S_C)^2\\
&\qquad + (\overrightarrow{AT}, \overrightarrow{BC})^2 + (\overrightarrow{BT}, \overrightarrow{CA})^2 + (\overrightarrow{CT}, \overrightarrow{AB})^2\\
&\qquad\qquad (\because \text{補題12.10の(2)})
\end{aligned}$$

すなわち

$$\begin{aligned}
&(aAT)^2 + (bBT)^2 + (cCT)^2\\
&\quad = (2S)^2 + (2S_A)^2 + (2S_B)^2 + (2S_C)^2\\
&\qquad + (\overrightarrow{AT}, \overrightarrow{BC})^2 + (\overrightarrow{BT}, \overrightarrow{CA})^2 + (\overrightarrow{CT}, \overrightarrow{AB})^2
\end{aligned}$$

$(\overrightarrow{AT}, \overrightarrow{BC})^2 \geqq 0$ かつ $(\overrightarrow{BT}, \overrightarrow{CA})^2 \geqq 0$ かつ $(\overrightarrow{CT}, \overrightarrow{AB})^2 \geqq 0$ より

$$(aAT)^2 + (bBT)^2 + (cCT)^2 \geqq (2S)^2 + (2S_A)^2 + (2S_B)^2 + (2S_C)^2$$

等号「=」は

$$(\overrightarrow{AT}, \overrightarrow{BC})^2 = 0 \text{ かつ } (\overrightarrow{BT}, \overrightarrow{CA})^2 = 0 \text{ かつ } (\overrightarrow{CT}, \overrightarrow{AB})^2 = 0$$

$\Leftrightarrow T$が「垂心H」のとき　(**定理12. 9**の証明終わり)

12. 4　四面体における3つの余弦定理

次の命題が成り立つ.

命題12. 13　「面積ベクトルの等式」

空間内の4点A, B, C, Dに対してベクトルの**外積**の恒等式

$$\overrightarrow{AB}\times\overrightarrow{AC}+\overrightarrow{AC}\times\overrightarrow{AD}+\overrightarrow{AD}\times\overrightarrow{AB}+\overrightarrow{BD}\times\overrightarrow{BC}=\overrightarrow{0} \qquad \cdots(1)$$

が成り立つ.

証明

$$\overrightarrow{AB}=\vec{b},\quad \overrightarrow{AC}=\vec{c},\quad \overrightarrow{AD}=\vec{d} \qquad \cdots(2)$$

とおく. すると

$$\begin{aligned}\overrightarrow{BD}\times\overrightarrow{BC}&=(\overrightarrow{AD}-\overrightarrow{AB})\times(\overrightarrow{AC}-\overrightarrow{AB})\\&=(\vec{d}-\vec{b})\times(\vec{c}-\vec{b})\\&=-\vec{c}\times\vec{d}-\vec{b}\times\vec{c}+\vec{b}\times\vec{d} \qquad \cdots(3)\end{aligned}$$

よって

$$\overrightarrow{AB}\times\overrightarrow{AC}+\overrightarrow{AC}\times\overrightarrow{AD}+\overrightarrow{AD}\times\overrightarrow{AB}+\overrightarrow{BD}\times\overrightarrow{BC}$$

$$=\vec{b}\times\vec{c}+\vec{c}\times\vec{d}+\vec{d}\times\vec{b}-\vec{c}\times\vec{d}-\vec{b}\times\vec{c}+\vec{b}\times\vec{d}=\vec{0}$$

すなわち

$$\overrightarrow{AB}\times\overrightarrow{AC}+\overrightarrow{AC}\times\overrightarrow{AD}+\overrightarrow{AD}\times\overrightarrow{AB}+\overrightarrow{BD}\times\overrightarrow{BC}=\vec{0}$$

(証明終わり)

このことは次のような事実がその背景にある. つまり

定義12. 14　多面体の一つの面積がAのとき, この面の外側に立てられた単位ベクトルを$\vec{n}$とするとき, $A\vec{n}$をその面の**面積ベクトル**という. このとき, 四面体ABCDの4つの面の「**面積ベクトルの和** $=\vec{0}$」である.

証明は上に示した**命題12.13**の通りである．さて，

定義12.15 四面体ABCDにおいて$\triangle BCD$と$\triangle ACD$とのなす二面角をその面積の記号S_A，S_Bを用いて「S_AとS_Bのなす二面角」などとよぶことにしよう．

このとき，次の四面体における**余弦定理の一つ目**が成り立つ．

命題12.16［第二余弦定理］ 四面体ABCDにおいて，S_BとS_Cのなす二面角を$\theta(B, C)$，S_CとS_Dのなす二面角を$\theta(C, D)$，S_DとS_Bのなす二面角を$\theta(D, B)$としたとき，

$$\begin{aligned} {S_A}^2 &= {S_B}^2 + {S_C}^2 + {S_D}^2 - 2S_BS_C\cos\theta(B, C) \\ &\quad - 2S_CS_D\cos\theta(C, D) - 2S_DS_B\cos\theta(D, B) \end{aligned} \qquad \cdots(1)$$

証明 面積ベクトルの等式

$$\overrightarrow{AB}\times\overrightarrow{AC}+\overrightarrow{AC}\times\overrightarrow{AD}+\overrightarrow{AD}\times\overrightarrow{AB}+\overrightarrow{BD}\times\overrightarrow{BC}=\vec{0} \quad \text{より}$$

$$-\overrightarrow{BD}\times\overrightarrow{BC}=\overrightarrow{AB}\times\overrightarrow{AC}+\overrightarrow{AC}\times\overrightarrow{AD}+\overrightarrow{AD}\times\overrightarrow{AB} \qquad \cdots(2)$$

いま$\overrightarrow{AB}=\vec{b}$，$\overrightarrow{AC}=\vec{c}$，$\overrightarrow{AD}=\vec{d}$とおこう．

(2)の両辺の絶対値の２乗をとって

$$\begin{aligned} (2S_A)^2 &= (2S_B)^2+(2S_C)^2+(2S_D)^2+2(\vec{c}\times\vec{d},\ \vec{d}\times\vec{b}) \\ &\quad +2(\vec{b}\times\vec{c},\ \vec{d}\times\vec{b})+2(\vec{b}\times\vec{c},\ \vec{c}\times\vec{d}) \end{aligned}$$

そこで$\vec{c}\times\vec{d}$，$\vec{d}\times\vec{b}$のなす角の余弦を$\cos(\vec{c}\times\vec{d},\ \vec{d}\times\vec{b})$などと表すことにすれば上式は

$$\begin{aligned} (2S_A)^2 &= (2S_B)^2+(2S_C)^2+(2S_D)^2 \\ &\quad -2|\vec{c}\times\vec{d}||\vec{d}\times\vec{b}|\cos(\vec{c}\times\vec{d},\ \vec{b}\times\vec{d}) \\ &\quad -2|\vec{b}\times\vec{c}||\vec{d}\times\vec{b}|\cos(\vec{b}\times\vec{c},\ \vec{b}\times\vec{d}) \\ &\quad -2|\vec{b}\times\vec{c}||\vec{c}\times\vec{d}|\cos(\vec{b}\times\vec{c},\ \vec{d}\times\vec{c}) \end{aligned}$$

即ち

$$\begin{aligned} (2S_A)^2 &= (2S_B)^2+(2S_C)^2+(2S_D)^2 \\ &\quad -2(2S_B)(2S_C)\cos(\vec{c}\times\vec{d},\ \vec{b}\times\vec{d}) \\ &\quad -2(2S_C)(2S_D)\cos(\vec{b}\times\vec{c},\ \vec{b}\times\vec{d}) \\ &\quad -2(2S_D)(2S_B)\cos(\vec{b}\times\vec{c},\ \vec{d}\times\vec{c}) \end{aligned} \qquad \cdots(3)$$

ところで

（ア） 四面体ABCDを$\triangle ABD$を底面に来るように持ってくれば分かるように$\vec{c}\times\vec{d}$と$\vec{b}\times\vec{d}$のなす角はS_BとS_Cのなす二面角$\theta(B,\ C)$に等しい.（図12.4）よって

$$\cos(\vec{c}\times\vec{d},\ \vec{b}\times\vec{d}) = \cos\theta(B,\ C) \qquad \cdots(4)$$

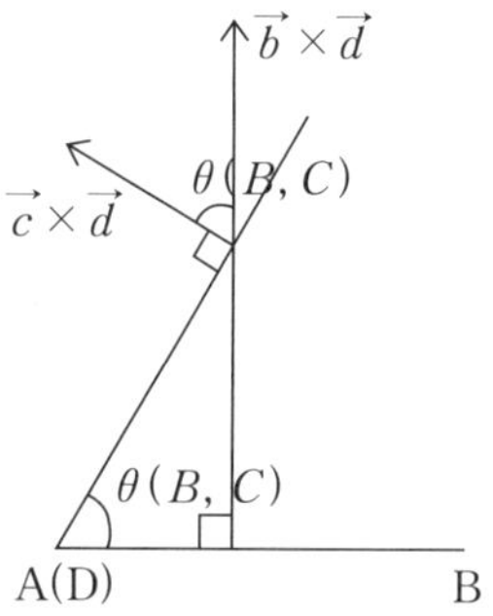

図12.4

（イ） 同様に$\triangle ABD$を底面に来るように持ってくれば$\vec{b}\times\vec{c}$と$\vec{b}\times\vec{d}$のなす角はS_CとS_Dのなす二面角$\theta(C,\ D)$に等しく，$\triangle ACD$を底面に来るように持ってくれば$\vec{b}\times\vec{c}$と$\vec{d}\times\vec{c}$のなす角はS_DとS_Bのなす二面角$\theta(D,\ B)$に等しいことが分かる．こうして

$$\cos(\vec{b}\times\vec{c},\ \vec{b}\times\vec{d}) = \cos\theta(C,\ D),$$
$$\cos(\vec{b}\times\vec{c},\ \vec{d}\times\vec{c}) = \cos\theta(D,\ B) \qquad \cdots(5)$$

ゆえに(3)は

$$S_A{}^2 = S_B{}^2 + S_C{}^2 + S_D{}^2 - 2S_BS_C\cos\theta(B,\ C) - 2S_CS_D\cos\theta(C,\ D) - 2S_DS_B\cos\theta(D,\ B)$$

となる．（証明終わり）

命題12.17　もう一つの余弦定理［第三余弦定理］

四面体ABCDにおいて，S_AとS_Cのなす二面角を$\theta(A,\ C)$，S_BとS_Dのなす二面角を$\theta(B,\ D)$とすれば

$$S_A{}^2 + S_C{}^2 - 2S_AS_C\cos\theta(A,\ C) = S_B{}^2 + S_D{}^2 - 2S_BS_D\cos\theta(B,\ D) \qquad \cdots(1)$$

証明　面積ベクトルの等式

$$\overrightarrow{AB}\times\overrightarrow{AC}+\overrightarrow{AC}\times\overrightarrow{AD}+\overrightarrow{AD}\times\overrightarrow{AB}+\overrightarrow{BD}\times\overrightarrow{BC}=\vec{0}$$ より

$$-\overrightarrow{AD}\times\overrightarrow{AB}-\overrightarrow{BD}\times\overrightarrow{BC}=\overrightarrow{AB}\times\overrightarrow{AC}+\overrightarrow{AC}\times\overrightarrow{AD}$$

両辺の絶対値の2乗を計算すれば，

$$(2S_C)^2+(2S_A)^2-2(\overrightarrow{AD}\times\overrightarrow{AB},\ \overrightarrow{BC}\times\overrightarrow{BD})$$
$$=(2S_D)^2+(2S_B)^2-2(\overrightarrow{AB}\times\overrightarrow{AC},\ \overrightarrow{AD}\times\overrightarrow{AC}) \quad\cdots(2)$$

$$(2S_A)^2+(2S_C)^2-2|\overrightarrow{AD}\times\overrightarrow{AB}||\overrightarrow{BC}\times\overrightarrow{BD}|\cos(\overrightarrow{AD}\times\overrightarrow{AB},\ \overrightarrow{BC}\times\overrightarrow{BD})$$
$$=(2S_D)^2+(2S_B)^2-2|\overrightarrow{AB}\times\overrightarrow{AC}||\overrightarrow{AD}\times\overrightarrow{AC}|\cos(\overrightarrow{AB}\times\overrightarrow{AC},\ \overrightarrow{AD}\times\overrightarrow{AC}) \quad\cdots(3)$$

ところで，四面体ABCDを$\triangle BCD$が底面に来るように持ってくれば$\overrightarrow{AD}\times\overrightarrow{AB}$と$\overrightarrow{BC}\times\overrightarrow{BD}$のなす角は$S_A$と$S_C$のなす二面角$\theta(A,\ C)$に等しい．また$\overrightarrow{AB}\times\overrightarrow{AC}$と$\overrightarrow{AD}\times\overrightarrow{AC}$とのなす角は$S_B$と$S_D$のなす二面角$\theta(B,\ D)$に等しい．よって

$$\cos(\overrightarrow{AD}\times\overrightarrow{AB},\ \overrightarrow{BC}\times\overrightarrow{BD})=\cos\theta(A,\ C),$$
$$\cos(\overrightarrow{AB}\times\overrightarrow{AC},\ \overrightarrow{AD}\times\overrightarrow{AC})=\cos\theta(B,\ D) \quad\cdots(4)$$

ゆえに(3)は

$$(2S_A)^2+(2S_C)^2-2(2S_C)(2S_A)\cos\theta(A,\ C)$$
$$=(2S_D)^2+(2S_B)^2-2(2S_D)(2S_B)\cos\theta(B,\ D)$$

となり，よって

$$S_A{}^2+S_C{}^2-2S_AS_C\cos\theta(A,\ C)=S_B{}^2+S_D{}^2-2S_BS_D\cos\theta(B,\ D)$$

となった．（証明終わり）

命題12.18　最後の余弦定理［第一余弦定理］

$$S_A=S_B\cos\theta(A,\ B)+S_C\cos\theta(A,\ C)+S_D\cos\theta(A,\ D) \quad\cdots(1)$$

などが成立する．

これは$\triangle ABC$の場合の「**第一余弦定理**」$a=b\cos C+c\cos B$などに相当する．

証明　この(1)は空間E^3から平面E^2への正射影を考えれば納得できるだろうが，ここでは**命題12.16**と**命題12.17**を用いて証明する．

$$S_A = S_B\cos\theta(A,\ B) + S_C\cos\theta(A,\ C) + S_D\cos\theta(A,\ D) \qquad \cdots(1)$$

の代わりに $S_C = S_A\cos\theta(C,\ A) + S_B\cos\theta(C,\ B) + S_D\cos\theta(C,\ D) \qquad \cdots(2)$

を証明する.

命題12.16の(1)式の右辺

$$\begin{aligned}
&= S_B{}^2 + S_C{}^2 + S_D{}^2 - 2S_BS_C\cos\theta(B,\ C) \\
&\qquad\qquad - 2S_CS_D\cos\theta(C,\ D) - 2S_DS_B\cos\theta(D,\ B) \\
&= S_C{}^2 + (S_B{}^2 + S_D{}^2 - 2S_DS_B\cos\theta(D,\ B)) \\
&\qquad\qquad - 2S_BS_C\cos\theta(B,\ C) - 2S_CS_D\cos\theta(C,\ D) \\
&= S_C{}^2 + (S_A{}^2 + S_C{}^2 - 2S_AS_C\cos\theta(A,\ C)) \\
&\qquad\qquad - 2S_BS_C\cos\theta(B,\ C) - 2S_CS_D\cos\theta(C,\ D)
\end{aligned}$$

(∵**命題12.17**)

$$\begin{aligned}
&= S_A{}^2 + 2S_C{}^2 - 2S_AS_C\cos\theta(A,\ C) \\
&\qquad\qquad - 2S_BS_C\cos\theta(B,\ C) - 2S_CS_D\cos\theta(C,\ D)
\end{aligned}$$

よって**命題12.16**の(1)式は

$$\begin{aligned}
S_A{}^2 &= S_A{}^2 + 2S_C{}^2 - 2S_AS_C\cos\theta(A,\ C) \\
&\qquad\qquad - 2S_BS_C\cos\theta(B,\ C) - 2S_CS_D\cos\theta(C,\ D)
\end{aligned}$$

ゆえに

$$2S_C{}^2 = 2S_AS_C\cos\theta(A,\ C) + 2S_BS_C\cos\theta(B,\ C) + 2S_CS_D\cos\theta(C,\ D)$$

この両辺を$2S_C$で割って

$$S_C = S_A\cos\theta(C,\ A) + S_B\cos\theta(C,\ B) + S_D\cos\theta(C,\ D) \qquad \cdots(2)$$

が証明された. (1)も同様. (証明終わり)

命題12.19 四面体の**3つの面の面積の和**は**残りの面の面積より大**である.
すなわち

$$S_B + S_C + S_D > S_A$$

などが成り立つ.

証明 これも正射影を考えれば分かることであるが, ここでは**命題12.18**を使って証明する.

二面角の大きさについて

$$0^\circ < \theta(A,\ B) < 180^\circ,\ \ 0^\circ < \theta(A,\ C) < 180^\circ,\ \ 0^\circ < \theta(A,\ D) < 180^\circ$$

だから

$$-1 < \cos\theta(A,\ B) < 1,\ \ -1 < \cos\theta(A,\ C) < 1,\ \ -1 < \cos\theta(A,\ D) < 1$$

よって

$$S_A = S_B\cos\theta(A,\ B) + S_C\cos\theta(A,\ C) + S_D\cos\theta(A,\ D) < S_B + S_C + S_D$$

すなわち

$$S_A < S_B + S_C + S_D$$

が証明された．（証明終わり）

例12.20　第11話**例11.8**で取り上げたA－3直角四面体ABCDの二面角の余弦を計算してみよう．（第11話図11.1参照）

まず$\triangle ACD \perp \triangle ABD$これを$S_B \perp S_C$と表現する．同様に

$$S_C \perp S_D,\ S_D \perp S_B \qquad \cdots(1)$$

よって

$$\cos\theta(B,\ C) = 0,\ \ \cos\theta(C,\ D) = 0,\ \ \cos\theta(D,\ B) = 0 \qquad \cdots(2)$$

残りの$\cos\theta(A,\ B)$, $\cos\theta(A,\ C)$, $\cos\theta(A,\ D)$, は第三余弦定理の3つの等式

$$S_A{}^2 + S_B{}^2 - 2S_AS_B\cos\theta(A,\ B) = S_C{}^2 + S_D{}^2 - 2S_CS_D\cos\theta(C,\ D),$$
$$S_A{}^2 + S_C{}^2 - 2S_AS_C\cos\theta(A,\ C) = S_B{}^2 + S_D{}^2 - 2S_BS_D\cos\theta(B,\ D),$$
$$S_A{}^2 + S_D{}^2 - 2S_AS_D\cos\theta(A,\ D) = S_B{}^2 + S_C{}^2 - 2S_BS_C\cos\theta(B,\ C), \qquad \cdots(3)$$

に(2)を代入して

$$\cos\theta(A,\ B) = \frac{S_A{}^2 + S_B{}^2 - (S_C{}^2 + S_D{}^2)}{2S_AS_B},$$

$$\cos\theta(A,\ C) = \frac{S_A{}^2 + S_C{}^2 - (S_B{}^2 + S_D{}^2)}{2S_AS_C},$$

$$\cos\theta(A,\ D) = \frac{S_A{}^2 + S_D{}^2 - (S_B{}^2 + S_C{}^2)}{2S_AS_D} \qquad \cdots(4)$$

これに第11話**例11.8**の(Ⅳ)の(3) $S_A{}^2 = S_B{}^2 + S_C{}^2 + S_D{}^2$ を代入して計算．

$$\cos\theta(A,\ B)=\frac{S_B}{S_A}=\frac{S_B}{\sqrt{{S_B}^2+{S_C}^2+{S_D}^2}},$$

$$\cos\theta(A,\ C)=\frac{S_C}{S_A}=\frac{S_C}{\sqrt{{S_B}^2+{S_C}^2+{S_D}^2}},$$

$$\cos\theta(A,\ D)=\frac{S_D}{S_A}=\frac{S_D}{\sqrt{{S_B}^2+{S_C}^2+{S_D}^2}}, \qquad \cdots(5)$$

これに $S_B=\dfrac{bd}{2}$， $S_C=\dfrac{cd}{2}$， $S_D=\dfrac{bc}{2}$ を代入して

$$\cos\theta(A,\ B)=\frac{bd}{\sqrt{b^2d^2+c^2d^2+b^2c^2}},$$

$$\cos\theta(A,\ C)=\frac{cd}{\sqrt{b^2d^2+c^2d^2+b^2c^2}},$$

$$\cos\theta(A,\ D)=\frac{bc}{\sqrt{b^2d^2+c^2d^2+b^2c^2}} \qquad \cdots(6)$$

と求まる．

12.5 直辺四面体における二面角の余弦の公式

補題12.21 一般の四面体ABCDにおいて$AD \perp BC$であるとする．次のことが成り立つ．（図12.5）

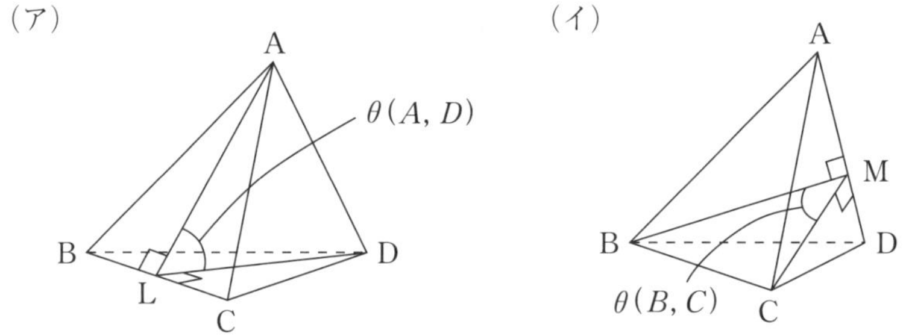

図12.5

(ア)　頂点Aから辺BCに下ろした垂線の足を点Lとおくとき，線分DLは辺BCと垂直：$DL \perp BC$となる．

よって$\triangle ALD$において$\angle ALD$は$\triangle ABC$と$\triangle BCD$との作る二面角の大きさ$\theta(A,\ D)$に等しい．

すなわち

$$\angle ALD = \theta(A,\ D) \qquad \cdots(1)$$

しかも

$$\cos\theta(A,\ D) = \frac{4{S_A}^2 + 4{S_D}^2 - AD^2 \cdot BC^2}{8S_AS_D} \qquad \cdots(2)$$

(イ) 同様に

頂点Bから辺ADに下ろした垂線の足を点Mとおくとき，線分CMは辺ADと垂直：$CM \perp AD$となる．

よって$\triangle BMC$において$\angle BMC$は$\triangle ACD$と$\triangle ABD$との作る二面角の大きさ$\theta(B,\ C)$に等しい．すなわち

$$\angle BMC = \theta(B,\ C) \qquad \cdots(3)$$

しかも

$$\cos\theta(B,\ C) = \frac{4{S_B}^2 + 4{S_C}^2 - BC^2 \cdot AD^2}{8S_BS_C} \qquad \cdots(4)$$

証明

(ア)の証明：まず$AL \perp BC$また条件の$AD \perp BC$より，$\triangle ALD \perp BC$ゆえに$DL \perp BC$となる．すなわち$AL \perp BC$，$DL \perp BC$ということは定義から$\angle ALD$は$\triangle ABC$と$\triangle BCD$との作る二面角の大きさとなる．つまり

$$\angle ALD = \theta(A,\ D) \qquad \cdots(1)$$

が示された．次に$\triangle ALD$において三角形の余弦定理を用いて，

$$\cos\theta(A,\ D) = \frac{AL^2 + DL^2 - AD^2}{2AL \cdot DL} \qquad \cdots(5)$$

ここで，

$$S_D = \triangle ABC = \frac{AL \times BC}{2} \Rightarrow AL = \frac{2S_D}{BC} \qquad \cdots(6)$$

$$S_A = \triangle BDC = \frac{DL \times BC}{2} \Rightarrow DL = \frac{2S_A}{BC} \qquad \cdots(7)$$

(6)，(7)を(5)に代入して，

$$\cos\theta(A,\ D) = \frac{\left(\dfrac{2S_D}{BC}\right)^2 + \left(\dfrac{2S_A}{BC}\right)^2 - AD^2}{2 \times \dfrac{2S_D}{BC} \cdot \dfrac{2S_A}{BC}} = \frac{4S_A{}^2 + 4S_D{}^2 - AD^2 \cdot BC^2}{8S_AS_D}$$

となって(ア)が成り立つ．(イ)も同様である．(証明終わり)

命題12.22　直辺四面体ABCDにおいて各二面の二面角の大きさ $\theta(A,\ D)$，$\theta(B,\ C)$の余弦など6種類は次のように与えられる．

$$\cos\theta(A,\ B) = \frac{zw}{4S_AS_B},\ \cos\theta(A,\ C) = \frac{yw}{4S_AS_C},$$

$$\cos\theta(A,\ D) = \frac{yz}{4S_AS_D} \qquad \cdots(1)$$

$$\cos\theta(B,\ C) = \frac{xw}{4S_BS_C},\ \cos\theta(B,\ D) = \frac{xz}{4S_BS_D},$$

$$\cos\theta(C,\ D) = \frac{xy}{4S_CS_D} \qquad \cdots(2)$$

ここで x，y，z，wは第9話**定理9.11**で与えたものである．

証明　(1)の内 $\cos\theta(A,\ D) = \dfrac{yz}{4S_AS_D}$ を証明する．

直辺四面体ABCDでは $AD \perp BC$，$AB \perp CD$，$AC \perp BD$ だから**補題12.21**等が成立する．また $4S_A{}^2 = zw + yw + yz$，$4S_D{}^2 = yz + xz + xy$ 及び $AD^2 = x + w$，$BC^2 = y + z$ を**補題12.21**の(2)に代入して，

$$\cos\theta(A,\ D) = \frac{(zw + yw + yz) + (yz + xz + xy) - (x + w)(y + z)}{8S_AS_D}$$

$$= \frac{(y + z)w + (y + z)x + 2yz - (x + w)(y + z)}{8S_AS_D}$$

$$= \frac{(x+w)(y+z)+2yz-(x+w)(y+z)}{8S_AS_D} = \frac{yz}{4S_AS_D}$$

ゆえに成立．他も同様である．（証明終わり）

例12.23　第11話**例11.9**で与えた直辺四面体ABCDに対して，**命題12.22**を用いて$\cos\theta(A, D)$と$\cos\theta(B, C)$とを計算し$\theta(A, D)$と$\theta(B, C)$を求めてみよう．

$$x=\frac{5}{2},\quad y=\frac{1}{2},\quad z=\frac{3}{2},\quad w=\frac{9}{2},$$

$$S_A=\frac{\sqrt{39}}{4},\quad S_B=\frac{\sqrt{87}}{4},\quad S_C=\frac{\sqrt{59}}{4},\quad S_D=\frac{\sqrt{23}}{4}$$

だから

$$\cos\theta(A, D)=\frac{yz}{4S_A\,S_D}=\frac{\frac{1}{2}\times\frac{3}{2}}{4\times\frac{\sqrt{39}}{4}\times\frac{\sqrt{23}}{4}}=\frac{3}{\sqrt{39}\sqrt{23}}=0.100167084$$

よって

$$\theta(A, D)=84.25120798^\circ$$

$$\cos\theta(B, C)=\frac{xw}{4S_B\,S_C}=\frac{\frac{5}{2}\times\frac{9}{2}}{4\times\frac{\sqrt{87}}{4}\times\frac{\sqrt{59}}{4}}=\frac{45}{\sqrt{87}\sqrt{59}}=0.628097235$$

ゆえに

$$\theta(B, C)=51.0901209^\circ$$

（以上4つの計算には関数電卓を用いた）

12.6　四面体の二面角の余弦公式［一般形］

補題12.24　**一般**の四面体ABCDにおいて頂点Dから$\triangle ABC$に下した垂線の足をH_Dとし，点H_Dから直線BCに下した垂線の足をLとする．このとき

$DL \perp BC$ である．（図12.6）

証明

$$DH_D \perp BC \text{ かつ } H_DL \perp BC \text{ よって } \triangle DLH_D \perp BC$$

ゆえに

$$DL \perp BC$$

（証明終わり）

命題12.25［四面体の二面角の正弦］

一般の四面体ABCDにおいて頂点Dから$\triangle ABC$に下した垂線の足をH_Dとし，点H_Dから直線BCに下した垂線の足をLとする．このとき，

$$\sin\theta(D, A) = \frac{BC\sqrt{\det J_3}}{4S_AS_D}$$

などとなる．

証明　二面角の定義より

$$\theta(D, A) = \angle DLH_D$$

である．

この場合

$$\sin\theta(D, A) = \sin\angle DLH_D = \frac{DH_D}{DL} \qquad \cdots(1)$$

ここで面積と体積の関係より，

$$DL = \frac{2S_A}{BC},\ DH_D = \frac{3V}{S_D} \qquad \cdots(2)$$

ここにVは四面体ABCDの体積である．(2)を(1)に代入して

$$\sin\theta(D, A) = \frac{BC(3V)}{2S_AS_D} = \frac{BC(6V)}{4S_AS_D} = \frac{BC\sqrt{\det J_3}}{4S_AS_D}$$

$$(\because \det J_3 = (3!V)^2)$$

ゆえに成り立つ．（証明終わり）

命題12.26　四面体ABCDの頂点Dから△ABCに下した垂線の足をH_Dとし，点H_Dから直線BCに下した垂線の足をLとする．
点H_Dの△ABCに関する**三線座標**を$(\alpha_D,\ \beta_D,\ \gamma_D)$とする．（順番注意）
H_Dは△ABCの内部にあるとは限らないが，次のことが成り立つ．すなわち

$$\overline{H_D L} = \alpha_D \quad \cdots(1)$$

ここに$\overline{H_D L}$は$H_D L$の**有向線分**で

（ア）　辺BCに関して点H_Dが点Aと同じ側にあるとき，$\overline{H_D L} > 0$

（イ）　辺BCに関して点H_Dが点Aと反対側にあるとき，$\overline{H_D L} < 0$

（ウ）　直線BC上に点H_Dがあるとき，$\overline{H_D L} = 0$

とする．（図12.6，図12.7参照）
したがって(1)より

$$\cos\theta(D,\ A) = \frac{\alpha_D}{DL} \quad \cdots(2)$$

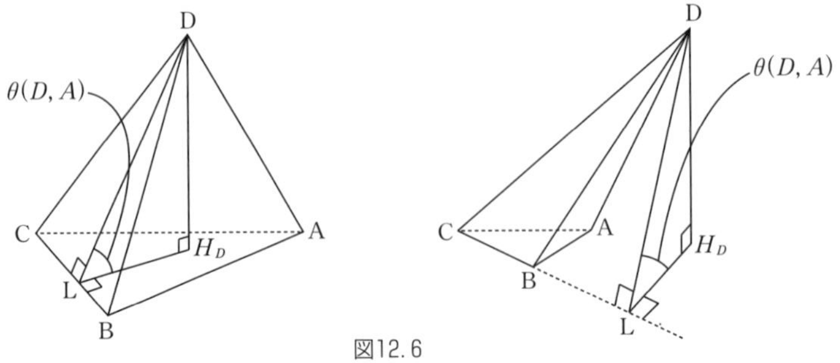

図12.6

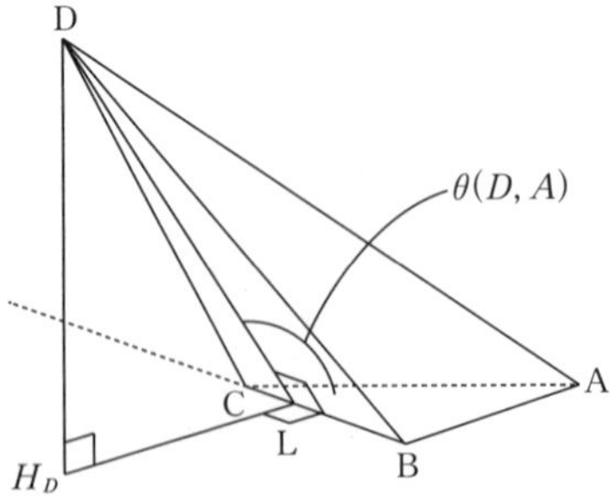

図12.7

証明　三線座標の定義から $\overline{H_DL} = \alpha_D$ である．

（ア）　辺BCに関して点 H_D が点Aと同じ側にある

$\Leftrightarrow \alpha_D > 0$ そのときに限って S_D と S_A のなす二面角 $\theta(D, A)$ は鋭角．ゆえに $\triangle DLH_D$ において

$$\cos\theta(D, A) = \frac{\overline{H_DL}}{DL} = \frac{\alpha_D}{DL} \qquad \text{（図12.6）}$$

（イ）　辺BCに関して点 H_D が点Aと反対側にある

$\Leftrightarrow \alpha_D < 0$ そのときに限って S_D と S_A のなす二面角 $\theta(D, A)$ は鈍角．ゆえに $\triangle DLH_D$ において $\cos\theta(D, A) < 0$ かつ $\overline{H_DL} < 0$ 　よって

$$\cos\theta(D, A) = \frac{\overline{H_DL}}{DL} = \frac{\alpha_D}{DL} \qquad \text{（図12.7）}$$

（ウ）　直線BC上に点 H_D があるとき，

$\Leftrightarrow \alpha_D = 0$，$\overline{H_DL} = 0$ そのときに限って S_D と S_A のなす二面角 $\theta(D, A)$ は直角．ゆえに

$$\cos\theta(D, A) = \frac{\overline{H_DL}}{DL} = \frac{\alpha_D}{DL} = 0$$

（証明終わり）

命題12.27　一般の四面体ABCDの頂点Dから対面の $\triangle ABC$ に下した垂線の足を H_D とし，点 H_D の $\triangle ABC$ に関する重心座標を $(\kappa_D, \lambda_D, \mu_D)$（順番注意）かつ $\kappa_D + \lambda_D + \mu_D = 1$ とする．このとき，

$$\cos\theta(D, A) = \frac{S_D}{S_A}\kappa_D \qquad \cdots(1)$$

が成り立つ．

証明　点 H_D の $\triangle ABC$ に関する**三線座標**を $(\alpha_D, \beta_D, \gamma_D)$ とする．（順番注意）すると $\triangle ABC$ に関する**三線座標と重心座標との関係**より

$$\alpha_D = \frac{2S_D}{BC}\kappa_D,\quad \beta_D = \frac{2S_D}{CA}\lambda_D,\quad \gamma_D = \frac{2S_D}{AB}\mu_D \qquad \cdots(2)$$

が成立している．

ここで面積の関係より$DL=\dfrac{2S_A}{BC}$（S_Aは$\triangle BCD$の面積）これと$\alpha_D=\dfrac{2S_D}{BC}\kappa_D$を**命題12.26**の(2)に代入して

$$\cos\theta(D,\ A)=\frac{\alpha_D}{DL}=\frac{2S_D}{BC}\kappa_D\div\frac{2S_A}{BC}=\frac{S_D}{S_A}\kappa_D$$

つまり

$$\cos\theta(D,\ A)=\frac{S_D}{S_A}\kappa_D$$

となり証明された．（証明終わり）

上の**命題12.27**と同様な考察により次の一連の等式が成り立つ．

命題12.28　四面体ABCDにおいて，頂点Aから$\triangle BCD$に下した垂線の足，頂点Bから$\triangle ACD$に下した垂線の足，頂点Cから$\triangle ABD$に下した垂線の足，頂点Dから$\triangle ABC$に下した垂線の足を，それぞれH_A，H_B，H_C，H_Dとする．また点H_Aの$\triangle BCD$に関する重心座標を$(\lambda_A,\ \mu_A,\ \nu_A)$（順番注意）かつ$\lambda_A+\mu_A+\nu_A=1$，点$H_B$，$H_C$，$H_D$のそれぞれ$\triangle ACD$，$\triangle ABD$，$\triangle ABC$に関する，重心座標を順に$(\kappa_B,\ \mu_B,\ \nu_B)$かつ$\kappa_B+\mu_B+\nu_B=1$，$(\kappa_C,\ \lambda_C,\ \nu_C)$かつ$\kappa_C+\lambda_C+\nu_C=1$，$(\kappa_D,\ \lambda_D,\ \mu_D)$かつ$\kappa_D+\lambda_D+\mu_D=1$とする．このとき，

$$\cos\theta(A,\ B)=\frac{S_A}{S_B}\lambda_A\quad\cdots(1),\qquad \cos\theta(A,\ C)=\frac{S_A}{S_C}\mu_A\quad\cdots(2),$$

$$\cos\theta(A,\ D)=\frac{S_A}{S_D}\nu_A\quad\cdots(3),\qquad \cos\theta(B,\ A)=\frac{S_B}{S_A}\kappa_B\quad\cdots(4),$$

$$\cos\theta(B,\ C)=\frac{S_B}{S_C}\mu_B\quad\cdots(5),\qquad \cos\theta(B,\ D)=\frac{S_B}{S_D}\nu_B\quad\cdots(6),$$

$$\cos\theta(C,\ A)=\frac{S_C}{S_A}\kappa_C\quad\cdots(7),\qquad \cos\theta(C,\ B)=\frac{S_C}{S_B}\lambda_C\quad\cdots(8),$$

$$\cos\theta(C,\ D)=\frac{S_C}{S_D}\nu_C\quad\cdots(9),\qquad \cos\theta(D,\ A)=\frac{S_D}{S_A}\kappa_D\quad\cdots(10),$$

$$\cos\theta(D,\ B)=\frac{S_D}{S_B}\lambda_D\quad\cdots(11),\qquad \cos\theta(D,\ C)=\frac{S_D}{S_C}\mu_D\quad\cdots(12)$$

ここで頂点A，B，C，Dとギリシャ文字κ，λ，μ，νとの対応は$A \leftrightarrow \kappa$，$B \leftrightarrow \lambda$，$C \leftrightarrow \mu$，$D \leftrightarrow \nu$としていることに注意せよ．

上の**命題12.28**において，もちろん $\cos\theta(A, B) = \cos\theta(B, A)$などが成り立っている．よって次の**系12.29**を得る．

系12.29

$$S_A{}^2\lambda_A = S_B{}^2\kappa_B \cdots(1),\quad S_A{}^2\mu_A = S_C{}^2\kappa_C \cdots(2),\quad S_A{}^2\nu_A = S_D{}^2\kappa_D \cdots(3),$$
$$S_B{}^2\mu_B = S_C{}^2\lambda_C \cdots(4),\quad S_B{}^2\nu_B = S_D{}^2\lambda_D \cdots(5),\quad S_C{}^2\nu_C = S_D{}^2\mu_D \cdots(6)$$

証明

$$\frac{S_A}{S_B}\lambda_A = \frac{S_B}{S_A}\kappa_B \Leftrightarrow S_A{}^2\lambda_A = S_B{}^2\kappa_B$$

などによる．（証明終わり）

次に$\cos\theta(D, A)$，$\cos\theta(D, B)$，$\cos\theta(D, C)$を四面体ABCDの6辺で表すために**命題12.28**に注意して，κ_D，λ_D，μ_Dを求めてゆく．まず次の補題を準備する．

補題12.30

$$\begin{aligned}
&2|\overrightarrow{BC}|^2(\overrightarrow{AC}, \overrightarrow{AB}) + 2|\overrightarrow{CD}|^2(\overrightarrow{BA}, \overrightarrow{BC}) + 2|\overrightarrow{BD}|^2(\overrightarrow{CB}, \overrightarrow{CA})\\
&- 2|\overrightarrow{BC}|^2|\overrightarrow{AD}|^2 + 2|\overrightarrow{CD}|^2(\overrightarrow{AC}, \overrightarrow{AB}) + 2|\overrightarrow{AC}|^2(\overrightarrow{BA}, \overrightarrow{BC})\\
&+ 2|\overrightarrow{AD}|^2(\overrightarrow{CB}, \overrightarrow{CA}) - 2|\overrightarrow{AC}|^2|\overrightarrow{BD}|^2 + 2|\overrightarrow{BD}|^2(\overrightarrow{AC}, \overrightarrow{AB})\\
&+ 2|\overrightarrow{AD}|^2(\overrightarrow{BA}, \overrightarrow{BC}) + 2|\overrightarrow{AB}|^2(\overrightarrow{CB}, \overrightarrow{CA}) - 2|\overrightarrow{AB}|^2|\overrightarrow{CD}|^2\\
&= 16S_D{}^2 \qquad \cdots(1)
\end{aligned}$$

ここにS_Dは$\triangle ABC$の面積である．

証明　まず

$$\begin{aligned}
&2|\overrightarrow{CD}|^2(\overrightarrow{BA}, \overrightarrow{BC}) + 2|\overrightarrow{CD}|^2(\overrightarrow{AC}, \overrightarrow{AB}) - 2|\overrightarrow{AB}|^2|\overrightarrow{CD}|^2\\
&= 2|\overrightarrow{CD}|^2[(\overrightarrow{AB}, \overrightarrow{CB}) + (\overrightarrow{AB}, \overrightarrow{AC}) - |\overrightarrow{AB}|^2]
\end{aligned}$$

$$= 2|\overrightarrow{CD}|^2[(\overrightarrow{AB},\ \overrightarrow{AC}+\overrightarrow{CB})-|\overrightarrow{AB}|^2]$$

$$= 2|\overrightarrow{CD}|^2[(\overrightarrow{AB},\ \overrightarrow{AB})-|\overrightarrow{AB}|^2] = 0 \qquad \cdots(2)$$

同様にして

$$2|\overrightarrow{BD}|^2(\overrightarrow{CB},\ \overrightarrow{CA}) + 2|\overrightarrow{BD}|^2(\overrightarrow{AC},\ \overrightarrow{AB}) - 2|\overrightarrow{AC}|^2|\overrightarrow{BD}|^2 = 0 \qquad \cdots(3)$$

$$2|\overrightarrow{AD}|^2(\overrightarrow{CB},\ \overrightarrow{CA}) + 2|\overrightarrow{AD}|^2(\overrightarrow{BA},\ \overrightarrow{BC}) - 2|\overrightarrow{BC}|^2|\overrightarrow{AD}|^2 = 0 \qquad \cdots(4)$$

(2)(3)(4)より

(1)の左辺

$$= 2|\overrightarrow{BC}|^2(\overrightarrow{AC},\ \overrightarrow{AB}) + 2|\overrightarrow{AC}|^2(\overrightarrow{BA},\ \overrightarrow{BC}) + 2|\overrightarrow{AB}|^2(\overrightarrow{CB},\ \overrightarrow{CA})$$

となる．そこで

$$2|\overrightarrow{BC}|^2(\overrightarrow{AC},\ \overrightarrow{AB}) + 2|\overrightarrow{AC}|^2(\overrightarrow{BA},\ \overrightarrow{BC}) + 2|\overrightarrow{AB}|^2(\overrightarrow{CB},\ \overrightarrow{CA}) = 16{S_D}^2 \qquad \cdots(5)$$

を示せばよい．

ところが(5)の左辺

$$= BC^2(AC^2+AB^2-BC^2) + AC^2(BA^2+BC^2-AC^2) + AB^2(CB^2+CA^2-AB^2)$$

$$= a^2(b^2+c^2-a^2) + b^2(c^2+a^2-b^2) + c^2(a^2+b^2-c^2)$$

$$(\because\ a = BC,\ b = CA,\ c = AB)$$

$$= -a^4-b^4-c^4+2b^2c^2+2c^2a^2+2a^2b^2$$

$$= (a+b+c)(b+c-a)(c+a-b)(a+b-c)$$

$$= 16{S_D}^2 \quad (\because\ \text{ヘロンの公式})$$

となって証明された．（証明終わり）

命題12.31　**命題12.28**と同じ条件のもとに，$BC = a$，$CA = b$，$AB = c$，$DA = d$，$DB = e$，$DC = f$とすれば，

$$\begin{cases} 16{S_A}^2\lambda_A = d^2(f^2+a^2-e^2) + f^2(a^2+e^2-f^2) \\ \qquad\qquad + b^2(e^2+f^2-a^2) - 2c^2f^2 \quad \cdots(1) \\ 16{S_A}^2\mu_A = e^2(f^2+a^2-e^2) + d^2(a^2+e^2-f^2) \\ \qquad\qquad + c^2(e^2+f^2-a^2) - 2b^2e^2 \quad \cdots(2) \\ 16{S_A}^2\nu_A = c^2(f^2+a^2-e^2) + b^2(a^2+e^2-f^2) \\ \qquad\qquad + a^2(e^2+f^2-a^2) - 2a^2d^2 \quad \cdots(3) \end{cases}$$

$$
\begin{cases}
16\,{S_B}^2\kappa_B = a^2(f^2+d^2-b^2)+f^2(d^2+b^2-f^2) \\
\qquad\qquad +e^2(b^2+f^2-d^2)-2c^2f^2 & \cdots(4) \\
16\,{S_B}^2\mu_B = c^2(f^2+d^2-b^2)+e^2(d^2+b^2-f^2) \\
\qquad\qquad +d^2(b^2+f^2-d^2)-2a^2d^2 & \cdots(5) \\
16\,{S_B}^2\nu_B = b^2(f^2+d^2-b^2)+a^2(d^2+b^2-f^2) \\
\qquad\qquad +c^2(b^2+f^2-d^2)-2b^2e^2 & \cdots(6)
\end{cases}
$$

$$
\begin{cases}
16\,{S_C}^2\kappa_C = a^2(d^2+e^2-c^2)+f^2(e^2+c^2-d^2) \\
\qquad\qquad +e^2(c^2+d^2-e^2)-2b^2e^2 & \cdots(7) \\
16\,{S_C}^2\lambda_C = b^2(d^2+e^2-c^2)+d^2(e^2+c^2-d^2) \\
\qquad\qquad +f^2(c^2+d^2-e^2)-2a^2d^2 & \cdots(8) \\
16\,{S_C}^2\nu_C = c^2(d^2+e^2-c^2)+b^2(e^2+c^2-d^2) \\
\qquad\qquad +a^2(c^2+d^2-e^2)-2c^2f^2 & \cdots(9)
\end{cases}
$$

$$
\begin{cases}
16\,{S_D}^2\kappa_D = a^2(b^2+c^2-a^2)+f^2(c^2+a^2-b^2) \\
\qquad\qquad +e^2(a^2+b^2-c^2)-2a^2d^2 & \cdots(10) \\
16\,{S_D}^2\lambda_D = f^2(b^2+c^2-a^2)+b^2(c^2+a^2-b^2) \\
\qquad\qquad +d^2(a^2+b^2-c^2)-2b^2e^2 & \cdots(11) \\
16\,{S_D}^2\mu_D = e^2(b^2+c^2-a^2)+d^2(c^2+a^2-b^2) \\
\qquad\qquad +c^2(a^2+b^2-c^2)-2c^2f^2 & \cdots(12)
\end{cases}
$$

証明　(10) (11) (12) だけ示す.

頂点Dから$\triangle ABC$に下した垂線の足がH_Dで, $\triangle ABC$に関する重心座標が

$$(\kappa_D,\ \lambda_D,\ \mu_D) \quad \text{かつ} \quad \kappa_D+\lambda_D+\mu_D=1 \qquad \cdots(13)$$

であった. よって

$$\overrightarrow{PH_D}=\kappa_D\overrightarrow{PA}+\lambda_D\overrightarrow{PB}+\mu_D\overrightarrow{PC} \quad \text{for} \quad \forall P\in E^m \qquad \cdots(14)$$

ここに四面体ABCD$\subseteq E^m$としておく. (14)で$P\Rightarrow$ Aとして

$$\overrightarrow{AH_D}=\lambda_D\overrightarrow{AB}+\mu_D\overrightarrow{AC} \qquad \cdots(15)$$

$\overrightarrow{DH_D}\perp\overrightarrow{AB}$, $\overrightarrow{DH_D}\perp\overrightarrow{AC}$ で $\overrightarrow{DH_D}=\overrightarrow{AH_D}-\overrightarrow{AD}$ であるから

$$(\overrightarrow{AH_D}-\overrightarrow{AD},\ \overrightarrow{AB})=0 \quad \text{かつ} \quad (\overrightarrow{AH_D}-\overrightarrow{AD},\ \overrightarrow{AC})=0$$

ゆえに

$$(\overrightarrow{AH_D},\ \overrightarrow{AB})=(\overrightarrow{AD},\ \overrightarrow{AB}),\ (\overrightarrow{AH_D},\ \overrightarrow{AC})=(\overrightarrow{AD},\ \overrightarrow{AC})$$

となる.

これに(15)を代入して整理すれば,

$$\begin{pmatrix}(\overrightarrow{AB},\ \overrightarrow{AB}) & (\overrightarrow{AB},\ \overrightarrow{AC})\\(\overrightarrow{AB},\ \overrightarrow{AC}) & (\overrightarrow{AC},\ \overrightarrow{AC})\end{pmatrix}\begin{pmatrix}\lambda_D\\\mu_D\end{pmatrix}=\begin{pmatrix}(\overrightarrow{AD},\ \overrightarrow{AB})\\(\overrightarrow{AD},\ \overrightarrow{AC})\end{pmatrix} \qquad \cdots(16)$$

を得る. $|\overrightarrow{AB}|^2|\overrightarrow{AC}|^2-(\overrightarrow{AB},\ \overrightarrow{AC})^2=4{S_D}^2$であるからクラーメルの公式より(16)から

$$4{S_D}^2\lambda_D=(\overrightarrow{AD},\ \overrightarrow{AB})|\overrightarrow{AC}|^2-(\overrightarrow{AB},\ \overrightarrow{AC})(\overrightarrow{AD},\ \overrightarrow{AC}) \qquad \cdots(17)$$

と

$$4{S_D}^2\mu_D=(\overrightarrow{AD},\ \overrightarrow{AC})|\overrightarrow{AB}|^2-(\overrightarrow{AB},\ \overrightarrow{AC})(\overrightarrow{AD},\ \overrightarrow{AB}) \qquad \cdots(18)$$

を得る. ところで(17)から

$$\begin{aligned}16{S_D}^2\lambda_D&=4(\overrightarrow{AD},\ \overrightarrow{AB})|\overrightarrow{AC}|^2-4(\overrightarrow{AB},\ \overrightarrow{AC})(\overrightarrow{AD},\ \overrightarrow{AC})\\
&=2(|\overrightarrow{AD}|^2+|\overrightarrow{AB}|^2-|\overrightarrow{BD}|^2)|\overrightarrow{AC}|^2\\
&\qquad -2(\overrightarrow{AB},\ \overrightarrow{AC})(|\overrightarrow{AD}|^2+|\overrightarrow{AC}|^2-|\overrightarrow{CD}|^2)\\
&=2(|\overrightarrow{AD}|^2+|\overrightarrow{AB}|^2)|\overrightarrow{AC}|^2+2|\overrightarrow{CD}|^2(\overrightarrow{AB},\ \overrightarrow{AC})\\
&\quad -(|\overrightarrow{AD}|^2+|\overrightarrow{AC}|^2)(|\overrightarrow{AB}|^2+|\overrightarrow{AC}|^2-|\overrightarrow{BC}|^2)-2|\overrightarrow{AC}|^2|\overrightarrow{BD}|^2\\
&=2|\overrightarrow{CD}|^2(\overrightarrow{AB},\ \overrightarrow{AC})+(|\overrightarrow{AD}|^2+|\overrightarrow{AB}|^2)|\overrightarrow{AC}|^2\\
&\quad -|\overrightarrow{AD}|^2|\overrightarrow{AB}|^2-|\overrightarrow{AC}|^4+(|\overrightarrow{AD}|^2+|\overrightarrow{AC}|^2)|\overrightarrow{BC}|^2\\
&\qquad -2|\overrightarrow{AC}|^2|\overrightarrow{BD}|^2\\
&=2|\overrightarrow{CD}|^2(\overrightarrow{AB},\ \overrightarrow{AC})+|\overrightarrow{AC}|^2(|\overrightarrow{BA}|^2+|\overrightarrow{BC}|^2-|\overrightarrow{AC}|^2)\\
&\quad +|\overrightarrow{AD}|^2(|\overrightarrow{CB}|^2+|\overrightarrow{CA}|^2-|\overrightarrow{AB}|^2)-2|\overrightarrow{AC}|^2|\overrightarrow{BD}|^2\\
&=2|\overrightarrow{CD}|^2(\overrightarrow{AC},\ \overrightarrow{AB})+2|\overrightarrow{AC}|^2(\overrightarrow{BA},\ \overrightarrow{BC})+2|\overrightarrow{AD}|^2(\overrightarrow{CB},\ \overrightarrow{CA})\\
&\qquad -2|\overrightarrow{AC}|^2|\overrightarrow{BD}|^2\end{aligned}$$

つまり

$$\begin{aligned}16{S_D}^2\lambda_D&=2|\overrightarrow{CD}|^2(\overrightarrow{AC},\ \overrightarrow{AB})+2|\overrightarrow{AC}|^2(\overrightarrow{BA},\ \overrightarrow{BC})\\
&\qquad +2|\overrightarrow{AD}|^2(\overrightarrow{CB},\ \overrightarrow{CA})-2|\overrightarrow{AC}|^2|\overrightarrow{BD}|^2 \qquad \cdots(19)\end{aligned}$$

となる. ここで$BC=a$, $CA=b$, $AB=c$, $AD=d$, $BD=e$, $CD=f$と内積の定義より,

$$\begin{aligned}16{S_D}^2\lambda_D&=f^2(b^2+c^2-a^2)+b^2(c^2+a^2-b^2)\\
&\qquad +d^2(a^2+b^2-c^2)-2b^2e^2 \qquad \cdots(11)\end{aligned}$$

とも書ける．

同様にして(18)から

$$16S_D{}^2\mu_D = 2|\overrightarrow{BD}|^2(\overrightarrow{AC},\ \overrightarrow{AB}) + 2|\overrightarrow{AD}|^2(\overrightarrow{BA},\ \overrightarrow{BC}) + 2|\overrightarrow{AB}|^2(\overrightarrow{CB},\ \overrightarrow{CA}) - 2|\overrightarrow{AB}|^2|\overrightarrow{CD}|^2 \quad \cdots(20)$$

となり，

$$16S_D{}^2\mu_D = e^2(b^2 + c^2 - a^2) + d^2(c^2 + a^2 - b^2) + c^2(a^2 + b^2 - c^2) - 2c^2f^2 \quad \cdots(12)$$

とも書ける．

次に $16S_D{}^2\kappa_D$ を求めよう． $\kappa_D + \lambda_D + \mu_D = 1$ …(13)より

$$16S_D{}^2\kappa_D = 16S_D{}^2 - 16S_D{}^2\lambda_D - 16S_D{}^2\mu_D$$

この右辺に今得られた(11)(12)を代入し**補題12.30**を用いれば，

$$16S_D{}^2\kappa_D = 2|\overrightarrow{BC}|^2(\overrightarrow{AC},\ \overrightarrow{AB}) + 2|\overrightarrow{CD}|^2(\overrightarrow{BA},\ \overrightarrow{BC}) + 2|\overrightarrow{BD}|^2(\overrightarrow{CB},\ \overrightarrow{CA}) - 2|\overrightarrow{BC}|^2|\overrightarrow{AD}|^2 \quad \cdots(21)$$

となり

$$16S_D{}^2\kappa_D = a^2(b^2 + c^2 - a^2) + f^2(c^2 + a^2 - b^2) + e^2(a^2 + b^2 - c^2) - 2a^2d^2 \quad \cdots(10)$$

とも書ける．

こうして(10)(11)(12)が証明された．計算は大変であるが他の式も同様にして出てくる．

定理12.32　四面体の二面角の余弦［一般形］

一般の四面体ABCDにおいて6辺を$BC = a$，$CA = b$，$AB = c$，$DA = d$，$DB = e$，$DC = f$としたとき，その6個の二面角の余弦は6辺a，b，c，d，e，fを用いて次の様に計算できる．

$$16S_AS_B\cos\theta(A,\ B)$$
$$= d^2(f^2 + a^2 - e^2) + f^2(a^2 + e^2 - f^2) + b^2(e^2 + f^2 - a^2) - 2c^2f^2$$
$$= a^2(f^2 + d^2 - b^2) + f^2(d^2 + b^2 - f^2) + e^2(b^2 + f^2 - d^2) - 2c^2f^2$$
$$= 16S_AS_B\cos\theta(B,\ A) \quad \cdots(1)$$

$$16S_AS_C\cos\theta(A,\ C)$$
$$= e^2(f^2 + a^2 - e^2) + d^2(a^2 + e^2 - f^2) + c^2(e^2 + f^2 - a^2) - 2b^2e^2$$

$$= a^2(d^2+e^2-c^2)+f^2(e^2+c^2-d^2)+e^2(c^2+d^2-e^2)-2b^2e^2$$
$$= 16S_AS_C\cos\theta(C,\ A) \quad \cdots(2)$$

$$16S_AS_D\cos\theta(A,\ D)$$
$$= c^2(f^2+a^2-e^2)+b^2(a^2+e^2-f^2)+a^2(e^2+f^2-a^2)-2a^2d^2$$
$$= a^2(b^2+c^2-a^2)+f^2(c^2+a^2-b^2)+e^2(a^2+b^2-c^2)-2a^2d^2$$
$$= 16S_AS_D\cos\theta(D,\ A) \quad \cdots(3)$$

$$16S_BS_C\cos\theta(B,\ C)$$
$$= c^2(f^2+d^2-b^2)+e^2(d^2+b^2-f^2)+d^2(b^2+f^2-d^2)-2a^2d^2$$
$$= b^2(d^2+e^2-c^2)+d^2(e^2+c^2-d^2)+f^2(c^2+d^2-e^2)-2a^2d^2$$
$$= 16S_BS_C\cos\theta(C,\ B) \quad \cdots(4)$$

$$16S_BS_D\cos\theta(B,\ D)$$
$$= b^2(f^2+d^2-b^2)+a^2(d^2+b^2-f^2)+c^2(b^2+f^2-d^2)-2b^2e^2$$
$$= f^2(b^2+c^2-a^2)+b^2(c^2+a^2-b^2)+d^2(a^2+b^2-c^2)-2b^2e^2$$
$$= 16S_BS_D\cos\theta(D,\ B) \quad \cdots(5)$$

$$16S_CS_D\cos\theta(C,\ D)$$
$$= c^2(d^2+e^2-c^2)+b^2(e^2+c^2-d^2)+a^2(c^2+d^2-e^2)-2c^2f^2$$
$$= e^2(b^2+c^2-a^2)+d^2(c^2+a^2-b^2)+c^2(a^2+b^2-c^2)-2c^2f^2$$
$$= 16S_CS_D\cos\theta(D,\ C) \quad \cdots(6)$$

証明　例えば(3)は**命題12.28**の$\cos\theta(A,\ D)=\dfrac{S_A}{S_D}\nu_A\cdots(3)$, $\cos\theta(D,\ A)=\dfrac{S_D}{S_A}\kappa_D\cdots(10)$と**命題12.31**の$16{S_A}^2\nu_A=c^2(f^2+a^2-e^2)+b^2(a^2+e^2-f^2)+a^2(e^2+f^2-a^2)-2a^2d^2\cdots(3)$，$16{S_D}^2\kappa_D=a^2(b^2+c^2-a^2)+f^2(c^2+a^2-b^2)+e^2(a^2+b^2-c^2)-2a^2d^2\ \cdots(10)$と**系12.29**に注意すれば出てくる．他も**命題12.28**と**命題12.31**及び**系12.29**による．（証明終わり）

例12.33　第11話11.5節の一般的な四面体の具体例**例11.11**で取り上げた四面体ABCDについて，$\triangle ACD$と$\triangle ABC$のなす二面角$\theta(B,\ D)$（これをS_B

とS_Dのなす二面角 $\theta(B, D)$と書くことにする）を求めてみよう．（図11.4参照）

そこでは

$$a = BC = \sqrt{2}, \quad b = AC = \sqrt{3}, \quad c = AB = 2,$$
$$d = AD = \sqrt{6}, \quad e = BD = 2\sqrt{2}, \quad f = CD = \sqrt{5} \qquad \cdots(1)$$

であった．よって

$$b^2(f^2 + d^2 - b^2) + a^2(d^2 + b^2 - f^2) + c^2(b^2 + f^2 - d^2) - 2b^2e^2$$
$$= 3(5 + 6 - 3) + 2(6 + 3 - 5) + 4(3 + 5 - 6) - 2 \times 3 \times 8$$
$$= 40 - 48 = -8 < 0 \qquad \cdots(2)$$

また

$$16{S_B}^2 = (b + f + d)(f + d - b)(d + b - f)(b + f - d)$$
（∵ ヘロンの公式）
$$= (\sqrt{3} + \sqrt{5} + \sqrt{6})(\sqrt{5} + \sqrt{6} - \sqrt{3})(\sqrt{6} + \sqrt{3} - \sqrt{5})(\sqrt{3} + \sqrt{5} - \sqrt{6})$$
$$= \{(\sqrt{3} + \sqrt{5})^2 - 6\}\{6 - (\sqrt{5} - \sqrt{3})^2\} = 4(\sqrt{15} + 1)(\sqrt{15} - 1) = 56$$

ゆえに

$$4S_B = \sqrt{56} \qquad \cdots(3)$$

同様に

$$16{S_D}^2 = (a + b + c)(b + c - a)(c + a - b)(a + b - c)$$
$$= (\sqrt{2} + \sqrt{3} + 2)(\sqrt{3} + 2 - \sqrt{2})(2 + \sqrt{2} - \sqrt{3})(\sqrt{2} + \sqrt{3} - 2)$$
$$= (2\sqrt{6} + 1)(2\sqrt{6} - 1) = 23$$

ゆえに

$$4S_D = \sqrt{23} \qquad \cdots(4)$$

ここで**定理12.32**の(5)より

$$16S_BS_D\cos\theta(B, D)$$
$$= b^2(f^2 + d^2 - b^2) + a^2(d^2 + b^2 - f^2) + c^2(b^2 + f^2 - d^2) - 2b^2e^2 \qquad \cdots(5)$$

したがって(2)より$\cos\theta(B, D)$は鈍角であり，(2)(3)(4)を(5)に代入して

$$\cos\theta(B, D) = -\frac{8}{\sqrt{56}\sqrt{23}} = -0.222911285 \qquad \cdots(6)$$

を得る．これより

$$\theta(B,\ D) = \cos^{-1}\left(-\frac{8}{\sqrt{56}\sqrt{23}}\right) = 102.8800845^\circ \qquad \cdots(7)$$

となる．

定義12.34　四面体ABCDが**等面四面体**であるとは，6辺を$BC=a$，$CA=b$，$AB=c$，$DA=d$，$DB=e$，$DC=f$としたときに

$$d=a,\ e=b,\ f=c \qquad \cdots(1)$$

となる四面体をさす．(図12.8参照)

このとき4つの面は合同であるが，さらに$\triangle ABC$は鋭角三角形である事が知られている．(12.7の補足参照)

よって$\triangle ABC$において

$$x=(\overrightarrow{AB},\ \overrightarrow{AC}),\ y=(\overrightarrow{BA},\ \overrightarrow{BC}),\ z=(\overrightarrow{CA},\ \overrightarrow{CB}) \qquad \cdots(2)$$

と置けば，

$$x>0,\ y>0,\ z>0 \qquad \cdots(3)$$

であって，

$$x=(\overrightarrow{AB},\ \overrightarrow{AC})=(\overrightarrow{BA},\ \overrightarrow{BD})=(\overrightarrow{CA},\ \overrightarrow{CD})=(\overrightarrow{DB},\ \overrightarrow{DC}),$$
$$y=(\overrightarrow{BA},\ \overrightarrow{BC})=(\overrightarrow{AB},\ \overrightarrow{AD})=(\overrightarrow{CB},\ \overrightarrow{CD})=(\overrightarrow{DA},\ \overrightarrow{DC}),$$
$$z=(\overrightarrow{CA},\ \overrightarrow{CB})=(\overrightarrow{BC},\ \overrightarrow{BD})=(\overrightarrow{AC},\ \overrightarrow{AD})=(\overrightarrow{DA},\ \overrightarrow{DB}) \qquad \cdots(4)$$

となり，第9話の**命題9.5**のように

$$x+y=AB^2,\ x+z=AC^2,\ y+z=BC^2,$$
$$4{S_D}^2=yz+xz+xy \qquad \cdots(5)$$

が成り立つ．ゆえに$\triangle ABC$の場合と同様に**等面四面体**ABCDの諸量は，正の数$x=(\overrightarrow{AB},\ \overrightarrow{AC})$，$y=(\overrightarrow{BA},\ \overrightarrow{BC})$，$z=(\overrightarrow{CA},\ \overrightarrow{CB})$によって表せる．

命題12.35 [等面四面体の二面角の余弦]

等面四面体ABCDにおいて**定義12.34**以下のようにしておく．このとき，次の公式が成立する．

$$\cos\theta(A,\ B)=\cos\theta(C,\ D)=\frac{yz+xz-xy}{yz+xz+xy} \qquad \cdots(1)$$

$$\cos\theta(A,\ C)=\cos\theta(B,\ D)=\frac{yz-xz+xy}{yz+xz+xy} \qquad \cdots(2)$$

$$\cos\theta(A,\ D)=\cos\theta(B,\ C)=\frac{-yz+xz+xy}{yz+xz+xy} \qquad \cdots(3)$$

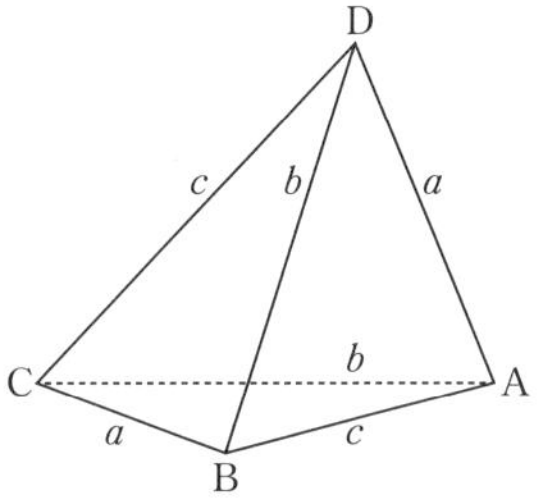

図12.8

なお，等面四面体 ABCDにおいては $S_A=S_B=S_C=S_D$であるから，第一余弦定理により

$$\cos\theta(A,\ B)+\cos\theta(A,\ C)+\cos\theta(A,\ D)=1 \qquad \cdots(4)$$

などが成立している．

証明　まず**例12.20**の証明の(3)で記したように３つの第三余弦定理の形からそこで $S_A=S_B=S_C=S_D$ とすれば，

$$\cos\theta(A,\ B)=\cos\theta(C,\ D),\quad \cos\theta(A,\ C)=\cos\theta(B,\ D),$$
$$\cos\theta(A,\ D)=\cos\theta(B,\ C) \qquad \cdots(5)$$

となる事が分かる．

命題12.28と同じ条件のもとに，$BC=a$，$CA=b$，$AB=c$，$DA=a$，$DB=b$，$DC=c$とし，**命題12.31**の証明のように頂点Dから$\triangle ABC$に下した垂線の足が点 H_Dで，H_Dの$\triangle ABC$に関する重心座標が

$$(\kappa_D,\ \lambda_D,\ \mu_D)\ \text{かつ}\ \kappa_D+\lambda_D+\mu_D=1 \qquad \cdots(6)$$

とする．すると，そこの証明での(17)(18)は

$$4{S_D}^2\lambda_D=(\overrightarrow{AD},\ \overrightarrow{AB})|\overrightarrow{AC}|^2-(\overrightarrow{AB},\ \overrightarrow{AC})(\overrightarrow{AD},\ \overrightarrow{AC}) \qquad \cdots(7)$$

と

$$4{S_D}^2\mu_D=(\overrightarrow{AD},\ \overrightarrow{AC})|\overrightarrow{AB}|^2-(\overrightarrow{AB},\ \overrightarrow{AC})(\overrightarrow{AD},\ \overrightarrow{AB}) \qquad \cdots(8)$$

と成る.

ここで, $(\overrightarrow{AD}, \overrightarrow{AB}) = y$, $|\overrightarrow{AC}|^2 = x + z$, $(\overrightarrow{AB}, \overrightarrow{AC}) = x$, $(\overrightarrow{AD}, \overrightarrow{AC}) = z$, $|\overrightarrow{AB}|^2 = x + y$(∵ **定義12.34**の(4)と(5)より)であるから, (7)は

$$4S_D{}^2\lambda_D = (\overrightarrow{AD}, \overrightarrow{AB})|\overrightarrow{AC}|^2 - (\overrightarrow{AB}, \overrightarrow{AC})(\overrightarrow{AD}, \overrightarrow{AC})$$
$$= y(x+z) - xz = yz - xz + xy$$

つまり

$$4S_D{}^2\lambda_D = yz - xz + xy \qquad \cdots(9)$$

また(8)は

$$4S_D{}^2\mu_D = (\overrightarrow{AD}, \overrightarrow{AC})|\overrightarrow{AB}|^2 - (\overrightarrow{AB}, \overrightarrow{AC})(\overrightarrow{AD}, \overrightarrow{AB})$$
$$= z(x+y) - xy = yz + xz - xy$$

つまり

$$4S_D{}^2\mu_D = yz + xz - xy \qquad \cdots(10)$$

ところが $\kappa_D + \lambda_D + \mu_D = 1 \cdots(6)$, $4S_D{}^2 = yz + xz + xy$ であるから

$$4S_D{}^2\kappa_D = (yz + xz + xy) - (yz - xz + xy) - (yz + xz - xy)$$
$$= -yz + xz + xy$$

つまり

$$4S_D{}^2\kappa_D = -yz + xz + xy \qquad \cdots(11)$$

(11)(9)(10)より $4S_D{}^2 = yz + xz + xy$ を用いて,

$$\kappa_D = \frac{-yz + xz + xy}{yz + xz + xy}, \quad \lambda_D = \frac{yz - xz + xy}{yz + xz + xy}, \quad \mu_D = \frac{yz + xz - xy}{yz + xz + xy} \qquad \cdots(12)$$

しかるに**命題12.28**の(10)(11)(12)の

$$\cos\theta(D, A) = \frac{S_D}{S_A}\kappa_D, \quad \cos\theta(D, B) = \frac{S_D}{S_B}\lambda_D, \quad \cos\theta(D, C) = \frac{S_D}{S_C}\mu_D$$

は $S_A = S_B = S_C = S_D$ だから

$$\cos\theta(D, A) = \kappa_D \qquad \cdots(13)$$
$$\cos\theta(D, B) = \lambda_D \qquad \cdots(14)$$
$$\cos\theta(D, C) = \mu_D \qquad \cdots(15)$$

である.

よって

$$\cos\theta(B, C) = \cos\theta(D, A) = \frac{-yz + xz + xy}{yz + xz + xy},$$

$$\cos\theta(A, C) = \cos\theta(D, B) = \frac{yz - xz + xy}{yz + xz + xy},$$

$$\cos\theta(A, B) = \cos\theta(D, C) = \frac{yz + xz - xy}{yz + xz + xy}$$

となって(1)(2)(3)が証明された.

また第一余弦定理の $S_A = S_B\cos\theta(A, B) + S_C\cos\theta(A, C) + S_D\cos\theta(A, D)$ は $S_A = S_B = S_C = S_D$ だから

$\cos\theta(A, B) + \cos\theta(A, C) + \cos\theta(A, D) = 1$ となる. (証明終わり)

系12.36 等面四面体ABCDにおいて, 頂点Dから $\triangle ABC$ に下した垂線の足を H_D とすると

$$\overrightarrow{PH_D} = \cos\theta(D, A)\overrightarrow{PA} + \cos\theta(D, B)\overrightarrow{PB} + \cos\theta(D, C)\overrightarrow{PC}$$

$$\text{for} \quad \forall P \in E^m \qquad \cdots(1)$$

(ただし四面体 ABCD $\subseteq E^m$ としておく)

などが成り立つ. ここで第一余弦定理より

$$\cos\theta(D, A) + \cos\theta(D, B) + \cos\theta(D, C) = 1 \qquad \cdots(2)$$

だから(1)は点 H_D の $\triangle ABC$ に関する重心座標表現である.

証明 点 H_D の $\triangle ABC$ に関する重心座標が

$$(\kappa_D, \lambda_D, \mu_D) \text{ かつ } \kappa_D + \lambda_D + \mu_D = 1 \qquad \cdots(3)$$

とする. よって

$$\overrightarrow{PH_D} = \kappa_D\overrightarrow{PA} + \lambda_D\overrightarrow{PB} + \mu_D\overrightarrow{PC} \quad \text{for} \quad \forall P \in E^m \qquad \cdots(4)$$

であった. ところが**命題12.35**の(13)(14)(15)の関係があるから, 成立する.

また第一余弦定理の $S_D = S_A\cos\theta(D, A) + S_B\cos\theta(D, B) + S_C\cos\theta(D, C)$ は $S_A = S_B = S_C = S_D$ より

$$\cos\theta(D, A) + \cos\theta(D, B) + \cos\theta(D, C) = 1$$

となる. (証明終わり)

命題12.37　一般の四面体ABCDにおいて頂点Dから$\triangle ABC$に下した垂線の足をH_Dとする．点H_Dの$\triangle ABC$に関する重心座標を

$$(\kappa_D,\ \lambda_D,\ \mu_D)\quad \text{かつ}\quad \kappa_D+\lambda_D+\mu_D=1 \qquad \cdots(1)$$

とする．つまり

$$\overrightarrow{PH_D}=\kappa_D\overrightarrow{PA}+\lambda_D\overrightarrow{PB}+\mu_D\overrightarrow{PC}\quad \text{for}\quad \forall P\in E^m \qquad \cdots(2)$$

とすれば

$$\overrightarrow{PH_D}=\frac{S_A\cos\theta(D,\ A)\overrightarrow{PA}+S_B\cos\theta(D,\ B)\overrightarrow{PB}+S_C\cos\theta(D,\ C)\overrightarrow{PC}}{S_D}$$

$$\text{for}\quad \forall P\in E^m \qquad \cdots(3)$$

となる．

第一余弦定理より

$$S_D=S_A\cos\theta(D,\ A)+S_B\cos\theta(D,\ B)+S_C\cos\theta(D,\ C)$$

だから(3)は点H_Dの$\triangle ABC$に関する重心座標表現である．

証明　命題12.28の(10)(11)(12)より

$$\kappa_D=\frac{S_A\cos\theta(D,\ A)}{S_D},\quad \lambda_D=\frac{S_B\cos\theta(D,\ B)}{S_D},\quad \mu_D=\frac{S_C\cos\theta(D,\ C)}{S_D}$$

となるからである．（証明終わり）

例12.38　正の数x，y，zを$x=(\overrightarrow{AB},\ \overrightarrow{AC})=1$，$y=(\overrightarrow{BA},\ \overrightarrow{BC})=3$，$z=(\overrightarrow{CA},\ \overrightarrow{CB})=35$，$DA=BC$，$DB=CA$，$DC=AB$とおくことによって等面四面体ABCDができる．

（尚このとき$a^2=BC^2=y+z=38$，$b^2=AC^2=x+z=36$，$c^2=AB^2=x+y=4$ 故$a=\sqrt{38}$，$b=6$，$c=2$である）このとき

$$\cos\theta(B,\ C)=\cos\theta(D,\ A)=\frac{-yz+xz+xy}{yz+xz+xy}$$

$$=\frac{-3\times 35+1\times 35+1\times 3}{3\times 35+1\times 35+1\times 3}=-\frac{67}{143}$$

よって$\theta(B,\ C)=\theta(D,\ A)$は鈍角であって

$$\theta(B, C) = \theta(D, A) = \cos^{-1}\left(-\frac{67}{143}\right) = 117.9390131^\circ$$

となる.

12.7 補足

実は「**四面体における十平方の定理**」も「面積ベクトルの等式」

$$\overrightarrow{AB} \times \overrightarrow{AC} + \overrightarrow{AC} \times \overrightarrow{AD} + \overrightarrow{AD} \times \overrightarrow{AB} + \overrightarrow{BD} \times \overrightarrow{BC} = \vec{0}$$

より導くことができる.

証明には「ベクトル解析」の公式をかなり使用することになる. ここでは「初等的な計算」で証明した.

また四面体の余弦定理については, 第一余弦定理は第二・第三余弦定理から導かれた.

同様にして3つの余弦定理の内の1つは他の2つの余弦定理から導かれることが分かる.

もっと厳密に言えば, 第一余弦定理群と第二余弦定理群(それぞれ4つの等式からなる)とは同値である. 即ち互いに一方から他方が計算で導ける. また, 第一余弦定理群と第二余弦定理群それぞれから第三余弦定理群(3つの等式からなる)が導かれる. しかしこの逆, 第三余弦定理群だけからそれぞれ第一余弦定理群と第二余弦定理群を導くことはできないことを注意しておく.

また一般の四面体ABCDにおいて第8話の**命題8.11**において言及した

$$\begin{aligned}4\det J_3 = {}& a^2d^2(b^2+e^2+c^2+f^2-a^2-d^2)\\ &+ b^2e^2(c^2+f^2+a^2+d^2-b^2-e^2)\\ &+ c^2f^2(a^2+d^2+b^2+e^2-c^2-f^2)\cdots\cdots\end{aligned}$$

において, $\overrightarrow{AB}$と$\overrightarrow{DC}$とは一次独立ゆえ

$$b^2+e^2+c^2+f^2-a^2-d^2 = |\overrightarrow{AB}+\overrightarrow{DC}|^2 = |\overrightarrow{AC}+\overrightarrow{DB}|^2 > 0$$

同様に

$$c^2+f^2+a^2+d^2-b^2-e^2 = |\overrightarrow{AB}+\overrightarrow{CD}|^2 = |\overrightarrow{AD}+\overrightarrow{CB}|^2 > 0,$$
$$a^2+d^2+b^2+e^2-c^2-f^2 = |\overrightarrow{AC}+\overrightarrow{BD}|^2 = |\overrightarrow{AD}+\overrightarrow{BC}|^2 > 0$$

となるから次の３つの不等式が成り立っている．

$$b^2+e^2+c^2+f^2>a^2+d^2 \qquad \cdots(1)$$

$$c^2+f^2+a^2+d^2>b^2+e^2 \qquad \cdots(2)$$

$$a^2+d^2+b^2+e^2>c^2+f^2 \qquad \cdots(3)$$

即ち，b^2+e^2，c^2+f^2，a^2+d^2は三角形の３辺に成りうる．ここで等面四面体ABCDの条件$d=a$，$e=b$，$f=c$を代入すれば，(1)(2)(3)は

$$b^2+c^2>a^2 \qquad \cdots(4)$$

$$c^2+a^2>b^2 \qquad \cdots(5)$$

$$a^2+b^2>c^2 \qquad \cdots(6)$$

となる．

即ち等面四面体ABCDが構成されていれば$\triangle ABC$は鋭角三角形になることが分かる．

第13話

四面体での五心の関係

13.1　今回の内容

前回は「**十平方の定理**」について説明しました．今回は**四面体**の傍心を除いた四心，すなわち「重心・内心・外心・垂心」を考え，その「四心の内二心が一致する場合」を直辺四面体に限定して調べてみます．すると**直辺四面体**では「**四心の内その二心が一致する場合**」は**正四面体に限る**ことが分かります．一般の四面体では条件が足りず，こうはなりません．（一松　信先生の第7話の「等積四面体」参照）次に**チャップルの定理（第7話参照）の類似物**を四面体（直辺四面体が主）に対して計算してみます．

13.2　記号や事実の復習など

定義13.1

（I）四面体ABCDに対し，その体積をV_3，6辺の長さを

$$BC=a,\ CA=b,\ AB=c,\ DA=d,\ DB=e,\ DC=f \quad \cdots(1)$$

とし，側面の$\triangle BCD$, $\triangle ACD$, $\triangle ABD$, $\triangle ABC$の面積をS_A，S_B，S_C，S_Dとおく．角A内の傍心をE_Aとし，実対称行列J_3を

$$J_3=\begin{pmatrix}(\overrightarrow{AB},\ \overrightarrow{AB}) & (\overrightarrow{AB},\ \overrightarrow{AC}) & (\overrightarrow{AB},\ \overrightarrow{AD})\\ (\overrightarrow{AC},\ \overrightarrow{AB}) & (\overrightarrow{AC},\ \overrightarrow{AC}) & (\overrightarrow{AC},\ \overrightarrow{AD})\\ (\overrightarrow{AD},\ \overrightarrow{AB}) & (\overrightarrow{AD},\ \overrightarrow{AC}) & (\overrightarrow{AD},\ \overrightarrow{AD})\end{pmatrix} \quad \cdots(2)$$

とおく．

（Ⅱ）直辺四面体においては，例によって

$$x = (\overrightarrow{AB},\ \overrightarrow{AC}) = (\overrightarrow{AB},\ \overrightarrow{AD}) = (\overrightarrow{AC},\ \overrightarrow{AD}),$$
$$y = (\overrightarrow{BA},\ \overrightarrow{BC}) = (\overrightarrow{BA},\ \overrightarrow{BD}) = (\overrightarrow{BC},\ \overrightarrow{BD}),$$
$$z = (\overrightarrow{CA},\ \overrightarrow{CB}) = (\overrightarrow{CA},\ \overrightarrow{CD}) = (\overrightarrow{CB},\ \overrightarrow{CD}),$$
$$w = (\overrightarrow{DA},\ \overrightarrow{DB}) = (\overrightarrow{DA},\ \overrightarrow{DC}) = (\overrightarrow{DB},\ \overrightarrow{DC}) \qquad \cdots(3)$$

とおく．このとき，

$$x + y = AB^2 = c^2,\quad x + z = AC^2 = b^2,\quad x + w = AD^2 = d^2,$$
$$y + z = BC^2 = a^2,\quad y + w = BD^2 = e^2,\quad z + w = CD^2 = f^2 \qquad \cdots(4)$$

が成立し，

$$4{S_A}^2 = zw + yw + yz,\quad 4{S_B}^2 = zw + xw + xz,$$
$$4{S_C}^2 = yw + xw + xy,\quad 4{S_D}^2 = yz + xz + xy \qquad \cdots(5)$$

となる．また

$$\det J_3 = yzw + xzw + xyw + xyz > 0 \qquad \cdots(6)$$

が成り立つのであった．

このとき，次の補題が成り立つ．

補題13. 2　直辺四面体 ABCDにおいて

$x = y = z = w \Rightarrow$ **直辺四面体** ABCDは，実は**正四面体**である．

証明　直辺四面体ABCDでは，**定義13. 1**の（4）

$$x + y = AB^2 = c^2 \cdots①,\quad x + z = AC^2 = b^2 \cdots②,$$
$$x + w = AD^2 = d^2 \cdots③,\quad y + z = BC^2 = a^2 \cdots④,$$
$$y + w = BD^2 = e^2 \cdots⑤,\quad z + w = CD^2 = f^2 \cdots⑥$$

が成立している．よって $x = y = z = w$ ならば上の①～⑥は

$$2x = c^2,\quad 2x = b^2,\quad 2x = d^2,\quad 2x = a^2,\quad 2x = e^2,\quad 2x = f^2$$

となる．

ゆえに

$$c^2 = b^2 = d^2 = a^2 = e^2 = f^2$$

$$\Rightarrow\ a = b = c = d = e = f$$

となり，この**直辺四面体** ABCDは「**正四面体**」になる．（証明終わり）

次に直辺四面体では「重心 G」，「内心 I」，「外心 O」と4つの「傍心」達の他に「垂心 H」も存在し，次のことが成り立った．

命題13．3　直辺四面体の【重心 G】は【外心 O】と【垂心 H】を結ぶ線分 OHの中点である．（第10話**定理10．3**参照）

これより，容易に次のことが分かる．

命題13．4　直辺四面体において，【重心 G】，【外心 O】，【垂心 H】の3つの内どれか2つが一致

$$\Rightarrow \text{【重心}\ G\text{】} = \text{【外心}\ O\text{】} = \text{【垂心}\ H\text{】},$$

すなわち3つとも一致する．（図13.1参照）

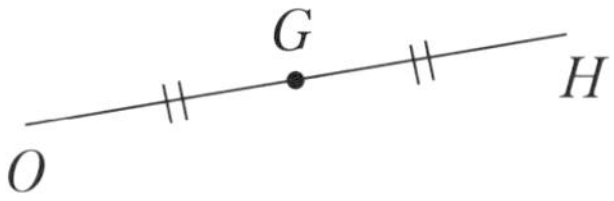

図13.1

13.3　直辺四面体で二心が一致ならば正四面体

定理13.5　**直辺四面体** ABCDにおいて，

$$\text{【垂心}\ H\text{】} = \text{【重心}\ G\text{】}$$

⇒この四面体は実は「**正四面体**」である．

証明　第9話**定理9．11**から

$$\overrightarrow{PH} = \frac{yzw\overrightarrow{PA} + xzw\overrightarrow{PB} + xyw\overrightarrow{PC} + xyz\overrightarrow{PD}}{\det J_3} \qquad \cdots(1)$$

一方

$$\overrightarrow{PG} = \frac{\overrightarrow{PA} + \overrightarrow{PB} + \overrightarrow{PC} + \overrightarrow{PD}}{4} \quad \cdots(2)$$

$$\text{for} \quad \forall P \in E^m \,(m \geq 3) \quad (m\text{：自然数})$$

よって

$$H = G \;\Leftrightarrow\; yzw = xzw = xyw = xyz$$
$$= \frac{\det J_3}{4} > 0$$

となるから $xyzw \neq 0$ であって

$$y = x, \quad z = y, \quad w = z$$

ゆえに

$$x = y = z = w \quad \cdots(3)$$

よって**補題13. 2**より，この直辺四面体は「**正四面体**」になる．

（証明終わり）

定理13. 6　**直辺四面体** ABCDにおいて【外心 O】，【垂心 H】，【重心 G】の3つの内どれか2つが一致

⇒この四面体は実は「**正四面体**」である．

証明　**命題13. 4**から

【外心 O】=【垂心 H】⇔【外心 O】=【重心 G】

⇔【垂心 H】=【重心 G】

ところが**定理13. 5**で

【垂心 H】=【重心 G】

⇒この直辺四面体は「**正四面体**」である事から成り立つ．（証明終わり）

補題13. 7　直辺四面体 ABCDにおいて次の事が成り立つ．

$$S_A = S_B \Leftrightarrow x = y, \quad S_A = S_C \Leftrightarrow x = z, \quad S_A = S_D \Leftrightarrow x = w,$$
$$S_B = S_C \Leftrightarrow y = z, \quad S_B = S_D \Leftrightarrow y = w, \quad S_C = S_D \Leftrightarrow z = w \quad \cdots(1)$$

証明　$S_A = S_B \Leftrightarrow x = y$を示そう.

$$4{S_A}^2 = zw + yw + yz,\ 4{S_B}^2 = zw + xw + xz$$

から

$$\begin{aligned} S_A = S_B &\Leftrightarrow 4{S_A}^2 = 4{S_B}^2 \\ &\Leftrightarrow zw + yw + yz = zw + xw + xz \\ &\Leftrightarrow (y - x)(z + w) = 0 \\ &\Leftrightarrow (y - x) \times CD^2 = 0 \quad (\because z + w = CD^2) \\ &\Leftrightarrow x = y \end{aligned}$$

ゆえに成り立つ. 他も同様である. (証明終わり)

定理13.8　**直辺四面体** ABCDにおいて

【内心 I】=【重心G】

⇒この直辺四面体は実は「**正四面体**」である.

証明　第10話の内容から【内心 I】について

$$\overrightarrow{PI} = \frac{S_A\overrightarrow{PA} + S_B\overrightarrow{PB} + S_C\overrightarrow{PC} + S_D\overrightarrow{PD}}{S_A + S_B + S_C + S_D} \quad \cdots(1)$$

一方【重心G】について

$$\overrightarrow{PG} = \frac{\overrightarrow{PA} + \overrightarrow{PB} + \overrightarrow{PC} + \overrightarrow{PD}}{4} \quad \cdots(2)$$

【内心 I】=【重心G】だから

$$S_A = S_B = S_C = S_D \quad \cdots(3)$$

よって**補題13. 7**から

$$x = y = z = w$$

ゆえに**補題13. 2**より, この直辺四面体は「**正四面体**」である. (証明終わり)

(注意：このことは**直辺四面体**かつ**等積四面体**ならば**正四面体**であることを示している.)

定理13.9　**直辺四面体** ABCDにおいて

【垂心H】=【内心 I】

⇒この四面体は実は「**正四面体**」である.

証明　第9・10話より

$$\overrightarrow{PH} = \frac{yzw\overrightarrow{PA} + xzw\overrightarrow{PB} + xyw\overrightarrow{PC} + xyz\overrightarrow{PD}}{\det J_3} \quad \cdots(1)$$

$$\overrightarrow{PI} = \frac{S_A\overrightarrow{PA} + S_B\overrightarrow{PB} + S_C\overrightarrow{PC} + S_D\overrightarrow{PD}}{S_A + S_B + S_C + S_D} \quad \cdots(2)$$

であった．$2F = S_A + S_B + S_C + S_D$とおけば【垂心$H$】=【内心$I$】だから

$$\frac{yzw}{\det J_3} = \frac{S_A}{2F},\quad \frac{xzw}{\det J_3} = \frac{S_B}{2F},\quad \frac{xyw}{\det J_3} = \frac{S_C}{2F},\quad \frac{xyz}{\det J_3} = \frac{S_D}{2F} \quad \cdots(3)$$

よって

$$(3) \Leftrightarrow \frac{yzw}{S_A} = \frac{xzw}{S_B} = \frac{xyw}{S_C} = \frac{xyz}{S_D} = \frac{\det J_3}{2F} > 0 \quad \cdots(4)$$

ゆえに $x \neq 0$, $y \neq 0$, $z \neq 0$, $w \neq 0$であるが，実は

$$x > 0,\ y > 0,\ z > 0,\ w > 0 \quad \cdots(5)$$

となる.

I）まず，これを以下に示す.

$$(4)\text{の}\ \frac{yzw}{S_A} = \frac{xzw}{S_B} \Leftrightarrow \frac{y}{x} = \frac{S_A}{S_B} > 0 \Rightarrow \frac{y}{x} > 0$$

つまりxとyは同符号.

同様に$\dfrac{yzw}{S_A} = \dfrac{xyz}{S_D}$から$x$と$w$は同符号．ゆえに$x$, y, z, wは同符号であり，(4)から

$$yzw > 0,\quad xyw > 0$$

よって

$$x > 0,\ y > 0,\ z > 0,\ w > 0 \quad \cdots(5)$$

となる.

さて(4)から

$$\Rightarrow xS_A = yS_B = zS_C = wS_D \quad \cdots(6)$$

となる.

（Ⅱ）まず

$$xS_A = yS_B \Leftrightarrow x^2(4{S_A}^2) = y^2(4{S_B}^2)$$

これに$4{S_A}^2 = zw + yw + yz$，$4{S_B}^2 = zw + xw + xz$を代入して

$$\Leftrightarrow x^2(zw + yw + yz) = y^2(zw + xw + xz)$$

$$\Leftrightarrow (x^2 - y^2)zw + (x - y)xyw + (x - y)xyz = 0$$

$$(x - y)\{(x + y)zw + xyw + xyz\} = 0$$

$$\Leftrightarrow (x - y)(yzw + xzw + xyw + xyz) = 0$$

ゆえに

$$\Leftrightarrow (x - y) \times \det J_3 = 0$$

$$(\because\ yzw + xzw + xyw + xyz = \det J_3 > 0)$$

$$\Leftrightarrow x = y \qquad \cdots①$$

次に同様にして

$$xS_A = zS_C \Leftrightarrow x = z \qquad \cdots②$$

$$xS_A = wS_D \Leftrightarrow x = w \qquad \cdots③$$

①～③より$x = y = z = w$となり，**補題13. 2**からこの四面体は「**正四面体**」になる．

補題13. 10　直辺四面体ABCDにおいて$\det J_3$とx，y，z，w及び${S_A}^2$，${S_B}^2$，${S_C}^2$，${S_D}^2$の間に次の等式が成立する．

（1）　$\det J_3 = yzw + x(4{S_A}^2)$

（2）　$\det J_3 = xzw + y(4{S_B}^2)$

（3）　$\det J_3 = xyw + z(4{S_C}^2)$

（4）　$\det J_3 = xyz + w(4{S_D}^2)$

証明　項目**13. 2**の

$$4{S_A}^2 = zw + yw + yz,$$

$$4{S_B}^2 = zw + xw + xz,$$

$$4{S_C}^2 = yw + xw + xy,$$

$$4{S_D}^2 = yz + xz + xy \qquad \cdots(5)$$

と

$$\det J_3 = yzw + xzw + xyw + xyz \qquad \cdots(6)$$

を使うだけである．（証明終わり）

定理13.11　**直辺四面体** ABCDにおいて

【外心 O】＝【内心 I】

⇒この四面体は実は「**正四面体**」である．

証明　【外心 O】，【内心 I】については

$$\overrightarrow{PO_3} = \frac{(\det J_3 - 2yzw)\overrightarrow{PA} + (\det J_3 - 2xzw)\overrightarrow{PB} + (\det J_3 - 2xyw)\overrightarrow{PC} + (\det J_3 - 2xyz)\overrightarrow{PD}}{2\det J_3} \qquad \cdots(1)$$

$$\overrightarrow{PI} = \frac{S_A\overrightarrow{PA} + S_B\overrightarrow{PB} + S_C\overrightarrow{PC} + S_D\overrightarrow{PD}}{S_A + S_B + S_C + S_D} \qquad \cdots(2)$$

$$\text{for} \quad \forall P \in E^m$$

【外心 O】＝【内心 I】だから $2F = S_A + S_B + S_C + S_D$ とおくと

$$\det J_3 - 2yzw = \frac{(\det J_3)S_A}{F}, \quad \det J_3 - 2xzw = \frac{(\det J_3)S_B}{F},$$

$$\det J_3 - 2xyw = \frac{(\det J_3)S_C}{F}, \quad \det J_3 - 2xyz = \frac{(\det J_3)S_D}{F} \qquad \cdots(3)$$

第12話の**命題12.19**の $S_B + S_C + S_D > S_A$ などから

$$F - S_A > 0, \quad F - S_B > 0, \quad F - S_C > 0, \quad F - S_D > 0 \qquad \cdots(4)$$

よって

$$yzw = \frac{(\det J_3)(F - S_A)}{2F} > 0, \quad xzw = \frac{(\det J_3)(F - S_B)}{2F} > 0,$$

$$xyw = \frac{(\det J_3)(F - S_C)}{2F} > 0, \quad xyz = \frac{(\det J_3)(F - S_D)}{2F} > 0$$

これより，x，y，z，w は同符号でしかも

$$x > 0, \quad y > 0, \quad z > 0, \quad w > 0 \qquad \cdots(5)$$

となる．ここで(3)の $\det J_3 - 2yzw$ は**補題13.10**の $\det J_3 = yzw + x(4S_A^{\,2})$

より

$$\det J_3 - 2yzw = -yzw + x(4{S_A}^2)$$

となる．同様に

$$\det J_3 - 2xzw = -xzw + y(4{S_B}^2)$$

などとなる．よって(3)は

$$-yzw + x(4{S_A}^2) = \frac{(\det J_3)S_A}{F} \quad \cdots①$$

$$-xzw + y(4{S_B}^2) = \frac{(\det J_3)S_B}{F} \quad \cdots②$$

$$-xyw + z(4{S_C}^2) = \frac{(\det J_3)S_C}{F} \quad \cdots③$$

$$-xyz + w(4{S_D}^2) = \frac{(\det J_3)S_D}{F} \quad \cdots④$$

①と②から

$$S_B\{-yzw + x(4{S_A}^2)\} = S_A\{-xzw + y(4{S_B}^2)\}$$
$$\Leftrightarrow zw(xS_A - yS_B) + (4S_AS_B)(xS_A - yS_B) = 0$$
$$\Leftrightarrow (xS_A - yS_B)(zw + 4S_AS_B) = 0 \quad \cdots⑤$$

ところが，(5)から $zw > 0$ また $4S_AS_B > 0$ なので

$$zw + 4S_AS_B > 0.$$

ゆえに⑤から

$$xS_A = yS_B$$

となる．同様にして

①③から $xS_A = zS_C$　①④から $xS_A = wS_D$

よって(3)から

$$xS_A = yS_B = zS_C = wS_D$$

となる．$x > 0$，$y > 0$，$z > 0$，$w > 0$ だからこれは**定理13.9**の(6)と同じ条件でそこでの証明と全く一緒で $x = y = z = w$ となり，この四面体は「**正四面体**」となる．（証明終わり）

13.4 二心間の距離の2乗

命題13.12 一般の四面体ABCDに対し，「外心」をOとし，$T \in E^3$を正規化された重心座標が$(\kappa, \lambda, \mu, \nu)$の点とする．すなわち

$$T(\kappa, \lambda, \mu, \nu) \text{ かつ } \kappa+\lambda+\mu+\nu=1 \quad \cdots(1)$$

とする．このとき，

$$OT^2 = R^2 - (AB^2\kappa\lambda + AC^2\kappa\mu + AD^2\kappa\nu + BC^2\lambda\mu + BD^2\lambda\nu + CD^2\mu\nu) \quad \cdots(2)$$

が成り立つ．ここにRは四面体ABCDの**外接球面**の**半径**である．

証明 $\overrightarrow{OT} = \kappa\overrightarrow{OA} + \lambda\overrightarrow{OB} + \mu\overrightarrow{OC} + \nu\overrightarrow{OD}$ だから

$$\begin{aligned}
OT^2 &= |\overrightarrow{OT}|^2 = |\kappa\overrightarrow{OA} + \lambda\overrightarrow{OB} + \mu\overrightarrow{OC} + \nu\overrightarrow{OD}|^2 \\
&= (\kappa^2+\lambda^2+\mu^2+\nu^2)R^2 + 2\kappa\lambda(\overrightarrow{OA}, \overrightarrow{OB}) + 2\kappa\mu(\overrightarrow{OA}, \overrightarrow{OC}) \\
&\quad + 2\kappa\nu(\overrightarrow{OA}, \overrightarrow{OD}) + 2\lambda\mu(\overrightarrow{OB}, \overrightarrow{OC}) + 2\lambda\nu(\overrightarrow{OB}, \overrightarrow{OD}) \\
&\quad + 2\mu\nu(\overrightarrow{OC}, \overrightarrow{OD}) \\
&= (\kappa^2+\lambda^2+\mu^2+\nu^2)R^2 + 2\kappa\lambda \times \frac{R^2+R^2-AB^2}{2} \\
&\quad + 2\kappa\mu \times \frac{R^2+R^2-AC^2}{2} + 2\kappa\nu \times \frac{R^2+R^2-AD^2}{2} \\
&\quad + 2\lambda\mu \times \frac{R^2+R^2-BC^2}{2} + 2\lambda\nu \times \frac{R^2+R^2-BD^2}{2} \\
&\quad + 2\mu\nu \times \frac{R^2+R^2-CD^2}{2} \\
&\qquad\qquad (\because OA=OB=OC=OD=R) \\
&= (\kappa+\lambda+\mu+\nu)^2R^2 - (AB^2\kappa\lambda + AC^2\kappa\mu + AD^2\kappa\nu + BC^2\lambda\mu \\
&\qquad + BD^2\lambda\nu + CD^2\mu\nu) \\
&= R^2 - (AB^2\kappa\lambda + AC^2\kappa\mu + AD^2\kappa\nu + BC^2\lambda\mu \\
&\qquad + BD^2\lambda\nu + CD^2\mu\nu) \quad (\because \kappa+\lambda+\mu+\nu=1)
\end{aligned}$$

（証明終わり）

系13.13 ［四面体ABCDの**外接球面の方程式**］

重心座標で表現して動点

$$T(\kappa,\ \lambda,\ \mu,\ \nu) \text{ かつ } \kappa+\lambda+\mu+\nu=1 \qquad \cdots(1)$$

とする.

外接球面の方程式は

$$\boxed{AB^2\kappa\lambda+AC^2\kappa\mu+AD^2\kappa\nu+BC^2\lambda\mu+BD^2\lambda\nu+CD^2\mu\nu=0 \qquad \cdots(2)}$$

すなわち

$$c^2\kappa\lambda+b^2\kappa\mu+d^2\kappa\nu+a^2\lambda\mu+e^2\lambda\nu+f^2\mu\nu=0 \qquad \cdots(3)$$

この(2)(3)は重心座標が正規化してなくても成り立つ.

証明 動点 $T(\kappa,\ \lambda,\ \mu,\ \nu)$かつ $\kappa+\lambda+\mu+\nu=1$ が**外接球面上にある**

$\Leftrightarrow OT^2=R^2 \qquad \cdots(4)$を**満たす**

$$\Leftrightarrow R^2=R^2-(AB^2\kappa\lambda+AC^2\kappa\mu+AD^2\kappa\nu+BC^2\lambda\mu+BD^2\lambda\nu+CD^2\mu\nu)$$

（∵**命題13.12**(2)より）

$$\Leftrightarrow AB^2\kappa\lambda+AC^2\kappa\mu+AD^2\kappa\nu+BC^2\lambda\mu+BD^2\lambda\nu+CD^2\mu\nu=0$$

（証明終わり）

定理13.14 **一般の四面体** ABCDにおいて「外心O」「重心G」とすると

$$OG^2=R^2-\frac{a^2+b^2+c^2+d^2+e^2+f^2}{16} \qquad \cdots(1)$$

証明 重心Gの重心座標は$\left(\frac{1}{4},\ \frac{1}{4},\ \frac{1}{4},\ \frac{1}{4}\right)$だから**命題13.12**において

$$\kappa\lambda=\kappa\mu=\kappa\nu=\lambda\mu=\lambda\nu=\mu\nu=\frac{1}{4}\times\frac{1}{4}=\frac{1}{16}$$

よって

$$OG^2=R^2-\frac{1}{16}(AB^2+AC^2+AD^2+BC^2+BD^2+CD^2)$$

$$=R^2-\frac{a^2+b^2+c^2+d^2+e^2+f^2}{16}$$

（証明終わり）

定理13.15　**直辺四面体**ABCDにおいて

$$GH^2 = R^2 - \frac{a^2 + b^2 + c^2 + d^2 + e^2 + f^2}{16} \qquad \cdots(1)$$

$$OH^2 = 4R^2 - \frac{a^2 + b^2 + c^2 + d^2 + e^2 + f^2}{4} \qquad \cdots(2)$$

証明　直辺四面体において重心Gは線分OHの中点

$$\Leftrightarrow \ OG = GH \quad \text{かつ} \quad OH = 2OG$$

よって**定理13.14**より(1)(2)が成り立つ．（証明終わり）

命題13.16　**直辺四面体**ABCDにおいて

(1)　$x{S_A}^2 + y{S_B}^2 + z{S_C}^2 + w{S_D}^2 = \dfrac{3}{4}\det J_3$

(2)　$|S_B\overrightarrow{AB} + S_C\overrightarrow{AC} + S_D\overrightarrow{AD}|^2 = 4xF(F - S_A) + \dfrac{3}{4}\det J_3$

(3)　$AI^2 = \dfrac{x(F - S_A)}{F} + 3r^2$

ここに$2F = S_A + S_B + S_C + S_D$，$r$は**内接球面**の半径．また

(4)　$A{E_A}^2 = \dfrac{xF}{F - S_A} + 3{r_A}^2$

ここにr_Aは角A内の**傍接球面**の半径

証明　(1)について：

$$4{S_A}^2 = zw + yw + yz,\ 4{S_B}^2 = zw + xw + xz,$$
$$4{S_C}^2 = yw + xw + xy,\ 4{S_D}^2 = yz + xz + xy$$

により

$$\begin{aligned}
&x(4{S_A}^2) + y(4{S_B}^2) + z(4{S_C}^2) + w(4{S_D}^2)\\
&= x(zw + yw + yz) + y(zw + xw + xz)\\
&\qquad + z(yw + xw + xy) + w(yz + xz + xy)\\
&= 3(yzw + xzw + xyw + xyz) = 3\det J_3\\
&\qquad (\because \det J_3 = yzw + xzw + xyw + xyz)
\end{aligned}$$

よって成り立つ.

次に

$$|S_B\overrightarrow{AB}+S_C\overrightarrow{AC}+S_D\overrightarrow{AD}|^2 = S_B{}^2(x+y)+S_C{}^2(x+z)+S_D{}^2(x+w)$$
$$+2S_BS_Cx+2S_BS_Dx+2S_CS_Dx$$
$$=x(S_B+S_C+S_D)^2+(yS_B{}^2+zS_C{}^2+wS_D{}^2)$$
$$=x(2F-S_A)^2+(yS_B{}^2+zS_C{}^2+wS_D{}^2)$$
$$=4xF(F-S_A)+(xS_A{}^2+yS_B{}^2+zS_C{}^2+wS_D{}^2)$$
$$=4xF(F-S_A)+\frac{3}{4}\det J_3 \quad (\because (1))$$

よって(2)が成り立つ. これを使って

$$AI^2=\frac{1}{(2F)^2}|S_B\overrightarrow{AB}+S_C\overrightarrow{AC}+S_D\overrightarrow{AD}|^2$$
$$=\frac{1}{(2F)^2}\left\{4xF(F-S_A)+\frac{3}{4}\det J_3\right\}$$
$$=\frac{x(F-S_A)}{F}+3\left(\frac{\sqrt{\det J_3}}{4F}\right)^2$$
$$=\frac{x(F-S_A)}{F}+3r^2$$
$$\left(\because\ r=\frac{\sqrt{\det J_3}}{2(S_A+S_B+S_C+S_D)}=\frac{\sqrt{\det J_3}}{4F}\right)$$

ゆえに(3)が成り立つ. (4)も同様. (証明終わり)

補題13.17　直辺四面体 ABCD**で考える.** 頂点Aから対面の$\triangle BCD$へ下した垂線の足をH_Aとする. このとき,

(1) $\overrightarrow{AH}=\dfrac{x(2S_A)^2}{\det J_3}\overrightarrow{AH_A}$ また

(2) $AH^2=\dfrac{x^2(2S_A)^2}{\det J_3}$

(3) $(\overrightarrow{AH},\ \overrightarrow{AI})=\dfrac{x(S_B+S_C+S_D)}{2F}$

証明　垂心Hの重心座標の比は$yzw : xzw : xyw : xyz$で

$$\det J_3 = yzw + xzw + xyw + xyz$$

だから第10話の**命題10. 6**と$4{S_A}^2 = zw + yw + yz$により

$$\overrightarrow{AH} = (1-\kappa)\overrightarrow{AH_A} = \left(1 - \frac{yzw}{\det J_3}\right)\overrightarrow{AH_A}$$

$$= \frac{x(zw + yw + yz)}{\det J_3}\overrightarrow{AH_A} = \frac{x(2S_A)^2}{\det J_3}\overrightarrow{AH_A}$$

次に体積の関係より

$$|\overrightarrow{AH_A}| = \frac{3V}{S_A}$$

これと$\det J_3 = (6V_3)^2$より

$$AH^2 = \frac{x^2 \times 16{S_A}^4}{(\det J_3)^2} \times \frac{9{V_3}^2}{{S_A}^2} = \frac{x^2(2S_A)^2(6V_3)^2}{(\det J_3)^2} = \frac{x^2(2S_A)^2}{\det J_3}$$

ゆえに(1)，(2)が成り立つ．

次に$x = (\overrightarrow{AB}, \overrightarrow{AC}) = (\overrightarrow{AB}, \overrightarrow{AD}) = (\overrightarrow{AC}, \overrightarrow{AD})$から

$$(2F)\det J_3(\overrightarrow{AH}, \overrightarrow{AI}) = (xzw\overrightarrow{AB} + xyw\overrightarrow{AC} + xyz\overrightarrow{AD},\ S_B\overrightarrow{AB} + S_C\overrightarrow{AC} + S_D\overrightarrow{AD})$$

$$= x\{zwS_BAB^2 + ywS_CAC^2 + yzS_DAD^2 + zw(S_Cx + S_Dx) + yw(S_Bx + S_Dx) + yz(S_Bx + S_Cx)\}$$

$$= x\{zwS_B(x+y) + ywS_C(x+z) + yzS_D(x+w) + zw(S_Cx + S_Dx) + yw(S_Bx + S_Dx) + yz(S_Bx + S_Cx)\}$$

$$= x\{S_B(yzw + xzw + xyw + xyz) + S_C(yzw + xzw + xyw + xyz) + S_D(yzw + xzw + xyw + xyz)\}$$

$$= x(S_B + S_C + S_D)\det J_3$$

つまり

$$(2F)(\overrightarrow{AH}, \overrightarrow{AI}) = x(S_B + S_C + S_D)$$

ゆえに(3)が成立．（証明終わり）

定理13.18　**直辺四面体** ABCDにおいて

$$HI^2 = R^2 + 3r^2 - \frac{a^2+b^2+c^2+d^2+e^2+f^2}{12} \quad \cdots(1)$$

$$HE_A{}^2 = R^2 + 3r_A{}^2 - \frac{a^2+b^2+c^2+d^2+e^2+f^2}{12} \quad \cdots(2)$$

証明　**命題13.16**の(3)と**補題13.17**の(2)(3)より

$$\begin{aligned} HI^2 &= |\overrightarrow{HI}|^2 = |\overrightarrow{AH} - \overrightarrow{AI}|^2 = AH^2 + AI^2 - 2(\overrightarrow{AH},\ \overrightarrow{AI}) \\ &= \frac{x^2(2S_A)^2}{\det J_3} + \frac{x(F - S_A)}{F} + 3r^2 - 2 \times \frac{x(S_B + S_C + S_D)}{2F} \\ &= \frac{x^2(2S_A)^2}{\det J_3} + x + 3r^2 - \frac{x(S_A + S_B + S_C + S_D)}{F} \\ &= \frac{x^2(2S_A)^2}{\det J_3} + x + 3r^2 - 2x = \frac{x^2(2S_A)^2}{\det J_3} - x + 3r^2 \quad \cdots ① \end{aligned}$$

ここで

$$\begin{aligned} \frac{x^2(2S_A)^2}{\det J_3} - x &= \frac{x^2(zw + yw + yz) - x(yzw + xzw + xyw + xyz)}{\det J_3} \\ &= -\frac{xyzw}{\det J_3} \quad \cdots ② \end{aligned}$$

ところが第10話の**定理10. 4**から

$$R^2 = \frac{k^2}{4} - \frac{xyzw}{\det J_3} \quad \cdots ③$$

よって

$$-\frac{xyzw}{\det J_3} = R^2 - \frac{k^2}{4}.$$

②に代入して

$$\frac{x^2(2S_A)^2}{\det J_3} - x = R^2 - \frac{k^2}{4}$$

ゆえに①から

$$HI^2 = R^2 - \frac{k^2}{4} + 3r^2 = R^2 + 3r^2 - \frac{a^2 + b^2 + c^2 + d^2 + e^2 + f^2}{12}$$

$(\because k^2 = a^2 + d^2 = b^2 + e^2 = c^2 + f^2)$

ゆえに成立する.

(2) も同様にできる. （証明終わり）

定理13.19　**直辺四面体** ABCDにおいて $k^2 = a^2 + d^2 = b^2 + e^2 = c^2 + f^2$ とするとき

$$IE_A{}^2 = \frac{(x + 3rr_A)S_A{}^2}{F(F - S_A)} \qquad \cdots(1)$$

$$GI^2 = \frac{k^2}{16} + 3r^2 - \frac{xS_A + yS_B + zS_C + wS_D}{2(S_A + S_B + S_C + S_D)} \qquad \cdots(2)$$

$$GE_A{}^2 = \frac{k^2}{16} + 3r_A{}^2 - \frac{-xS_A + yS_B + zS_C + wS_D}{2(-S_A + S_B + S_C + S_D)} \qquad \cdots(3)$$

証明

(1)

$$\overrightarrow{IE_A} = \overrightarrow{AE_A} - \overrightarrow{AI} = \frac{S_B\overrightarrow{AB} + S_C\overrightarrow{AC} + S_D\overrightarrow{AD}}{2(F - S_A)} - \frac{S_B\overrightarrow{AB} + S_C\overrightarrow{AC} + S_D\overrightarrow{AD}}{2F}$$

$$= \frac{S_A(S_B\overrightarrow{AB} + S_C\overrightarrow{AC} + S_D\overrightarrow{AD})}{2F(F - S_A)} \qquad \cdots①$$

（なお，これより **3点** A，I，E_A**は一直線上にある事がわかる**）

よって**命題13.16**の(2)から①は

$$\frac{4F^2(F - S_A)^2}{S_A{}^2} IE_A{}^2 = |S_B\overrightarrow{AB} + S_C\overrightarrow{AC} + S_D\overrightarrow{AD}|^2 = 4xF(F - S_A) + \frac{3}{4}\det J_3$$

となり

$$IE_A{}^2 = \frac{4xF(F-S_A)S_A{}^2}{4F^2(F-S_A)^2} + \frac{\sqrt{\det J_3}}{4F} \times \frac{\sqrt{\det J_3}}{4(F-S_A)} \times \frac{3S_A{}^2}{F(F-S_A)}$$

$$= \frac{xS_A{}^2}{F(F-S_A)} + r \times r_A \times \frac{3S_A{}^2}{F(F-S_A)}$$

$$= \frac{(x+3rr_A)S_A{}^2}{F(F-S_A)} \quad \left(\because r = \frac{\sqrt{\det J_3}}{4F},\ r_A = \frac{\sqrt{\det J_3}}{4(F-S_A)}\right)$$

(2) $$|\overrightarrow{GI}|^2 = AI^2 + AG^2 - 2(\overrightarrow{AG}, \overrightarrow{AI}) \qquad \cdots②$$

である．ここで**命題13.16**の(3)より

$$AI^2 = \frac{x(F-S_A)}{F} + 3r^2 \qquad \cdots③$$

また $\overrightarrow{AG} = \dfrac{\overrightarrow{AB} + \overrightarrow{AC} + \overrightarrow{AD}}{4}$ より

$$AG^2 = \frac{AB^2 + AC^2 + AD^2 + 2x + 2x + 2x}{16}$$

$$= \frac{(x+y) + (x+z) + (x+w) + 6x}{16}$$

$$= \frac{8x + (x+y+z+w)}{16} = \frac{8x + k^2}{16} \quad (\because x+y+z+w = k^2)$$

つまり

$$AG^2 = \frac{x}{2} + \frac{k^2}{16} \qquad \cdots④$$

さらに $\overrightarrow{AG} = \dfrac{\overrightarrow{AB} + \overrightarrow{AC} + \overrightarrow{AD}}{4}$, $\overrightarrow{AI} = \dfrac{S_B\overrightarrow{AB} + S_C\overrightarrow{AC} + S_D\overrightarrow{AD}}{2F}$ と $(\overrightarrow{AB}, \overrightarrow{AC}) = (\overrightarrow{AB}, \overrightarrow{AD}) = (\overrightarrow{AC}, \overrightarrow{AD}) = x$, $AB^2 = x+y$, $AC^2 = x+z$, $AD^2 = x+w$ により

$$-2(\overrightarrow{AG}, \overrightarrow{AI}) = \frac{3x(S_B + S_C + S_D) + (yS_B + zS_C + wS_D)}{-4F}$$

$$= \frac{3x(2F - S_A) + (yS_B + zS_C + wS_D)}{-4F}$$

$$= -\frac{3x}{2} + \frac{(xS_A + yS_B + zS_C + wS_D) - 4xS_A}{-4F} \qquad \cdots⑤$$

③④⑤を②に代入して

$$GI^2 = \frac{x(F - S_A)}{F} + 3r^2 + \frac{x}{2} + \frac{k^2}{16} - \frac{3x}{2}$$

$$+ \frac{(xS_A + yS_B + zS_C + wS_D) - 4xS_A}{-4F}$$

$$= \frac{k^2}{16} + 3r^2 - \frac{(xS_A + yS_B + zS_C + wS_D)}{4F}$$

すなわち

$$GI^2 = \frac{k^2}{16} + 3r^2 - \frac{xS_A + yS_B + zS_C + wS_D}{4F}$$

となり(2)が成立．(3)も同様．（証明終わり）

定理13.20 **直辺四面体** ABCDにおいて

$$OI^2 = R^2 + 3r^2 - \frac{xS_A + yS_B + zS_C + wS_D}{S_A + S_B + S_C + S_D} \qquad \cdots(1)$$

$$OE_A{}^2 = R^2 + 3r_A{}^2 - \frac{-xS_A + yS_B + zS_C + wS_D}{-S_A + S_B + S_C + S_D} \qquad \cdots(2)$$

証明 (1)について：内心 I の重心座標の比は

$$S_A : S_B : S_C : S_D$$

よって $I(\kappa, \lambda, \mu, \nu)$，$\kappa + \lambda + \mu + \nu = 1$ とするとき，

$$OI^2 = R^2 - (AB^2\kappa\lambda + AC^2\kappa\mu + AD^2\kappa\nu + BC^2\lambda\mu + BD^2\lambda\nu + CD^2\mu\nu) \qquad \cdots①$$

において

$$(2F)^2(AB^2\kappa\lambda + AC^2\kappa\mu + AD^2\kappa\nu + BC^2\lambda\mu + BD^2\lambda\nu + CD^2\mu\nu)$$

$$= (x+y)S_AS_B + (x+z)S_AS_C + (x+w)S_AS_D + (y+z)S_BS_C$$
$$+ (y+w)S_BS_D + (z+w)S_CS_D$$

$$= xS_A(2F - S_A) + yS_B(2F - S_B) + zS_C(2F - S_C) + wS_D(2F - S_D)$$

$$= 2F(xS_A + yS_B + zS_C + wS_D) - (xS_A{}^2 + yS_B{}^2 + zS_C{}^2 + wS_D{}^2)$$
$$= 2F(xS_A + yS_B + zS_C + wS_D) - \frac{3}{4}\det J_3$$

(∵ **命題13.16**の(1)) …②

②より①は

$$(2F)^2 OI^2 = (2F)^2 R^2 - 2F(xS_A + yS_B + zS_C + wS_D) + \frac{3}{4}\det J_3 \quad \cdots③$$

となる．

ゆえに $r = \dfrac{\sqrt{\det J_3}}{4F}$ を用いて③から

$$OI^2 = R^2 + 3\left(\frac{\sqrt{\det J_3}}{4F}\right)^2 - \frac{xS_A + yS_B + zS_C + wS_D}{2F}$$
$$= R^2 + 3r^2 - \frac{xS_A + yS_B + zS_C + wS_D}{2F}$$

よって成り立つ．(2)も同様である．（証明終わり）

13.5 最後に

内容が表題に沿わないところや，十分に書き足りないところもありましたが，今回でもってこの6話分を終了致します．重心座標を用いた研究がさらに進展することを祈願しています．この執筆を私にお薦めくださった一松 信先生にお礼を申し上げて，ペンを擱(お)きたいと思います．

参考文献　【第8回～第13回　担当：畔柳　和生】

［1］高木貞治．「代数学講義 改訂新版」．共立出版，1983，p.268－269．

［2］佐武一郎．「線型代数学」．裳華房，1985．

［3］栗田稔．「入門－現代の数学［7］具象から幾何学へ」．日本評論社，1980．

［4］畔柳和生．「垂心のベクトル表示」，数学セミナー，1981年10月号 NOTE．日本評論社，1981．

［5］山村健．「数学セミナー，1995年10月号：エレガントな解答を求むの問題1」．日本評論社，1995．

［6］山村健．「数学セミナー，1996年1月号：エレガントな解答を求むの解答1」．日本評論社，1996．

［7］山村健．「数学セミナー，1997年2月号：エレガントな解答を求むの解答1」．日本評論社，1997．

［8］山下純一．「4次元のヘロンの公式」．理系への数学，1991年1月号，現代数学，1999．

［9］一松信．「数学夜話 重心座標の応用」．理系への数学，2006年1月号，現代数学，2006．

索引

●数字・記号

1次系	49
2F	246
2次曲線	50
2次系	49
2：1の反転	20
3次元単体 Δ_3	121, 132
A-3直角四面体	176
A-3直角四面体ABCDの二面角の余弦	212
a	151
b	151
c	151
d	151
$\det J_3$	136
d_{ij}	125
E_B	172
E_C	172
E_D	172
e	151
f	151
H_A	174, 220
H_B	220
H_C	220
H_D	218, 220
J_3	145
n次元単体 Δ_n	121
n次実対称行列 J_n	122
$(n+1)$次正方行列 Θ_nとΘ_n^i	125
$(n+2)$次実対称行列 Ξ_n	122
O	128
O_3	157
$O_n \in E^n$のベクトルによる重心座標表現	129
R	244
R_n	128
r	169, 172
r_A	171, 172
r_B	172
r_C	172
r_D	172
S_2	140
S_A	153
S_B	153
S_C	153
S_D	153
V	128
w	145
$w(A, B)$	195
$w(A, C)$	195
$w(B, C)$	195
x	139, 145
$x(B, C)$	195
$x(B, D)$	195
$x(C, D)$	195
y	139, 145
$y(A, C)$	195
$y(A, D)$	195
$y(C, D)$	195
z	139, 145
$z(A, B)$	195
$z(A, D)$	195
$z(B, D)$	195

●あ　行

●か　行

●さ　行

●た　行

●な　行

●は　行

●ま　行

面積ベクトル	207	●ら 行	
面積ベクトルの等式	207	類外心	49, 54
モーリーの定理	76	ルモワーヌ点	21, 39
モンジュ点	98	六斜術	24, 93

●や 行

有理的心	75	●わ 行	
四平方の定理	179	和心	75, 88

著者紹介：

一松　信（ひとつまつ・しん）

1926年　東京で生まれる
1947年　東京大学理学部数学科卒業
1969年　京都大学数理解析研究所教授
1989年　同上定年退職，東京電機大学理工学部教授
1995年～2003年　数学検定協会会長
2004年　東京電機大学客員教授退任
　　　　理学博士（旧制）

主要著書
岩波数学公式Ⅰ，Ⅱ，Ⅲ（共著，岩波書店），解析学序説（新版）上，下（裳華房），
留数解析（共立出版），暗号の数理（講談社，ブルーバックス）

畔柳和生（くろやなぎ・かずお）

名古屋大学理学部数学科卒業
岡山大学大学院理学研究科修士課程数学専攻修了
　幾何学を専攻とする
元高校教員

重心座標による幾何学

2014年 9月12日　　初版1刷発行

著　者　　一松 信・畔柳和生
発行者　　富田　淳
発行所　　株式会社　現代数学社
〒606-8425 京都市左京区鹿ヶ谷西寺ノ前町1
TEL 075 (751) 0727　FAX 075 (744) 0906
http://www.gensu.co.jp/

印刷・製本　　株式会社イチダ写真製版
装　丁　　Espace／espace3@me.com

検印省略

ISBN978-4-7687-0437-0